商業語言

黎運漢　李軍／著

臺灣商務印書館 發行

目　錄

第一章　商業語言的界說與功用

第二章　商業語言的基本特點與當代商業語言的傾向

第三章　商業語言的文化積澱

第四章 商業語言與商業語境

第五章 商業語言的表達要求和原則

第六章　商業體態語言與商業禮儀語言

第七章　營銷語言策略

第八章　商業命名與商業楹聯

第九章　商業廣告的語言運用

第十章　商業文書的語言運用

第一章／商業語言的界說與功用

第一節 商業語言的界說

一　商業語言的內涵

　　什麼是商業語言？商業語言也可稱為商務語言或商用語言，它是商業主體在商業實務中為著實現商業目的而運用的語言。商業是以買賣為手段促進商品流通的經濟活動，這種經濟活動由商業主體（賣方）、商業客體（買方）、商品、交際媒介、交際環境等因素構成。商業語言是商業活動的交際媒介，是伴隨著商業的產生、發展而產生和發展的。它在商業活動中，是商業交際資訊載體的主要角色，起著傳遞訊息、溝通商業主體與客體，實現商業目的的橋梁工具作用。

　　商業活動是商業主體和客體雙方共同參與的活動。主體和客體雙方圍繞著商品互相詢問、互相試探、互相瞭解、互相協商等等都要運用語言。但商業主體是主體和客體這對矛盾的主要方面，其語言運用在商業活動中起著主導作用，對促進或阻礙商業交際活動的進行，乃至商業目的能否實現都具有決定性的意義，因而商業語言的主要內涵是商業主體在商業實務領域中，為著實現一定的商業目的而運用的語言。商業語言運用既包括表達，也包括領會。表達和領會都是運用語言的活動。表達是商業主體的表達，領會是商業主體對商業客體的話語、文章的聽解、讀解。因此，商業語言主要指商業主體為特定商業目的的言語表達和對商業客體的言語表達的領會。

　　語言作為交際工具和思維工具，它具有全民性。社會可分為不同的階級、階層、行業和其他各種集團，語言對他們是一視同仁的。但

是，語言也不是鐵板一塊的。社會成員在不同的交際領域運用同一種語言表達思想、交流感情的時候，都會有不同的特點，使語言出現變異，形成不同的語用體系。例如，在科學交際領域使用語言就出現了科學語言，在文學交際領域運用語言就出現了文學語言，在法律交際領域運用語言就出現了法律語言，在商業領域交際運用語言就出現了商業語言。商業語言不是一種獨立的語言，而是全民語言在商業領域交際中形成的一種言語變異，具有自己特點和風格的一種言語體式。全民語言的聲音與意義結合的符號系統，充當全民的交際工具和思維工具，它是一種靜態的語言現象，而商業語言作為商業領域中運用全民語言而產生的一種言語體式，它是一種動態的言語現象。

二　商業語言的範圍

商業語言的涵蓋範圍有多大呢？可以說，凡是商業領域中為了實現商業目的而運用的語言都屬商業語言的範圍。下面從不同的角度作具體的分析。

從商業語言的工具看，商業語言的主要工具是人類自然語言，包括口語和書面語；商業交際活動中也大量運用自然語言的輔助工具，例如，口語的伴隨語言手段——體態語，包括表情語、動作語和體姿語等，由於商業語言大量利用口頭交際形式，也借助電視、電影等電子媒介進行傳播，而體態語是口頭人際交際及電視、電影等大眾傳媒交際的重要輔助工具，因此體態語也是商業語言的重要工具。運用書面語言傳遞資訊也會運用一些伴隨語言手段，例如，字形、圖表、商標等。因此，能充當自然語言輔助工具的非自然語言手段也屬商業語言的範圍。

從商業語言的體式看，商業實務的語言表達活動經常用到的語言體式是口頭語體和書卷語體。商用口頭語體是商業活動中適應口頭交際需要，運用全民語言而形成的言語特點的綜合體，其基本工具是自然語言的聲音形式和體態語。商用口頭語體是商業實務活動最直接、最普遍、最常用的基本體式，包括雙向的會話式和單向的獨白式兩

種。前者如商業談判和商業場合的交涉、對話、答記者問、推銷商品、打電話等，後者如商業場合的發言、致辭、演講等。商用口頭語體包括雙方言、雙語言交際，或多方言、多語言交際，也包括異方言、異語言交際中的口頭翻譯等。商用書卷語體是商業活動領域適應書面交際需要運用全民語言而形成的言語特點的綜合體，其基本工具是自然語言的文字形式及其輔助手段，如字形、符號形狀、色彩、圖畫等。商業交際活動中經常用到書面語言的是商業調查問卷、商業調查報告、商業工作總結、商業經濟合同、廣告、商用文書、商用說明書、服務公約、服務守則、標語口號、商業楹聯、商品商標、商店企業等的命名、名片、電傳、電報等。商用書卷語體也包括商業談判文書和書面翻譯文獻等。

從商業活動的範圍看，商業活動的範圍很大，諸如商業社會交際、採購、銷售、洽談、登廣告、擬計劃、管理、服務、儲運、調查、統計以及商品說明、招牌和商標命名等等都是商業活動，在諸如此類的一切商業活動中所運用的語言都屬商業語言。

從商業從業人員看，從事商業實務的人員有商業專員，例如經理、主任、公關先生、小姐等；也有商業兼員，例如一個商務部門、企業的領導人員和管理人員等；還有商業全員，例如營業員、採購員等，這些商業從業人員在商業活動中運用的語言都屬商業語言。

現在，隨著經濟、科技、文化的日益發展，商業資訊的傳播，還採用廣播、電影、電視和報紙、刊物、宣傳畫冊、書籍等大眾傳媒手段，這些傳媒手段的自然語言及其輔助語言也屬於商業語言。

三　商業語言與公關語言的區別

公關語言是公關組織在公關言語交際中運用的語言，是全民語言在公關實務交際活動中產生的言語現象。這種言語現象涵蓋的範圍比商業語言範圍大得多。公關組織門類很多，依其目標和職能大致可分為：(1)營利性組織，例如各種企業、工業、商業、飲食業、郵電業、運輸業、修理業、理髮業以及旅館業、旅遊業等；(2)非營利性組織，

例如學校、醫院、保健機構、體育運動機構、圖書出版社、文藝團體、科學機構等事業性組織，以及專業學術團體、消費者團體、個體經濟團體、工人團體、農民團體、婦女團體、教師團體、學生團體、宗教信仰團體等群眾性團體組織；(3)黨、政府和其他特殊的社會組織，例如黨團組織、政府機關、新聞機構、軍隊等。這些社會組織的主體及其公關從業人員在公關實務活動中所運用的語言都屬公關語言。商業語言是商業組織的主體及其從業人員在商業交際活動中所運用的語言，是公關語言中的一部分。

第二節　商業語言的功用

　　語言是人類最重要的交際工具，是資訊傳遞最主要的載體，使用語言進行交際是人類經濟政治生活中不可缺少的社會活動，自有人類社會以來，語言生活和經濟生活就有著密切的關係，它與商業經濟生活的聯繫尤為密切。商業主體在商業活動中無論是實現管理職能，進行社會調查、市場調查、市場預測、市場定位分析，以及商業資訊的收集，還是開拓市場，推銷商品，採購商品或者進行商品運輸等都無不借助於語言交際方法與手段。因此，商業語言具有十分重要的市場價值。

一　　直接影響商業經濟效益

　　兩千多年前，一位年邁的埃及法老臨終前並未囑咐即將繼位的獨生子如何勵精圖治、統治臣民，而是諄諄告誡他的兒子「要當一個雄辯的演說家，才能成為一個堅強的人，舌頭就是一把利劍，演說比打仗更有威力。」馬雅可夫斯基說：「語言是人的力量的統帥」。劉勰說：「一人之辯，重於九鼎之寶；三寸之舌，強於百萬之師。」最近《南方日報》的一篇短文〈十兩白銀，一句偈語〉說了這樣一個小故事：

　　　　歲末，一個長年在外做生意的商人，在準備回家的路上，花

了十兩白銀向一個老和尚買了四句偈語：「向前三步想一想，退後三步想一想；凶心起時要思量，熄下怒火最吉祥。」

　　商人有些失望，心想：這四句話要十兩白銀子，太貴了吧！

　　商人回到家已三更半夜。因為大門未關，商人直走到自己房間，正要喚太太，猛然看到床前有雙男人的鞋子，商人心想，一定是太太趁我離家時，不甘寂寞藏男人，立刻怒火中燒，跑到廚房抓起菜刀，就要砍殺不守婦道的妻子。忽然他記起老和尚的偈語，怔了怔，就依言進三步退三步，這一進一退，把床上的妻子驚醒了。商人指著床底的鞋子興師問罪，太太無限委屈地說：「你出去這麼久不回來，過年了，我想你就放了雙你的鞋子盼你回來，也圖個團圓吉利呀！」

　　商人一聽，扔刀大叫：「這偈語太便宜了，值得千兩萬兩！」

可見語言力量之巨大，作用之重要。語言在商業活動中無論是用得好與不好都會直接影響著經濟效益。一個精美的商品商標名字，往往能給企業帶來巨大財富。一位日本企業家說，有了一個好的名稱，新產品便打開了出路。事實確是如此。廣東健力寶能夠名揚天下，與它的「健力之寶，力量之泉」的芳名含意不無關係；「娃哈哈」能為家長們青睞，孩子們喜愛，給企業帶來巨大財富，與它饒有魅力而又響亮的雅名也不會無緣無故。稱雄世界飲料市場的「可口可樂」和譽滿四海的「KODAK（柯達）」照相機及膠捲都莫不得益於富有招徠商業利益的品名。

　　俗語說：「招牌好，招財又進寶。」招牌是形象，是無形資產。招牌靠命名來體現，招牌好即招牌的命名好。好的招牌名字能給企業帶來名氣，帶來市場，帶來巨大財富。上海一家不到七十平方米的小店，專營各類殘次毛巾，生意十分興隆，僅1994年營業額就超過五百萬元，其成功的秘訣之一就在於起了一個極富特色的店名——「殘缺大王」。成都有一家「西藏飯店」，這個名字辭明意顯，也有特色，但平淡不響亮，生意一直沒有起色，後來這家飯店隨著體制改革

而改名為「西藏明珠有限公司」，很快就贏得了大量資金，創下了全國同類企業盈利之最。如此等等，都說明善用商業語言技巧能創造出無窮無盡的財富。但是，過去和現在都有不少經商者不大重視商業語言，或者不懂商業語言技巧，以致在商業語言運用上存在著不少不如人意的問題，給商業活動帶來了負面影響，甚至造成重大經濟損失。據《錦州日報通訊》說，烏魯木齊一家掛麵廠，從日本引進一套掛麵生產線，隨後又花十八萬元從日本購進一千卷重十噸的塑膠包裝袋，袋面圖案由掛麵廠請人設計，樣品製出後，交付日本印刷。當這批塑膠袋漂洋過海到烏魯木齊時，細心的人們發現「烏」字多了一點，烏魯木齊變成「鳥魯木齊」。於是，這一點之差，使十八萬元的塑膠袋成了一堆廢品。1993 年 6 月 6 日《羊城晚報》轉載的〈寫別一個字，痛失百萬元〉一文說：

不久前，某市物資公司胡經理與廣州某進出口公司曾經理簽訂了一份金額達五百萬元的進口層板購銷合同。合同規定：三個月內交貨。由物資公司交付進出口公司二百萬元作為保證合同履行的定金。眼看期限已到，突然廣州來函：

「情況變化，無法交貨，請速來解決。」胡經理先是一急，不僅這筆生意告了吹，而且影響了其他經營業務，後是一喜，對方違約得雙倍返還定金，補償二百萬也划得來。他及時趕到廣州，曾經理一再賠不是，並聲稱立即退還二百萬元。胡經理一聽，心急如焚說：「二百萬？明明是四百萬，你怎麼不按合同辦」，他從公事包裏翻出了合同法念起來：第十四條規定，接受定金的一方不履行合同的，應當雙倍返還定金。「你什麼時候交過定金？」「合同上寫的二百萬元不是定金嗎？」「是『訂金』還是『定金』，你可看清楚。」胡經理拿出合同仔細一看，驚呆了，白紙黑字，寫的確實是二百萬訂金。他慌忙解釋：是一時疏忽寫別了字。曾經理果斷地說：「合同是怎樣定的就怎樣辦。」胡經理追討定金無著，遂訴法院，法院裁定，合同上寫的二百萬元是預付款性質的訂金，並非起擔保作用的定金，進出口公司不

履約，如數退還訂金。胡經理追悔莫及。

經商的目的是獲取經濟效益，獲取經濟效益的關鍵在於凝集顧客。凝集顧客愈多，經濟效益就愈高。聚集顧客要靠商業競爭力，商業競爭力主要是靠商品品質和服務品質及其知名度。質量好、服務好，知名度高，聚集顧客就多，經濟效益就好。優質產品、上乘服務，要靠善於宣傳造勢，才能為更多的人迅速瞭解，其知名度才能迅速提高。沒有宣傳造勢，「身在閨中無人識」，商品質量再高，服務品質再好，顧客也難以知道，也不會有多少人光顧。宣傳造勢就是借助語言的力量和作用，擴大和提高自己企業及其商品的知名度，使顧客對其增加瞭解，進而產生和實施購買行為。古今善於經商者都很有宣傳造勢意識，千方百計運用各種語言藝術手段來宣傳商品。例如，古代不少商人常常懇請著名詩人撰寫詩詞張貼起來作宣傳。據說，唐代詩人李白到山東旅遊，路過蘭陵時，有一家酒店老闆用自己釀造的美酒隆重款待他，請他寫詩作廣告招徠顧客，以擴大酒的銷路，李白為其盛情感動而即席寫了：

蘭陵美酒鬱金香，

玉碗盛來琥珀光。

但使主人能醉客，

不知何處是他鄉。

酒店老闆把詩裝裱掛在門首，隨即引起了一場「鬱金香」美酒熱。詩中對蘭陵美酒倍加讚賞，把其色、香、味巧妙地描繪出來，令人吟詩欲飲。這首廣告詩不僅使這家酒店生意興隆，蘭陵美酒也因之身價倍增，流芳千古。又據傳北宋文學家蘇東坡被貶到海南島儋州居住時，當地有一位以賣饊子（環餅）為生的老大娘，手藝很好，饊子的質量也不錯，但由於小店地處偏僻，生意一直不好。後來懇求蘇東坡為她寫了一首廣告詩：

纖手搓來玉色勻，

碧油煎出嫩黃深。

夜來春睡知輕重，

壓扁佳人纏臂金。

寥寥數語，形象地描繪了餓子的製作過程及其形狀、色澤、酥脆、噴香等特點。老大娘把這詩裱糊後高掛店堂，便迅即在當地引起轟動，從此店內顧客盈門，生意格外火紅。

在現代資訊社會的商業競爭中，富於公關意識的營商者都非常善於運用各種現代化的傳播媒介和傳播手段，將自己的企業和商品資訊向社會公眾宣傳，以求公眾認識、理解和接受，從而樹立良好的企業形象，提高商品的知名度，實現經濟目標。例如：

全國最大的汽水生產企業

亞洲汽水廠是全國規模最大的汽水生產企業，她坐落在廣州市天河區的天河路 6 號，自 1945 年建廠到現在，已有四十多年的歷史。

早年的亞洲汽水廠，採用半手工半機械化操作的作坊式生產，設備落後，年產汽水只有幾百萬瓶。

1966 年在現在的廠址建立新廠時，汽水年產設計能力為 2500 萬瓶。

1978 年以來，亞洲汽水廠發展很快，四幢生產、倉庫大樓陸續落成，四條引進的生產線及其配套設備相繼投產，逐步實現了主要生產設備的更新換代。到 1985 年全廠已擁有固定資產二千多萬元，職工一千多名，汽水年產能力達 2.5 億瓶。1985 年汽水生產量為 1978 年的 2.8 倍，達到 1.95 億瓶，成為全國規模最大的汽水生產廠家。

近年來，亞洲汽水廠還發揮自身的技術優勢，積極開展橫向經濟聯合，在全國各地陸續建立十七家分廠，使亞洲汽水在北到新疆、南到海南島的廣大地區出現。新疆烏魯木齊分廠投產不到一年就一鳴驚人，所產的橙汁汽水在全國第二次軟飲料評比中獲低糖類果味型汽水第一名。橫向經濟聯合收到了比較好的經濟效益和社會效益，「亞洲汽水，夠氣夠味」的美譽，正從廣東逐漸

傳至全國各地。　　　　（電視片《開拓進取的亞洲汽水廠》解說詞）
這段解說詞介紹亞洲汽水廠規模由小到大，生產能力由弱到強，產品質量名列前茅，譽滿全國，經濟效益顯著，從而更加突現了企業的良好形象，帶來經濟效益步步升高。

　　廣告是商業的重要宣傳手段，「語言是廣告的靈魂和支柱」，善用語言作廣告宣傳，就能提高企業和商品的知名度、美譽度，就可能給企業帶來可觀的經濟效益。江蘇春蘭空調廠，原是一家很不起眼的鄉鎮企業，他們成功的秘訣是通過持久的、立體式的廣告宣傳，致使該廠成為全國知名度較高的企業，「春蘭」空調也在市場上打響。深圳「太太口服液」是由幾位闖深圳的年輕人推出的一種營養液，創辦時在中華大地上的各種營養液如星如林，而在短短一年後，「太太口服液」脫穎而出，他們靠的是什麼，除產品品質外，也是廣告宣傳造勢，該公司借助報紙、電視、燈箱大做「三個太太兩個黃」、「三個太太三個喜」等系列廣告，從而大大地引起了社會公眾的關注和興趣，致使其月產值高達二千萬元，銷售面覆蓋了除西藏外的所有地區。反之，辦企業如不作廣告宣傳造勢，即使企業和產品的形象更佳，也可能是「養在深閨人未識」。東北有家製藥廠，開發一種「頸痛靈」，是由麝香、鹿茸、天麻等二十六種名貴藥材製成的新藥，它對治療中老年人常見的頸痛病有特殊功效，曾在「全國首屆新產品新技術展示會」獲金牌獎，可是由於該廠沒有抓住宣傳機會，因而長時間裏默默無聞，猶如被埋沒的金子，全廠上下忙乎一年才推銷五千瓶。可見「皇帝女亦愁嫁」，「酒香也怕巷子深」的。上述例子充分說明一個企業有了優勢產品，還必須作廣告宣傳，才能揚名，廣告宣傳造勢是企業邁向成功的橋梁，現代很多企業不惜重金登廣告，甚至大搞廣告戰，都說明廣告宣傳有著巨大的經營效益，而廣告宣傳的效益又直接決定於語言藝術的運用。

　　推銷是以最終促銷成交的一種商業活動，這種活動要經過推銷主體接近顧客、介紹商品、面談、異議處理以及最終促進成交這樣的一個複雜過程，在這個過程中的各個環節，推銷主體言語表達的好與

差，直接影響服務品質，直接影響商店的形象與信譽，也直接影響商店的商品銷售。日本的中村卯一郎在《接待顧客的技巧》一書中說過這麼一例：

> 在一條有名的食品街上，一位身穿出門和服的婦女走進一家食品店，剛一進門，店主便湊上前說：「你買點心嗎？」婦女沒言語，默默地退了出來；又進了這邊一家食品店，營業員見她進門並沒有立即招呼，讓她一個人細細看著櫃內陳列的商品，等她開始注意一種罐裝酥脆餅乾時，營業員才走到她面前說：「這種包著很多紫菜的酥脆餅乾，外形漂亮，味道也挺香，大家都愛買這種。」婦女讚許地點點頭說：「那就要這種。」

為什麼同樣是食品店，前一家生意沒做成，而後一家做成了呢？關鍵就在於接近顧客的時機，尤其是接近顧客的言語藝術。

以上種種語用事實，充分說明商業語言有著明顯的經濟價值，而價值的大小主要取決於商業主體的語言表達。公關意識濃厚，而又有較高的言語能力，且在商業活動中善於運用言語藝術，就能獲得較大的經濟效益；否則，不但難以取得好的經濟效益，還可能造成重大的經濟損失。

二　直接體現社會精神文明面貌

語言是思想的直接現實，又是社會的直接寫照。社會語用現象直接受到社會經濟的影響，它與商業經濟生活的聯繫尤為密切。俗語說，商業是社會經濟的窗口，商業語言在很重要的一個方面反映了社會經濟的狀況，也在很重要的一個方面體現了社會精神文明建設的面貌。

中華民族具有悠久的文明史，在思想意識、道德觀念、價值觀念和職業道德等方面具有優良傳統和積極進取的規範。自尊、自愛、自立、愛國、愛人、敬業、誠信、圖強和奉獻等都是我國人民讚賞的社會道德文化價值觀，這反映在商業領域就是文明經商。舊社會人們經商的唯一目的在於營利，但也懂得文明經商的重要，他們講究商業職

業道德，提倡「貨真價實，童叟無欺。」社會主義商業既講經濟效益，又講求為社會服務、為人民服務，滿足人民生活需要。而且，現代社會商業競爭，不僅是技術和智慧的競爭，而且是文明行為和職業道德的競爭。營商者不能靠權勢、武力或者用欺騙宣傳、欺詐手段去誆騙消費者的錢財，而是靠職業道德、文明行為來樹立企業和商品的良好形象、聲譽，贏得消費者信賴，從而心甘情願地購買你的商品，讓你賺錢。因此，現代社會的商品經營者更需文明經商，「做文明商人」（《列寧選集》第四卷第 684 頁）。文明經商是現代商業的一個最本質的特點，這個本質特點決定了在商業交際活動中必須講求語言美。語言美是精神文明的一個重要標誌。「誠於中而形於外」。商業語言美不美直接反映出商業主體精神文明程度的高低。

商業語言美具體表現為言談舉止「温良恭儉讓」；不強詞奪理，不粗暴無禮，符合職業道德要求，不宣揚低級趣味，不散佈有悖於法律道德、社會習俗的言論；言語得體、規範、高效。

改革開放以來，隨著市場經濟的發展和精神文明的建設，中國商業語言得到了豐富和發展，出現了許多體現精神文明的語言現象，這在各種商業語言中都大量存在。下面先看：

廣州市職業道德守則

愛崗敬業，開拓奮進。
求利講義，公平競爭。
優質服務，便民利民。
鑽研業務，精益求精。
遵章守法，誠實有信。
辦事公道，清正廉明。

這是各行各業職業道德、精神文明的外在表現，無疑也包括商業職業道德和社會文化價值觀。它是中華民族悠久的文明傳統在現代社會的繼承和發展。其中「敬業、奮進、求利講義、公平競爭、優質服務、誠實有信」是商業道德的核心內容，體現了精神文明的良好形象。言

語形式適應內容表達，簡潔、高效、規範、得體，具有鮮明的中國氣派和中國風格，體現了語言美。再看商業標語、口號和商用楹聯。

(1)拼搏、奉獻、為中華爭光。

(2)顧客至上。

(3)君子愛財，還須有道；達人知命，切莫為過。

經營求譽，須知害人如同害己；生財有道，常記虧世就是虧心。

(4)歡迎光臨。

例(1)山東濰坊華光電子（集團）股份有限公司的口號，概括了企業的奮鬥目標和理想，引導激勵企業員工為之奮鬥拼搏，體現了企業的精神文明。例(2)凝聚了經營的方針和營銷活動的指南，體現了商業道德。例(3)是一間「文明商店」結合經營聲譽，張貼在商店門口的兩副楹聯，楹聯富有文明、誠實的內涵。例(4)是文明禮貌服務用語。又如商用廣告：

(1)黑頭髮，中國貨。　　　　　　　　　　　　　　（染髮膏廣告）

(2)昨天——來自黃金腹地，兼有地利天時，數載艱苦，創業歷史披星戴月……它，國家一級企業，邁進全國五十家最大工業企業行列。

今天——超越自我，從「廣東珠江冰箱廠」至「科龍電器股份有限公司的飛躍……走向世界再創新天地。

科龍電器，再創新天地。　　　（科龍電器股份有限公司廣告）

(3)標題：熱心、真心、誠心、愛心奉獻給您。

正文：春天的力量太神奇了，轉瞬之間就把我們融入了春天的世界。春天的世界很精彩，它不僅屬於嬌柔可愛的女性，更屬於剛毅挺拔的男士。春天是展示男子漢魅力的大好時光。春天，時裝之都向男子們獻上一份真摯的關懷和體貼——春之魅·新潮茄克匯展。

（上海時裝公司新潮茄克匯展廣告）

例(1)顯示了報國精神和強烈的民族自尊感。例(2)體現了該公司不斷超

越自我，銳意進取，再創新天地的可貴精神。例(3)以洋溢的激情、雄勁而優美的語言向顧客們獻上真摯的關懷和體貼，體現了美好的誠心和愛心。

有不少企業和商品的命名也富有文明性。例如：

(1)雷鋒商場

(2)萬家樂熱水器

(3)愛妻號洗衣機

(4)延生護寶液

(5)紅梅香檳酒、菊花牌背心

例(1)用雷鋒名字命名表明該商場以雷鋒精神服務於顧客，而雷鋒精神是現代精神文明的集中體現。例(2)熱水器的名字表示企業的美好願望和祝福。例(3)愛妻號充滿了對妻子對家庭的脈脈溫情，表達了夫妻之間互敬互愛的感情。例(4)為老年長者們的延年益壽奉獻了一片真誠的愛心。例(5)梅、蘭、菊、竹等為漢民族傳統入詩入畫的文雅之物，並帶有象徵意義，用來為商品取意命名，可以體現出漢民族的道德風尚和文化傳統。

營銷活動中文明語言尤多。下面看《公關導報》中的一篇短文〈「華聯」人的語言〉：

　　……

　　「親愛的顧客朋友，早上好！」步入商廈中，一聲聲親切的迎客詞在商廈大廳中遊蕩，盈盈入耳；電梯旁，禮儀小姐正做出一個漂亮的動作，請您到樓上選購商品；櫃檯裏，穿戴整齊的營業員笑容可掬，耐心熱情地向顧客介紹著商品，解答顧客提出的一個個問題。……

　　各營業櫃檯門楣上的句句溫馨的話語，更使你感到超然，現擷錄一束共享。「情人的體貼，終生的享受」是指床上用品；「春天的溫馨，秋天的風情」則是襯衫的代稱；鞋帽櫃組前更是妙語連珠，什麼「室內的安然，雨天的瀟灑」，什麼「千里之行，始於足下」，更有誘惑的言語映入眼簾：「智慧的選擇」、

「春的美麗，夏的風采」，使你不自覺地駐足觀賞，產生購物欲。而「走進華聯，走進春天，溫馨的愛，完美的追求」更令人回味，耐人思索。

　　……

　　淄博華聯商廈的語言不只寫在牆上，掛在臉上，而是印在七百多名華聯人的心中。

這裏禮儀小姐面帶微笑向著走進商廈的顧客行舉手禮、營業員笑容可鞠地向顧客介紹商品等體態語，以及親切的迎客詞「親愛的顧客朋友，早上好！」與營業櫃檯上的句句溫馨的話語等自然語言都傳遞出豐富的精神文明訊息。

　　但是，在商業語言中也存在不少悖逆精神文明的現象，這在言語內容和語言形式兩個方面都明顯可見。

　　在內容方面，主要表現為：

1. 失真

　　有些企業、商店在宣傳上竭力選用最高級、最有氣派的詞語來誇飾自身的企業及其產品，不管服務品質是不是優良，商品是不是名牌，動輒冠以「全國首創、品質最佳、譽滿全球」或意為無比的「最」，例如「全市最平、數量最多、款式最新」、「最優價格」、「最優性能」、「最優品質」、「最優服務」、「最科學的提煉方法」、「最有療效」、「最獨具匠心的設計」、「最流行」、「最新潮」、「最實惠」等等。究竟是不是真的「最」，人們不曉得，也沒有一個標準的尺度去衡量。《中華人民共和國廣告法》第七條規定廣告不得「使用國家級、最高級、最佳」等用語，商業宣傳使用上述最高級形容詞顯然有悖於現行廣告法，是很不文明的表現。

2. 崇洋媚外，崇拜帝王權貴

　　在商業領域中有不少商業用語散發著濃重的洋氣、奴氣。這表現在有的企業和商品商標取洋名、仿洋名，例如「大沙文印刷有限公司」、「惠格普斯服裝」；明明不是外來的東西，而是地地道道的中國商品，例如產於山東的火腿腸硬貼上一個洋標籤叫「得利斯」，出

自新疆的羊絨時裝叫「貝斯卡」，國產葵花牌產品起一個英語 Sun flower 音譯品名「聖福」，深圳某公司生產的電器也仿日本松下電器而起名「松立 VCD」，明明只在國內銷售的，除了名稱，沒有一個漢字，全部是英文，而且大都錯漏百出，讓消費者大為發愁。這種濫用洋文，崇洋媚外的商業用語很不符合我國人民自尊、自信和愛國的信念，它不僅會導致不識外文的中國消費者受騙的後果，而且會招致外國人諷笑。

有的企業、商品冠以帝王、權貴的名字，以渲染其企業高貴的地位、顯赫的氣派，強調其產品的品位和優質。例如，「太子恤衫、並非皇家所獨有」、「王公飲品」、「貴族的象徵，吳氏毛衫」、「皇室麥片」、「貴妃浴液」、「武則天精品店」、「青春可在，還你楊貴妃的風采」（記憶神口服液）等等。這種崇拜帝王權貴的命名用語所宣揚的形象泛起了舊時代的特權等級和剝削制度的沈渣，向消費者灌輸拜金、享樂主義思想，與現在的時代文明精神大相徑庭。

3. 趣味低級，庸俗失禮

有的商業語言品位低下，宣揚豔情，不文雅，不禮貌。例如「21天定能令乳房找回春天的『驕挺』，重獲成熟的豐盈；腰依然纖柔，胸再現玲瓏，做個自信的女人當然『挺』好！」（美乳霜廣告）「財色雙收大行動。」（養顏液保健品廣告）「本飲品來自神奇境界，有『處女』般的純真口感。」（某礦泉水飲料廣告）「力拔山兮氣蓋世，不食鞭兮不濟事。」（橫街大廣告）豔情字眼充斥其中，格調俗不可耐。至於用貶抑言辭揭消費者之短，甚至侮辱消費者的，如「先生，您已經有眼袋了，這使得你老氣橫秋，您瞧，我這兒有最新生產的化妝品，包您的舊貌變新顏。」（見蘇成立《不文明行為：揭短銷售》）就很不禮貌了。用語高雅、健康，是語言美、精神文明的一個重要因素，敬人有禮是語言美的重要內涵，這裏宣傳豔情，庸俗失禮是有悖於精神文明要求的。

在形式方面，主要表現為不合漢語規範。

語言文字的規範是一個民族語文建設的重要內容，也是民族文化

素質的重要表現和現代社會文明的一個重要標誌。商業語言運用應當嚴格遵守現代漢語本身的語言、文字、詞語、語法規範，不能隨便亂用或任意破壞。現在，商業宣傳有不少違反現代漢語規範的行為。這主要表現在：

1. **文字方面，寫錯字、亂造簡化字現象嚴重。**寫錯字，例如「牛德特級啤」（德）、「喜之郎」（郎）；寫別字，如「開張致慶」（志）、「特別啟示」（事）、「記事薄（簿）、」藥善牛腩煲（膳）；自造簡化字，例如一家雜貨店將「鯪魚」寫作「0魚」，某收購站的招貼上竟把「馬鈴薯」寫作「馬0術」。凡此種種都很不規範，嚴重影響了漢語言文字的純潔與健康，也不雅觀，影響了產品乃至企業的社會形象。

2. **詞語方面，一是用錯。**例如，某百貨大樓有一條櫃檯標語把「依法經商」寫成「以法經商」，某營銷合同把「定金」錯寫為「訂金」；二是使用不必要的和很多讀者看不懂的方言詞、外來詞和專門術語。例如，「麵？乜麵！俾麵？發火，唔得！食佐南德拉拉麵想發言都唔得啦！！！哈哈哈⋯⋯」（《廣州日報》）「登喜路 開麥拉時間」（開麥拉，英語camera——照相機、攝影機、電視攝像機的音譯。）（《南方日報》）。曾毅平對廣州知名的百貨公司——新大新公司用詞不規範的現象作過調查，發現其中九樓家具商場編號為0109的價格表上寫著「真皮圓坐咕」，0141號「鞋仔坐咕」，0131號「方形坐咕」。原來「坐咕」者，坐具也。據說是香港借用過來而被濫用的英文譯音詞。再看六樓，1608267號的「惠而甫單门冰箱」七個字就錯了兩個，（「甫」應為「浦」、「门」應為「門」），至於「間線簿」、「色仔」、「色盅」、「雞仔嘜」等等，簡直不知所云。

3. **語法方面，最突出的語病是亂搭配，亂創造，語意不明，邏輯不通。**例如，某神奇藥筆的〈使用說明〉中第一句：「神奇藥筆具有高效、低毒、安全，對蟑螂螞蟻有特效殺滅作用。」（謂語「具有」缺少賓語中心詞）某公司招工啟事有這樣一句：「不會說話，不懂業務者，恕不錄用。」（「不會說話」指「說話欠藝術」、「不

善交際」，還是指「沒有說話能力」？含混不清。「與你共創新的夢幻。」（某電風扇的廣告）「夢幻」怎能夠「共創」？「創始精神，靈感啟發眾生，軒尼詩 XO 之原 XO 之本。」（東莞市一產業廣告）也實在不知所云。

以上從內容和形式兩個方面，分析了商業語言的失誤現象，這種失誤固然會影響商業經濟效益，更為嚴重的是反映出商業工作者文化素質低下，精神文明程度不高。商業是社會經濟的窗口，商業語言的文明程度不高，也就在很重要的一個方面反映出社會精神文明程度不高。

隨著改革開放的不斷深入，市場經濟的日益繁榮和精神文明建設的不斷推進，新聞部門、商貿部門以及有關部門的領導逐漸認識到語言文明的重要價值，紛紛採取措施，糾正和制止商業語言中的不文明現象，大力提倡和推廣文明服務用語。1996 年 6 月《光明日報》專門就全國若干城市的店名、牌匾在語言使用上普遍存在的洋氣、奴氣、怪氣、神氣和流氣現象進行了討論、批評，繼北京、上海和鐵道部、國內貿易部、衛生部、郵電部、中國民航總局等兩市五部共同確定窗口行業禁用五十句服務忌語之後，許多大城市的商業服務業開展了「杜絕服務禁語，推行文明服務用語」活動，提倡禮貌服務、文明經商。北京市、廣州市等都已先後開展清理社會不規範用字的工作。1997 年 3 月 28 日，廣州市的學者舉行了「廣東省社會語用建設問題研究」座談會，比較深入地探討了廣東社會語用建設問題，其中主要內容是商業語用問題，肯定了好的現象，批評了失誤現象，並探討了對策。1998 年秋，廣州百貨大廈嚴格整改不規範用字，用了兩個多月時間，耗資四十八萬元，對招牌、燈箱廣告、價格標籤、服務證章、商品包裝袋等不規範的用字進行全面徹底整改，並發專文，把加強用字管理列入公司制度，「廣百」的努力也贏得了榮譽，被評為廣州市社會用字管理工作先進單位。以上這種種活動說明人們已開始意識到商業語言的經濟價值和精神文明價值。

商業語言既有直接影響經濟效益和社會精神文明的重大價值，而

在現實商業領域中又存在以上種種使用語言不當的現象。因此，深入研究商業語言現象，對商業實務語言運用中的種種成功和失敗的言語現象作出解釋，揭示商業語言規律和特點，並確定商用規範，對於提高人們對商業語言的認識，重視商業語言的學習和運用，提高商業工作者的語用能力，從而促進商業發展，提高經營的經濟效益，促進社會精神文明建設、促進社會安定團結，都有理論上和實踐上的重要意義和作用。

第二章／商業語言的基本特點與當代商業語言的傾向

第一節　商業語言的基本特點

商業語言是在言語交際中產生的言語現象，它具有一般的言語特點，但作為一種專門應用於商業活動領域的特殊的言語現象，由於它自身的特定功用與運用的特徵，又使它具有若干不同於非商業語言的鮮明特點。

一　功利性

商業語言的功利性是由商業實務明確的目的性所決定的。商業實務活動的目的，主要是樹立企業及其產品的良好形象，招徠顧客，贏得良好的經濟效益與社會效益。因此，一切商業語言的運用都為實現這一特定目的服務，不能像一般生活語言那樣天南地北，古今中外，漫無邊際，隨意發揮，而是有所為而發，有極強的目的性，甚至可以說是急功近利。廣東健力寶集團有限公司將「愛企業、講效益、重信譽、求發展」和「健力寶精神」概括為「團結、奮鬥、開拓、進取」的八字口號，並進行廣泛的宣傳活動，目的就是為了宣傳該公司的拼搏精神和向上意志，激勵其員工樹立做健力寶人的自豪感和幹健力寶事業的責任感，從而增強公司的群體意識和企業的凝聚力，使健力寶事業不斷朝著新的高度騰飛。（《健力寶報》創刊號）廣州寶潔有限公司對其生產的洗髮水「潘婷」的介紹，說明「其獨有的維他命原 B5 由髮根徹底滲透至髮尖，補充養份，配合全新改良配方，能加倍保護

頭髮，免受損害，令頭髮分外健康，加倍亮澤。目的是為了說明「潘婷」營養護髮的功效。再如商業廣告：「『中華靈芝寶』是大陸科研人員經過三十餘年苦心研究成功的科技結晶。上海綠谷集團亦因此成為以靈芝孢籽粉為主料產品的最早開發者之一。自 1996 年進入市場三年以來，經歷了多少風風雨雨，歷盡艱辛。用辛勤的汗水令『中華靈芝寶』的足跡遍佈中國大江南北。我們正通過全身心的努力令『仙草』靈芝之祥瑞造福國人！」目的也不外乎招徠顧客，推銷「中華靈芝寶」。

功利性反映了商業語言的本質特徵，這個本質特徵決定了它是一種實用性的語言，實用才能實現功利價值。因此，商業語言技巧的講究、語言體式的選擇、話語風格的創造都必須以解決實際問題，講求實效，有利於實現商業的特定目的為準則。這個本質特徵也決定了商業語言是簡明性的語言。只有簡潔、明確才能迅速高效、準確地傳遞訊息，為客體易於理解領會，從而便於實施購買行動。冗長，不得要領，或者含混、疏漏都不利於實現贏取經濟效益和社會效益的目的。

二　新穎性

現代是資訊爆炸時代，隨著市場競爭的日益激烈，商業宣傳競爭也日益劇增，商業經濟資訊鋪天蓋地，每人每天都在商業訊息包圍之中生活。因此商業宣傳語言如果平淡無奇，必不能引起公眾的注意，正如「入芝蘭之室，久而不聞其香；入鮑魚之肆，久而不聞其臭」一樣，會使公眾視而不見，充耳不聞，達不到其宣傳目的。要想使商業宣傳對公眾具有吸引力和感染力，其語言必須具有新穎性。

新穎，就是內容新鮮，形式新奇。例如，「中華靈芝寶，祝您身體好」（中華靈芝寶廣告）、「春的溫馨，蘭的本質」（春蘭空調），不僅意新意美，形式也富有感染魅力，很能引起公眾的注意，給他們留下深刻的印象。意新最重要的是要符合時代要求，體現時代精神。每個時代都有它特定的時代需求與時代精神，商業語言應與這種時代的要求與精神相應合，體現時代的主旋律。當今中國社會呼籲樹雄心，

立壯志，努力拼搏，勇於開拓，為國家富強建功立業。鼓勵拼搏，激勵進取，開拓奉獻是當代語用效果的正面要求，商業語言運用應把握這一原則。例如，「⑴不斷進取，敢於開拓新局面的雄心壯志。⑵敢於戰勝困難的不屈不撓的拼搏精神。⑶勇於改革、善於改革的創新精神。⑷實事求是、嚴肅認真的科學精神。⑸誓與萬寶事業同命運共榮辱的主人翁精神。」（萬寶人精神）「開拓、奮發、騰飛」。（中山洗衣機廠企業精神）「揮鐵拳力大可開天闢地／動腦筋智高能降鬼伏神」（某工廠技術革新表彰先進大會的會聯）「鴻圖大展，如日東升」（深圳大東實業股份公司的廣告）「面對即將到來的二十一世紀，為迎接市場經濟的挑戰，中土畜總公司以全面提高企業素質為目標，『以永恒不變的追求，奉獻自然與健康』為經營信念，以『團結進取、不斷創新、服務於社會』為宗旨，一如既往地以誠信立足，以質量取勝，熱情地期待與海內外工商界人士及各界朋友加強合作，攜手共進！」（中國土產畜產出口總公司《熱烈祝賀第85屆廣交會成功召開！》）等都是意新意美的商業語言。杭州胡慶堂製藥廠具有講職業道德的悠久歷史，而體現其職業道德和企業精神的語言能隨著時代的變化而更新內涵，富有時代特色。胡雪巖於 1878 年為該廠制訂了〈戒欺篇〉：「凡為貿易均著不得欺字，藥業關係性命，尤為萬不可欺，余存心濟世，誓不以劣品弋取厚利。惟願諸君心余之心，採辦務真，修製備精，不致欺予以欺世人，是則造福冥冥，謂諸君之善為余謀可也，謂諸君之善自為謀也可。」而該廠於 1987 年制訂的「慶餘精神：求實、戒欺、團結、創新」和「慶餘職業道德規範：忠誠本職愛慶餘，求實戒欺守信譽，潔淨細作爭效益，團結協調守法紀」既繼承了〈戒欺篇〉，又有所進步：更豐富、更完備，帶有鮮明的時代色彩。

　　商業語言形式新穎，就是新奇獨特，富於創造性。為此，常常打破語言常規，出奇制勝，甚至獨出心裁。只有這樣，才能加強資訊的刺激性。例如，珠海騰飛摩托車有限公司的一則廣告：

　　　正標題：嫁出去的姑娘 ≠ 潑出去的水
　　　副標題：邀請 6000 輛奔騰摩托車回娘家

正　文：……

　　俗語説，讀書看皮，讀報讀題。上述廣告的標題十分新奇，正標題運用民間諺語和超語言要素「≠」共同構成否定式比喻，加上副題用的比擬手段，邀請摩托車回娘家，就巧妙地宣傳了該公司竭誠搞好售後服務的宗旨，打消了用戶的後顧之憂，樹立了企業和產品的良好形象。又如，湘潭市天仙牌電風扇的廣告「實不相瞞，『天仙』的名氣是『吹』出來的！」這條以重金徵得的廣告語，以其獨具的匠心，精巧的構思，立刻產生了轟動效應，大大提高了天仙牌電風扇的知名度，也為該企業換來一筆財富。

　　商業語言如果沒有新穎性和創造性，墨守陳規，千人一面，萬人一腔，全是老話套話，提到產品品質總是「省優、部優、國優」「馳名中外，品質上乘」；介紹產品規格，亦是「品種齊全，種類繁多」；提到商品價格不是「合理」，就是「低廉」，講到售後服務，也是「送貨上門，實行三包」，給商品、商標命名不是平庸，就是雷同、近似，則只有令人生厭，不會有人願意聽、願意看，也不會產生多少效應。

三　禮貌性

　　禮貌是人類社會進步文明的標誌，也是社會成員文化、道德情操、智慧、精神面貌的體現。我國素以禮儀稱譽世界，待人以禮是中華民族的優良文化傳統之一。待人以禮的核心內容之一就是禮貌語言的使用，從語言行為到語言內容和語言形式，包括自然語言與非自然語言的體態語言都顯示出文明禮貌性。

　　俗語説：「禮到人心暖，無禮討人嫌。」「好言一句三冬暖。」禮貌的語言是人際之間相互溝通的橋梁，是潤滑人際關係的甘露，是建立人際和諧關係的紐帶。禮貌語言的使用在商業言語交往中比人際言語交際具有更為重要的意義和價值，這是商業實務的性質所決定的。商業實務是商業主體為了特定的工作目標而做出的種種努力，為了完成商業實務，達到預期的目的，商業主體必須具有強烈的顧客意

識，善待顧客。「顧客是上帝」，「用戶至上」。商業工作人員在與顧客交往時，必須講文明、講禮貌；言行舉止要「溫良恭儉讓」，否則，顧客「上帝」對其將不予理睬，因而，也就不能實現商業實務的特定工作目標。因此，商業語言必講文明禮貌，具有禮貌性的特點。

商業語言的禮貌性具體表現在表達手段和表達方式上，就是(1)恰當使用敬稱、敬語。表達主體在言語交際中使用敬稱、敬語是對接受主體尊敬和友愛的體現。商業工作人員為了表示對顧客上帝的尊敬與友好，建立良好的公共關係，以求實現商業目的，廣泛使用敬稱、敬語。敬稱、敬語最重要的如「請」、「您（您好）」、「謝謝」、「對不起」和「再見」等。它們代表了「尊敬」、「問候」、「致謝」、「致歉」和「告別」五種禮貌行為。它們在商業言語活動中屢見不鮮。(2)語調親切柔和。語調是貫串整個句子的抑揚頓挫的調子，對於傳情達意，有重要作用。商業主體為了表現對顧客的禮貌和敬重，使他們感到溫暖，從而縮短心理上的距離，感情融洽，交易成功，常以親切的語調、柔和的語氣和消費公眾交流商業資訊。俗語說：「惡語傷人六月寒。」懂得文明禮貌的商業工作者是不會使用粗野、厭惡或命令、指責、嘲諷的語氣得罪顧客的。(3)措辭委婉含蓄。商業主體與商業客體言語交際時對於忌諱或者不便於直接說出的話語，常以委婉曲折的言辭加以暗示或烘托，從而避免刺激對方而又顯得文明禮貌，取得良好的交際效果。(4)體態語得體。體態語是傳情達意的重要輔助工具，是塑造自身形象的重要手段。得體的手勢，富有魅力的目光，能打動人心的微笑，都來自較高的文化素養和思想道德水平，是文明禮貌的體現。精明的商業工作者在商業活動中都非常講究得體而且頻繁地用表情、手勢、體態來傳遞資訊，交流感情，以體現對公眾的熱情友好與文明禮貌。

(1)**敬愛**的用戶：

感謝您選用「萬家樂」牌燃氣熱水器。我們本著「真誠服務、樂送萬家」的服務宗旨，對用戶進行跟蹤服務。為了能夠及時掌握**您**在安裝與使用熱水器中的一些情況，確保熱水器能夠安

全使用，**請您**在購買熱水器後一個月內填寫好回執卡，並將其寄到服務**您**處的我公司維修中心。我們將會把**您**的情況輸入電腦，以便隨時為**您**服務。

　　多謝合作！

　　　　順致

　　敬禮！

廣東萬家樂燃氣具有限公司

　　(2)眼睛是心靈的窗口，為了保護**您**的眼睛，**請**將窗子裝上玻璃吧。　　　　　　　　　　　　　　　　　　　　　　（廣告）

　　(3)扶我上路，助我中華，**請您**幫助亞細亞！　　　　（標語）

　　(4)「請告訴我，**您**想賣什麼價？我們根據出價再作考慮。」

　　「不妨您先談談您能接受的價格，好嗎？然後我們才考慮出什麼價。」　　　　　　　　　　　　　　　　　　　（談判用語）

　　(5)顧客說：「我比他們先到，你為什麼不先賣給我？

　　營業員微笑著說：「**對不起**，我沒注意，讓**您**久等了，我這邊收完錢，就給**您**拿。　　　　　　　　　　　（營銷用語）

　　(6)**您好**！歡迎光顧。

　　再見，歡迎**您**再光臨。

　　(7)顧客：「小姐，您幫了我一個大忙，謝謝！」

　　售貨員：「別客氣，**謝謝**！」　　　　　　　　（營銷用語）

　　(8)從此以後，**您**的秘密唯有您自己和**您**所用的××良藥知曉。　　　　　　　　　　　　　　　　　　　（治狐臭的藥品廣告）

　　(9)**您**要買的東西放在櫃裏，不用著急，慢慢點好了錢，叫我一聲，我再給**您**拿。　　　　　　　　　　（營業員服務文明用語）

　　(10)**請原諒**，這種衣服顏色淺，容易弄髒，不宜試穿，**您**可以比一比大小。　　　　　　　　　　　　　　　（服務文明用語）

以上例子中，恭敬的語詞、親切的語調、謙和的語氣、委婉文雅的言辭和得體的體態語都體現了商業語言鮮明的禮貌性，它是商業主體有

較好的文化素養和道德修養的表現，是文明經商的語言體現。

四　情感性

商業語言的情感性與其禮貌性密切相關，但又不完全一樣。

商業實務活動是解決商業主體與商業客體之間的關係的。商業客體是有七情六欲的人，而不是自然物或者機器，因此情感因素具有很大的作用。白居易在〈與六九書〉中說：「感人心者，莫先乎情。」「通情」才能「達理」。情感交流在現代商業活動中有著十分重要的作用，美國著名的商場營銷學專家菲利普・科特勒指出，人們的消費經歷了從量到質、到情感的階段。隨著生活節奏的加快和生活水平的提高，人們越來越強調感情交流，強調精神生活的愉悅。人們不僅從理性而且從情感上把握和體驗市場。因而，顧客作為上帝，他們享受已經不僅是物質上的滿足，而且是一種精神上的滿足和體驗。顧客的情感變化對於一個商業企業完成商業計劃具有十分重要的意義。顧客行為決定於顧客態度，態度由理智和情感構成。在很多情況下，情感因素居於舉足輕重的地位，國外有的學者認為人的理智與感情的比例是 7:3，美國心理學家哈特曼通過實驗證明，情感的感召力比理智的說服力還要大。所以在商業的言語活動中，融情動心，以情感人是十分重要的。今天，具有先進公關意識的商業企業組織都深諳情感的重要作用，都把與內外公從的感情交流作為重要的商業實務手段。北京藍島大廈開始創業就確定了「情意服務」的宗旨，並圍繞這一宗旨提出了「千方百計便利顧客，以真情實感打動顧客」、「服務以情取勝」的柔性競爭策略，舉辦各種情意活動。例如「藍島風情引人醉，深情待客客忘歸」為主題的文化購物節，推出「浪漫金秋色，款款送愛心」服裝大聯展、「讓溫暖與愛意擁抱您」羊毛製品薈萃展銷活動，在總台設「春夏秋冬都是愛，留下真情在心間」的溫馨卡和情意籤等等。微笑的服務，縷縷的真情，使消費者在和諧溫馨的情感氛圍中感受到藍島大廈的友誼與真誠。藍島大廈由此而在社會公眾中樹立了良好的形象，贏得了較高的知名度和美譽度，成為首都人們喜愛的

購物中心之一①。又如「晴天，雨天，廣南天美關心您每一天。」（廣南天美食品發展有限公司廣告）「白雲山，白雲山，愛心滿人間。」（白雲山製藥廠廣告）「三株獻愛心，把愛聚起來／三株獻愛心，把愛點起來／三株獻愛心，把愛築起來／三株獻愛心，把愛唱起來。」（三株口服液廣告）這些廣告既告之以事，曉之以理，又動之以情，不僅使消費者產生「自己人」的效應，而且使消費者在欣賞優美的廣告藝術和富有情感的語言中，心悅誠服地接受廣告中的產品宣傳。

情感性體現在各種商業活動的話語中。為了實現表情的目的，商業語言廣泛使用自然語言和體態語言的種種表情手段，通過語音表情手段的巧用、具有感情色彩的語彙的運用、親切熱情語氣的善用、含情的擬人手段的巧設和微笑等體態語的恰當選用等等，打動顧客的心靈。例如，中央電視臺播送了這樣一個商品廣告：

> m→
>
> 媽媽，我夢見了村邊的小溪，夢見了您，夢見了奶奶。
>
> m→   mm→
>
> 媽媽，我給你們捎去了一件好東西──威力牌洗衣機，獻給
> 母親的愛。

這則廣告巧用舒慢的語速（例中 m→表慢速、mm→表特慢速），並配以悠美的音樂和動人的畫面，親切地回憶了媽媽和奶奶到村邊小溪洗衣服的辛勞情景，表達了為減輕老人們勞動強度而獻上威力牌洗衣機的愛心，語言充滿感情，給公眾留下了難忘的印象。又如：

(1)讓溫暖與愛意擁抱您。　　（藍島大廈羊毛製品薈萃展銷活動標語）

(2)為您的健康喝采。　　　　　　（雲南花粉田七口服液廣告）

(3)貼心‧浪漫‧行動

> 您就是一輩子的情人。
>
> 慧眼的選擇，情深意濃的約定，綻放一生一世的唯美。
>
> 結婚來曼都新婚世界，您就是一輩子的情人！
>
> 曼都現在推出百萬現金還本大回饋，以實際行動獻給行動的
> 您！

愛，就是要把握。　　　　　　　　（臺灣曼都新婚世界商場）

例(1)用富於感情色彩的詞語把羊毛製品描寫為有感情的人來擁抱顧客，用脈脈情語來誘惑顧客的青睞；例(2)用尊敬的第二人稱為顧客的健康喝采，把公眾置於中心地位，很能喚起公眾的感情共鳴；例(3)以「愛」的永恒、「行動」的證明為基調，用滿含激情的筆調，渲染出「曼都新婚世界商場」的浪漫特色和濃烈的情懷。

第二節　當代商業語言的傾向

隨著改革開放的日漸深入，市場經濟的蓬勃發展，當代的商業語言出現了很多新變化，新的商業辭彙大量增加，詞語的跨語體、跨專業使用十分活躍。總起來看，呈現出了以下一些明顯的傾向。

一　求　新

當代商業用語的創新意識非常強烈，這表現在兩個方面：

一是新詞語大量產生，更新與豐富了商業用詞。如：

金融、股票領域：清倉、斬倉、補倉、漲停板、牛市、熊市、套牢、解套、多頭、空頭、逼空、翻紅、融資、信託、信用卡、刷卡、期市等。

房地產領域：樓市、樓花、山莊、按揭、供樓、入伙等。

餐飲娛樂領域：快餐、自助餐、大排檔、買單、夜總會、卡拉OK、KTV包房、酒吧、網吧、氧吧、桑拿浴、家庭影院、高爾夫俱樂部、美容、連鎖店。

經濟活動用詞：下海、跳槽、兼職、皮包公司、炒魷魚、軟著陸、接軌、入世、跳樓價、大甩賣、大出血、水貨、下崗。

商業從業人員等稱呼：老闆、董事長、總經理、大款、款爺、款姐、富婆、大哥大、大腕兒、工薪族、打工仔、外來妹、鐘點工、家傭、侍應、領班、保安、馬仔、吧女、大亨、發燒友。

近年來，有關商業活動的新詞語層出不窮，這裏只是略舉一、二

以說明。

　　二是廣泛借用別的領域的詞語，追求詞語語體色彩的改變，語言搭配的新奇時髦，刺激有味。如「套餐」、「快餐」、「茶座」本是飲食行業用語，現在頻繁出現在商業宣傳領域，像「金融套餐」、「音樂套餐」、「新年賀賓廣告套餐」、「文娛快餐」等屢見不鮮，如《羊城晚報》（1996 年 1 月 31 日）就標題〈留學人員興辦企業，上海奉送金融套餐〉*，金融套餐即指投資、貸款等一系列金融服務。《新快報》（1999 年 11 月 2 日）以〈天天出報，周末大餐——《新快報》改版致讀者〉標題宣告周六也將出報的消息。《廣州日報》（1997 年 7 月 12 日）更以〈「三億電影套餐」你吃了沒有？〉為題，大肆宣告「回歸展映月熱浪未消，省市電影公司聯手推出的『三億電影套餐』暑期電影大行動今日又隆重登場，成為『七一』之後廣州影市的又一熱點。今年第七部進口大片《空中大搰籃》、國產大片《大轉折》、《侏羅紀公園》續集《失落的世界》三部超億元的電影大製作組成『三億電影套餐』的三大『主菜』，……。『套餐』明晚在市一宮的榕泉電影院舉行『開張』儀式，放映《空中大搰籃》。前往『剪綵』的觀眾可獲得一份該片的珍藏紀念獎。……。暑期電影套餐的『配菜』均是頗有看頭的言情片、故事片，……以上這些影片構成七、八月的電影菜單，任君品嘗。」真是主菜、配菜豐富，可吃可嘗了。衣著打扮方面的詞語也擴大了使用範圍，如「日夜通廣告套裝」、「恭喜發財音樂套裝」就以「套裝」指成套的廣告或音樂節目。表示地點的詞語也可以進入商業、娛樂領域，如「置業**廣場**」用指房地產廣告欄或諮詢、銷售市場，同樣的還有「華爾街金融廣場」等。「開心**樂園**」是某資訊台的一項資訊服務欄目。此外還有「都市**獵人**」、「廣告位**招租**」、「西裝**大哥大**」、「羊城十大建築今日新鮮**出爐**」、「經濟專家『**把脈**』珠海，領導班子細問『**病情**』」、「『春蘭花園』是繼『金蘭』、『白蘭』之後廣信置業推出的又一**經典名品**」、「實惠天天講，**魅力没法擋**」（商店推銷用語）、「衛星電話，**登陸**廣東」（《新快報》1999 年 12 月 1 日）等詞語移用搭

配用例，甚至生命科學裏新詞「克隆」（clone）也很快被移用到了商業領域，如《新快報》（1999 年 11 月 13 日）就有「南海竊機密，上海搞『克隆』——廣東警方查獲一起重大侵犯商業秘密及專利案」的報導。

二 求 豪

在商業宣傳上，竭力選用一些最顯權貴、最具豪華、最有氣派的字眼來進行誇飾，營造出一種富貴氣派的顯赫氣氛，藉以渲染出宣傳對象的尊貴顯赫、富麗堂皇，讓人產生尊敬與崇拜。這種求豪的用語傾向在當代商業用語中表現得特別突出。

第一，以代表至尊權威、最具顯赫氣派的帝王名號及權貴人士作為宣傳對象的名稱，借其高貴的地位、顯赫的氣派來強化宣傳對象的顯赫和優良。如：

以帝、王、總統等來撐氣勢：如蟻皇（口服液）、皇太子酒家、富麗皇酒家、皇宮美容脫毛中心、「海珠地皇，東曉路至尊——海印花苑」、皇朝食府、皇冠（轎車）、皇都大酒樓、帝豪表、天子娛樂中心、越秀地王—僑雅苑、花王（洗髮露）、畫王（彩電）、真皮大王、太子衫、總統大酒店、總統套房等。

以高貴的妃、后等作為名號：貴妃浴液、影后、歌壇皇后、公主影樓、則天大酒樓。

以貴族、富豪作為名稱：大富豪酒店、豪紳（衣服）、老爺酒、金夫人（店鋪）、老闆牌抽油煙等。

以威猛逼人的霸為稱呼：海霸皇、彩霸、鞋霸、詞霸、海霸表、小霸王（中英文學習機）、聲霸卡、巨無霸（麥當勞的一種食物）。

還有的以外國名人、名地等來作宣傳：如曼哈頓皮帶、華盛頓廣場、帝國大廈。

第二，選用能渲染富麗豪華、氣魄宏大的語詞來營造華麗的氛圍，塑造恢弘的形象，以強化宣傳對象的豪華與魅力。其方式有：

利用豪華、富麗的詞語進行誇飾，如：長江三峽豪華遊、超值豪

華屋宇、華苑、華居、麗安大廈、華美達大酒店、江南雅居豪宅等。

用金、銀、玉、龍等高貴、尊崇的事物來渲染對象的潛力與價值。如：黃金旺舖、黃金地段、金寶液、紫金商住樓、龍鳳寶（藥物）、金利福公司等。

用在規模上、品質上、程度上更為顯赫突出的同類事物來進行美化。如隨便一棟樓就稱之為大廈；小小一個營業點便可以叫做城，像什麼傢私城之類可以只有小小的一層樓，所謂娛樂城只是一間卡拉OK室，有名的「海山城」也只是一家不算大的餐館；還有任何一棟商住樓便誇而張之為苑、花園、閣、山莊、別墅等，如新景花苑、雲臺花園、龍騰閣、麗明閣、蒙地卡羅山莊、龍泉別墅等張目可見；隨便一點空地也叫作廣場，如曼哈頓廣場等。

這種一味求貴、求豪的用語傾向帶有明顯的誇張比附色彩，具有明顯的商業宣傳氣息，反映了商品經濟條件下普遍的求富求榮心理與物質享受欲望。製作者也力圖想抓住人們尊權崇貴、趨富求華、追求享受的心理大作文章，力圖對顧客產生強大的誘惑力。但是過濫的豪華渲染只能給人虛假不實的印象，尤其是某些歷史沈渣再度泛起，造成的社會效果並不好。

三　求　火

一些描寫與說明別的領域的具有強勁火熱意味的形容詞性、動詞性詞語也湧進了商業領域。如形容人有力量的「勁」，倍受廣告人青睞，「勁歌」、「勁舞」、「勁減狂潮」、「雙星拱照五羊城，勁減清貨獻真情」等勁的新搭配層出不窮。「發燒」原是用指病情的，現擴大了使用範圍，如「發燒友」、「發燒音響」、「發燒電影周」等大量出現。「大放送」超出了廣播領域，而出現了「車展大放送」。「爆」也不僅指「爆炸」、「爆裂」，而有了「打爆吉祥台」、「捐髓電話『打爆』熱線」（《羊城晚報》1998 年 12 月 2 日）、「爆棚」（指人多）、「溫州爆出了兩大『吃』新聞」（《廣州日報》1997 年 5 月 12 日）、「一說要入世，書店就火爆」（《新快報》1999 年 12 月 1 日）、

「爆炒『愛國』手機」（《新快報》1999 年 12 月 13 日）等新鮮說法。「熱」、「旺」、「火」的出現頻率也非常高，如：「地鐵一號線1998 年 9 月全線熱滑」（《羊城晚報》1998 年 12 月 22 日）、「熱銷」、「熱賣」、「熱線」、「搶佔下九路黃金旺鋪」（《羊城晚報》1998年 12 月 23 日）、「樟木頭樓市好旺」（《羊城晚報》1998 年 12 月 9 日）、「旺銷」、《舞蹈不「火」怪記者》（《羊城晚報》1998 年 12 月 10日）、「廣州旅遊市場升溫」（《新快報》1999 年 12 月 2 日）等。「火一把」、「牛得很」等也成了商業口頭禪。資訊台欄目裏還出現了「夫妻必讀熱線」等新用法。威勢強勁的軍事用語也進入了商業領域，如「投資逾億擬三年內殺入行業三強：美的強勢進軍微波爐市場——格蘭仕稱有可能發動價格戰加以阻擊」（《新快報》1999 年 12 月 13 日）、「中外通訊公司搶灘人才市場」（同上）。

四　求　洋

近代以來，西方的科學技術與經濟力量強於我國，引進國外的先進技術，購買國外的先進產品，成了國人之需。對外交流的活躍必然會引起語言對外來詞語的接納，導致音譯詞、新詞語的產生。同時，伴隨著這種技術與產品的引進，西方的社會文化觀念也進入中國，國內崇洋心理、仿洋行為也隨之出現，洋詞、洋語就成了反映這種洋化行為的晴雨表。尤其是廣東長期以來對外交流活躍，同時又毗鄰港澳，具有吸收洋派語詞的歷史傳統和地緣優勢。因此，廣東一改革開放，各種洋詞洋語便如雨後春筍般蓬勃興起，舊有的、新生的、從港澳引進的洋語洋腔蔚為大觀，其中不少滲透到了全國。綜觀當代的商業用語，其洋化傾向表現在：

㈠直接夾用外語原詞及其縮寫

直接在口語與書面語中夾用外語詞，似乎成了一種時尚，這種夾用不只是局限在涉外企業的白領階層、青少年或打工一族之中，有的甚至成了社會通用語，新聞媒介及各種服務機構亦照用不誤。如 call

，就使用得非常普遍，「call 台」、「請 call 他機」、「小姐，明天早上七點請給我一個 morning call」等有關 call 的用法在商業尋呼台及書面用語中時時可以見到。還有 yes、no、ok、happy、sir、party、show 等日常外語詞在社會及商業用語中也屢見不鮮。在社交場所，「好 happy」、「阿 sir」、「擺 pose」（擺姿勢）、「好 friend」、「做 show」（表演）經常可以聽到。在書面領域，這些日常外語詞的使用頻率也很高。翻開幾大報，你不時都可以看到外語詞的身影，如《廣州日報》(1997 年 4 月 12 日)就採用大字標題：《氧吧，深圳說 No》*，不只使用了外語原詞 No，還用了一個音譯詞「吧」，即 bar 的譯音。意思是深圳不再接受純氧吸食小吧。《廣州日報》1995 年 12 月 18 日袁迴煊一文②提到的某報所登首飾廣告：「OK！本店黃金十分 OK！」* OK，可以是漢語「行」、「可以」等意思，在英語裏，OK 並不受 very（十分）的限制，也並無「讚歎」之意。還有 OK 用在這裏表意效果也適得其反，很容易被人理解成零 K，變得一文不值！這種用法不中不洋，是典型的語言污染。除直接夾用外語原詞外，還經常運用字母縮寫。如 MTV（音樂電視）、KTV（卡拉 OK 電視）、MBA（經濟碩士學位）等縮寫以及不規範的字母標示，如 BP 機（尋呼機）、開 P（party 晚會）、P 場（停車場）、E-mail（電子郵件）等廣被使用。至於商品品牌的外文夾用就更為常見，如 VCD、DVD 等隨處可見。這些英文夾用，興許有時能增加一些風趣和新鮮，在無約定譯名的情況下可以用來輔助交際，但是已有中文固定說法的亂夾用，只能造成語言污染，不利於民族語言的健康發展。

㈡大量使用音譯外來詞

在當代商業語用環境裏，音譯外來詞特別豐富，這些音譯詞有些是隨外洋事物的引進而產生的，但更多的是從香港學過來的。音譯外來詞的使用可分為兩種情形：

第一，只有純粹的音譯詞，沒有相對應的漢語詞。這是因為所引

進的事物本來就是中國所沒有的，漢語此前也沒有有關這些事物的用語。這類音譯詞大部分是公司、企業或商品的名稱，如街頭隨時可見的佐丹奴、寶獅龍、屈臣氏、芭迪、麥當勞、肯德基就是。也有不少是商品、商標的名稱，如皮爾‧卡登、路易‧卡迪、沙拉、依蓮娜、比薩餅、耐克（運動鞋）、力士（香皂）、麥當勞、蘋果派（apple pie）、布丁（pudding）、芝士（cheese，乳酪）等。還有些是新引進事物或觀念的名稱，如的士、英特網（internet）等。

第二，方音音譯詞與漢語詞並用，這尤其明顯地表現在粵語音譯詞之中。有些詞語漢語中已有了現成的說法，但受港澳影響，也出於趨新求異的心理，而喜歡使用利用粵語方音音譯的詞語，形成粵音音譯詞替代現行漢語詞或兩者並用的局面，有些粵音音譯詞還具有很強的派生造詞能力，生成了一大批以此為語素的詞語。這種粵音音譯詞及其派生詞族，構成了廣東鮮明的用語特色，有的甚至還流行到了北方。如 ball，漢語已有對應的「球」一詞，但廣東人卻喜歡使用粵音譯的「波」，而不太用漢語的「球」，並形成了一大串常用的波族詞語，像波鞋、波衫等。card，普通話中譯為「卡」，廣東卻音譯為「咭」，信用咭、聖誕咭、賀年咭、九折咭等等屢見不鮮。shirt，漢語為「襯衫」，廣東譯為「恤」，並有恤衫、T 恤等詞語產生。party，漢語中有「聚會」相對應，但在廣東卻喜歡用音譯詞「派對」，如「生日派對」，甚至資訊台廣告中還出現了「性格派對」等用語。此外，還有大批極為流行的粵音「士」族音譯詞，如波士（boss 老闆）、的士（taxi）、巴士（bus）、灰士（fuse）、卡士（cast）、士多（store）等，它們廣為活躍在商業用語領域。大量使用音譯外來詞的原因，一是有些音譯詞較為簡短，使用起來較為方便，如 taxi 稱為「的士」比「出租汽車」更簡捷，並迅速產生了「面的」、「打的」等一批詞語；二是模仿港澳，受其同化；三是歷史音譯詞的遺留；其四，恐怕也是最根本的原因，與全國流行的崇洋求異心理密切相關。

㈢仿起洋名，借洋飾中

本來不是外來的東西，而是地道的中國產品或事物，但因受崇洋心理的影響，喜歡起洋名，帶洋味，用以提高身價，顯示新異。這類仿造一是模仿國外的品名或商標，如「少林可樂」仿美國「可口可樂」，廣州某食品生產廠的宣傳詞「醬油 X. O.」* 誤將洋酒的年代標誌作為品牌而模仿。二是借用外國的人名與地名或者是在其之後再加上漢語的類名來作為中國的事物或地方的名稱，如：佳寧娜（一經營潮州菜的飯店名稱）、曼哈頓廣場、香格里拉大街、蒙地卡羅山莊、加拿大花園等。三是直接用英文來命名或用英文來作產品說明，如著名的王牌彩電就用 TCL 作為產品名稱。產品說明使用英文的情況更是普遍，幾乎所有的產品都好用英文寫上 Made in China。有些產品明明只在國內銷售，但除了名稱，沒有一個漢字說明，全部是英文，而且錯誤很多，讓消費者大為發愁。這種模仿洋名，追求洋味，甚至假冒洋貨的用語傾向違背了音譯借詞及語言交融的一般原則，有的甚至造成誤導，應予制止。

五　求　利

趨求好口彩、好兆頭是一種普遍的用語傾向，我國傳統的求利意識比較濃厚，其口彩講究也比較盛行，趨吉求利成了話語關注的重要內容，有的口彩內容帶有濃厚的舊時迷信色彩，有的則是表達一種美好健康的祝願。其講求口彩的方式有：

第一，利用雙關，賦予話語以吉利富發的意兆內容。如「三九企業集團」取「三九」為名，其含義正如該企業的宣傳詞所言：「三九送你真誠的祝福：健康長久，財運恒久，天長地久！999！」粵語裏 8 與「發」音近，故 8 幾乎成了人人追求的數位，「168」車牌因粵語發音與「一路發」相近，價錢昂貴，「328」因與「生意發」音近，也成了人們喜歡的數字。許多商品的價格標示也經常用 8，如某房地產廣告：「三個屋超所值的市中心現樓商廈，每平方米 8888 元

起價。」比薩（pizza）餅分店，廣州稱為「必勝客」，這是採用澳門葡京酒店的譯法②，其用意為下賭一定勝過對方，來此賭博的客人也反用其意，例必吃上一餐必勝客，討個好兆頭，廣州人採用此譯名也是為了討個好彩。此外，「利是糖」、「佳吉運輸公司」、「年年有餘，送鯪魚三重彩」（鷹金錢宣傳用語）諧「利市」、「加急」、「餘」音，為的也是講求好彩。

第二，直接採用能兆示富貴、發旺之類的好字眼。其內容一是講求財運發旺，如「興隆苑」、「鴻運扇」、「裕發家私」、「廣東步步高電子工業有限公司」、「如意商貿城」、「合富輝煌房地產銷售中心」、「建發廣場」、「易發廣場」、「好運連年」（猴頭菇口服液廣告）、「四面臨街，發財就手」（商鋪廣告）等。二是祈求吉泰安祥、身心健康，如「康泰花園」、「萬里樂商住樓」、「三九胃泰」、「咳必止」、「腦樂泰」、「希爾安」、「元亨胰泰」等即是。

這些趨吉求利的用語有些迎合了民族的傳統心理，有些則過於講究意兆內容。

六 使用方言詞語

使用方言詞語也是當代商業用語的顯著特點，尤其是在廣東等方言意識非常濃厚的地區。很多方言詞語不只使用在口頭交際領域，報紙（尤其是廣告等部分）、宣傳品、說明書、標誌及招牌等也大量運用。我們且不去看那些「嘩！免費食海鮮！免費食魚！」*之類鋪街蓋地的招牌，只看看廣州幾大報的情形。《廣州日報》有〈街市商情〉、〈港澳遊各線任你點〉、〈搵工跳槽〉等專欄或宣傳欄目，這裏，「街市」、「點」、「搵工跳槽」是流行的粵語方言詞。廣告部分的方言用詞就更為多見，只 1996 年 2 月 29 日的某一版上就有「新年新意思，心聲任你點」、「夜半卿私語」「現樓發售，今年五月入伙」、「助您一生靚白苗條」等方言用語。《羊城晚報》也每周開設了〈扮靚〉、〈樓市〉等專版，1996 年 10 月 28 日的標題〈以誠待

客，方為正道；價格噱頭，商家大忌——對於酒樓食肆「大酬賓」一類促銷廣告，廣州市民議論紛紛〉＊及 5 月 23 日的標題〈怪風洋風帝王風，店招吹的什麼風——大城小城，大街小街，大字招牌怎相似〉＊，就有「噱頭」、「食肆」、「店招」、「怎」等方言詞。3 月 22 日的廣告：「天河現樓，**賺頭蝕尾！一口價**」也多方言用法。「買一『大件』較著數』」（1998 年 12 月 23 日），「小女孩兜起卡片便『走鬼』」（1998 年 12 月 23 日），這裏「著數」、「走鬼」也都是方言詞。粗略統計，出現在這些報紙正文與廣告欄目裏的典型方言用語就有：

稱呼房屋、場所：屋宇、屋業、屋村、樓宇、樓盤、樓市、私屋、公屋、出租屋、髮屋、地鋪、食街、食府、大排檔、沖涼房、××記（如李錦記、妹記鮮先仙食府）等。

稱呼人員的：老闆、老細、業主、雇主、文員、雇員、收銀員、打工仔、打工妹、飛仔、飛妹、人渣、拍檔等。

一般商業用語：平到笑、大平賣、大出血、一口價、跳樓價、租售、契約、生猛、流嘢、堅嘢、飲茶、早茶、晚茶、下午茶、早市、斬客、賣豬仔、生意眼等。

這些方言用語不少已成了通用流行語，如「的士」、「打的」、「巴士」、「酒吧」、「買單」、「收銀台」等。

七　舊有品牌、詞語的復歸

隨著商業活動的活躍和品牌意識的強化，不少傳統老字號、反映傳統商業時尚的詞語重新出現，並受到人們的重視。「新大新」百貨公司是「大新」公司的復新，「陶陶居」茶樓、「陽江十八子」刀是傳統店名與標識的恢復。醫藥行業百年老處方、祖傳秘方等宣傳屢見不鮮，如「王老吉」涼茶、「京都念慈菴」等非常暢銷。

所有這些方面綜合反映了當代社會商業氣息濃郁，商業宣傳用語追求刺激、新奇、活力的重要特點。

註　釋

① 參見翟向東主編《公共關係與市場文化》第 181 頁，中國商業出版社 1995 年版。

② 參見鄧景濱〈港澳粵方言新詞探源〉，《中國語文》1997 年 3 期。

* 打有＊號的語料來自何自然教授的剪報集。

第三章 // 商業語言的文化積澱

　　語言是「純粹人為的、非本能的，憑藉自覺地製造出來的符號系統來傳達觀念、情緒和欲望的方法」。「言語是一種非本能的、獲得的、文化的功能。」①語言是人創造的，也是人使用的，創造什麼語言材料與表達手段，選用什麼語言符號，組成什麼表達手段，傳達什麼觀念、情緒與欲望都決定於人。而人從屬性上說都是社會的人。馬克思說：「人的本質並不是單個人所固有的抽象物。在其現實性上，它是一切社會關係的總和。」②人及其創造的語言以及使用語言傳情達意，都不能遠離於「社會關係的總和」之外。人也是民族文化的人。俄羅斯有句諺語：「在一個人的尿布上就留下了這個民族的痕跡。」尿布上的民族痕跡是喻指一個人的民族文化印記。每一個人從母胎呱呱落地以至此後生於社會，受民族文化薰陶，就必然帶有民族的文化基因。「文化是人類生活的環境。人類生活的各個方面無不受著文化的影響，並隨著文化的變化而變化，或者說，文化決定人的存在，包括自我表達的方式以及感情流露的方式、思維方式、行為方式、解決問題的方式等。」③文化具有濃厚的民族色彩。民族文化具有強制性，它會對本族人的生活的各個方面施加影響與約束，使用語言進行交際是人們社會生活中必不可少的重要活動，當然不會不受民族文化的影響與制約。商業語言作為在商業活動中使用的語言必然帶有民族文化的痕跡，語言材料、語言表達手段有著民族文化的積澱。

第一節　商業語言文化的界定

一　什麼是文化

「文化」一詞在英語和法語中，表達為「culture」，在德語中表述為「Kultur」，都源於拉丁文「cultura」，意為耕作、培育，包括物質活動和精神活動兩個方面的意蘊。

「文化」一詞在中國出現較早，古代的涵蘊與西方基本是一致的。所謂「人文化成」、所謂「以文教化」，所謂「變化氣質」等，多指文治教化，也指物質的變化。

「文化」一詞在現代社會是一個使用頻率很高的名詞，對其概念的界定可謂眾說紛紜，見仁見智，人類學之父英國學者愛德華‧B‧泰勒（Adward B. Tyler）在其代表作《原始文化》中說：「所謂文化或文明乃是指知識、信仰、藝術、道德、法律、習俗以及包括作為一個社會成員的個人而獲得的其他任何能力、習慣在內的一種綜合體。」美國文化學家羅伯特‧F‧莫菲在《文化和社會人類學》中認為「文化是人類知識、技術、社會實踐的總和。」這兩位學者的文化定義都強調精神方面的文化。但不少學者認為，文化除了精神文化還有物質文化。例如前蘇聯學者謝班斯基指出：「文化是人類活動的全部物質和精神成果，價值以及受到承認的行為方式……」④日本學者水野佑指出：「物質文化不是文化本身，而是文化行為的產物。但因為存在著非物質性文化，而它的前提是存在著物質性資料，所以把物質性要素從文化範圍內排除出去是不可能的。因此，現代的定論認為文化包含物質文化和非物質文化。」⑤

從以上的分析看來，文化的意義有廣義和狹義的不同。我們贊成廣義的定義，把文化看作是人類在社會歷史發展過程中所創造的物質文明和精神文明的總和，其外延可分為三個部分：⑴物質文化：指人類創造的種種物質文明，它是一種顯性文化；⑵制度文化：指種種生

活制度、家庭制度、社會制度以及有關這些制度的各種理論體系和行為方式、禮儀習俗、教育、法律、政治等，它是一種隱性文化；(3)心理文化：指思維方式、價值觀念、審美情趣、宗教信仰、道德情操等，它和制度文化比較起來，是一種更深層次上的隱性文化。

二　商業文化的含義

商業文化是在商業不斷發展進程中的商品流通領域裏，各行各業、各個環節、各類商品所發生、創立、反映、傳播的具有商業特色的文化現象，它是人類在商品流通領域中所創造的商業物質文明和精神文明的總和，其外延涵蓋商業物質文化、商業制度文化、商業精神文化等三個方面。

商業物質文化即以物質狀態存在的商業文化，包括商品文化，如商品的構思、設計造型、款式、裝潢、包裝、商品商標命名、廣告等；包括商業環境文化，如企業或商場的建築門面、招牌、店名、吉祥物、櫥窗設計、櫃檯擺設、商品陳列、價格牌等；還包括商人文化即商業從業人員自身的文化風貌，如儀表服飾、談吐舉止等。它們都凝集著一定的文化素養、文化個性和審美意識，展示著一定的文明水平。商業物質文化是商業文化的基礎。

商業制度文化是指商業運作的規範和制度，包括商業法規、商業制度、商業紀律、商業活動準則和店規、店法以及商業活動中的人際關係等等。商業制度文化是商業文化的關鍵。

商業精神文化，指的是有關商業的觀念、意識及思想，包括經營思想作風、營銷哲學、商業活動中的價值取向、審美意識、職業道德和廣告宣傳等等。這是商業文化的靈魂。

以上三個方面既有區別又互相聯繫，共同構成了完整的商業文化含義。

三　商業文化與傳統文化

商業文化是在商業領域的商業活動中產生的文化現象，它隨著商

業經濟的發展變化而發展與創新，具有鮮明的時代性。隨著商品在世界市場的交換與文化的交流，商業文化也就具有國際性，馬克思在〈共產黨宣言〉中說：「由於開拓了世界市場，使一切國家的生產與消費都成了世界性的了。」商業文化的時代性和國際性必然產生商業文化與傳統文化的衝擊或矛盾。例如，我國社會主義市場經濟的商業文化既講價值規律、經濟效益，又強調為人民服務、為社會服務和富強國家，它提倡「義」、「利」並重，追求物質文明與精神文明的統一。而傳統文化把「義」視為人的至高無上的倫理道德修養，視求「義」者為「君子」，求「利」者為「小人」，因而造成了重義淡利輕商的傳統文化。這種傳統文化顯然與現代商業文化衝撞。又如中國傳統文化向來強調群體至上，一切為群眾著想，排斥個性張揚，這種片面強調群體意識的傳統文化，也是與現代的商業文化相悖的。現代商業文化非常重視個性特徵，經商者要有個性解放意識，敢於冒險、拔尖，勇於拼搏開拓，大膽引進和借鑒資本主義先進的商業文化，形成自己的企業文化，也強調個人與集體、個性與共性結合起來，共同發展。因而，現代商業文化必須衝破傳統文化的束縛，才能健康地發展。

　　誠然，正如魯迅先生所說：「新的階段及其文化，並非突然從天而降，大抵是發達於對舊支持者及其文化的反抗中，亦即發達於和舊者的對立中，所以新文化仍然有所承傳，於舊文化也仍然有所擇取。」⑥商業文化的生成、發展與創新要注意對傳統文化有所擇取。我們中國文化傳統源遠流長，有很多優良的傳統文化值得商業文化在生成和發展中繼承與擇取。例如，「自強不息」、努力拼搏的民族精神，「厚德載物」、「推己及人」包容萬物的博大胸懷，「見利思義」「致富有道」的道德規範和義利觀，「與朋友交，言而有信」、以「禮」待人的人際關係觀以及「和為貴」的兼容意識等等都是富有生命力的精華，是現代社會商業文化必須而且應該融入的內容。因此，現代商業文化既要大膽吸收西方有益的商業文化，更應繼承與弘揚中國傳統的優秀文化。

四　商業語言文化的内涵

上面我們界定了商業語言，又明確了什麼是商業文化，那麼，商業語言文化的内涵也就不難把握了。

商業語言文化不同於一般的語言文化。商業語言文化是指特定範疇的語言文化，它是商業文化在商業語言中的反映，是民族文化特質體現在商業言語活動中的文化現象和在商業言語活動中所產生的言語成品中的文化積澱。

商業文化如上面所說，包括商業物質文化、商業制度文化和商業精神文化等三個方面的内容。這三個方面的文化特質在商業主體開展商業活動中具體運用自然語言和非自然語言手段及其言語成品中所展示出來的人類文明的一切成果，包括科技知識、文學藝術、法律法規、宗教信仰、風俗習慣、禮儀習俗、行為方式、思維方式、價值觀念、道德情操、審美情趣等都屬商業語言的文化内容。

第二節　商業語言文化的民族性

一　商業語言文化具有民族性

史達林說：「每一個民族，不論其大小，都有它自己的本質上的特點，都有只屬於該民族而為其他民族所沒有的特殊性。」⑦民族特點是多元的，而民族人民所創造的物質文明和精神文明成果則是其核心因素。物質文明和精神文明成果的總和是民族文化，它是一個民族在長期歷史發展過程中積澱下來的，具有鮮明的民族烙印。每個民族的文化都有其自身的歷史淵源和特殊性，這就是文化的民族性。梁漱溟先生在其著名的《東西文化及其哲學》中，把世界文化概括為三大體系：

㈠西方文化是以意欲向前要求為其根本精神的；

㈡中國文化是以意欲自為調和持中為其根本精神的；

㈢印度文化是以意欲反身向後要求為其根本精神的。

這三大文化體系各有不同的個性：西方文化強調人的奮進、朦朧探尋、冒險，中國文化注重倫理道德，印度文化則以佛教為其精華 ⑧。這些文化不同的個性就體現為不同的民族性。

語言是文化積累和成熟的產物，文化制約著語言的發展變化，而語言是「唯一的憑其符號作用而跟整個文化相聯繫的一部分。」（馬林諾夫斯基《文化論》）語言作為文化的一部分，它可以用言語手段記錄文化，也可以用言語成品顯現和反映文化。文化的內容從某種意義上講也就是民族的內容，語言的形式是民族的形式，用民族語言來記載、反映民族文化。語言中蘊含著的文化就必須具有民族性。商業語言作為民族語言的變體，其文化積澱也就必然具有民族性。

二 商業語言文化民族性的形成因素

商業語言文化民族性的形成因素，既有體現民族性的物質文化，也有起制導作用的制度文化和心理文化，這裏，只談起制導作用的文化因素中的如下幾個方面的因素：

1. **哲學思想**。哲學思想是民族文化的核心，是在形成民族文化的個性中起主導作用的因素，中國傳統哲學從人學出發，派生引發出影響幾千年的主導思想「仁」。「仁者，人也。」（《禮記‧中庸》）「仁」的核心是「愛人」，即重視人、尊重人、同情人、關懷人。「仁」按儒家的思想解釋還包括「勇」、「恭」、「寬」、「信」、「惠」，如「仁者必有勇。」（《論語‧憲問》）「能行五者於天下，為仁矣……恭、寬、信、敏、惠。……」（《論語‧陽貨》）這種哲學思想在經商活動中就表現為講究營銷道德。例如「貨真價實、童叟無欺」「誠篤不欺人」、「買賣不成仁義在」、「互利」、「互惠」、「誠信經商」、「誠招天下客」、「信納萬家財」，以及「篤敬」、「勤儉」的「敬業精神」和勇敢進取精神。中國商人這種商業道德觀和處世術曾引起日本商人的特別注意和讚美。日本商人安東不二雄在他的《支那漫遊紀述》中談到中國商人的商業素質和經商能力時說：

「中國人富於忍耐、節儉、勤勉之能力與習慣,善於處世之術,頗令人深感於心。」他由衷稱讚道:「勤勉、節儉、忍耐,能夠永續其業,同業者富於團結一致之心,乃印支人明顯優於他國之特殊品質。」可見中國商業語言的文化內涵是承傳了傳統文化中的「仁」及由其生發出來的勤、誠、信、忍等因素的。

2. **觀念心態**。觀念心態文化反映的是人與自身的關係,是人改造主觀世界的產物,包括價值觀念、心理導向、審美情趣等具體內容。這種文化在民族文化系統中,佔有極為重要的地位,對人的言行舉止直接起著制導作用。例如,漢民族傳統觀念心態文化的一個突出特點,是以「和」為「最高境界」,「和諧美」是漢民族的審美標準,以「中庸守常、平衡對稱」為基本特點。所謂「以和為貴」,(《莊子·山水》)所謂「致中和,天地位焉,萬物育焉。」(《論語·學而》)。所謂「天時不如地利,地利不如人和。」(《孟子·公孫丑下》)這種「人和」、「致中和」內涵的核心就是講究適度、和諧、和解、和睦、協調兼顧、一視同仁。兩千多年來,這種文化心態已成為漢民族社會普遍承認的價值取向。它反映和表現在商業領域就是「文明經商」、「和氣生財」,在商業語言的運用上就是文明禮貌,委婉和諧,講文明服務用語,不講服務忌語。

3. **風俗習慣**。風俗習慣是一個民族經過長時間沈積下來的習俗慣例、禮儀、信仰和風尚。每一個民族甚至同一民族的不同地域都有其特殊的風俗習慣。風俗習慣在民族生活中具有很強的生命力和滲透力,既參預生活、豐富生活,也規範、制約生活,而「語言的使用作為政治經濟文化生活的重要條件」,它跟民俗有著密不可分的聯繫。漢語裏很多語言材料及其表達手段的生成都是以民情風俗為基因的。商業語言系統中很多言語現象都孕育於民情風俗。

歡慶春節是我國的傳統習俗,商業工作者大都喜歡而且善於開展春節公關宣傳活動和營銷活動,這種活動中的語言大都富含春節習俗色彩。例如北京藍天大廈春節開展「春的祝福」活動,大廈儀仗隊的小姐在除夕給過往的計程車貼「福」字,給附近的居民送「春的祝

福」卡；深圳華駿達國際集團於 1997 年春節前給顧客及朋友送「馬
到功成」紀念品，1998 年送牡丹花開富貴日曆；廣南天美食品發展
有限公司在 1997 年值新年之際在《羊城晚報》刊登的題為〈晴天，
雨天，廣南天美關心您每一天〉廣告中，「恭祝各界朋友財源廣進，
生意興隆！」以及諸如「春節大酬賓」、「恭賀新禧」等橫幅、招貼
都是富含春節習俗文化的商業語言現象。

此外，如廣州某商場與顧客聯歡會用聯：「十五良宵觀燈猜謎玩
美景／中秋吉日賞月品酒送壽星」，表祝福，吉祥的「好口彩」的商
品命名「福字牌四季潤喉糖」、「喜中喜枕套」、「838 電腦」、
「吉星保險箱」「利是糖」、「福壽仙口服液」等積澱著民俗文化。

4. **文學遺產**。優秀的文學遺產是寶貴的民族文化財富，而文學
是語言的藝術，文學作品是語言產生和存在的肥沃土壤，大量修辭材
料源於文學作品，諸多表達手段從文學作品中產生。中國古代文學是
世界上歷史最悠久的文學之一，優秀的文學作品浩如烟海，它為中國
傳統文化中最重要、最具活力的一部分，深刻而且生動地體現著中國
文化的基本精神。它為漢族人民所喜愛，是現代漢人瞭解與學習民族
傳統文化的最直接的橋梁，也是世界其他民族的人民瞭解漢民族文化
的最佳窗口。現代漢人言語交際中常常引用，在現代商業的宣傳戰中
常用古代文學的形式、內容、特點、藝術手法來增強宣傳效果。例
如，直接引用古詩詞語句的：杜康酒的「杜康」就出自曹操的〈短歌
行〉：「慨當以慷，憂思難忘，何以解憂，唯有杜康」。仿擬古詩句
的：「屋內存凱歌，天涯若毗鄰。」（凱歌牌電視機廣告）是仿擬唐代
詩人王勃〈送杜少府之任蜀川〉中「海內存知己，天涯若毗鄰」之
句。化用古詩句的：「送禮待客表心情，名牌出自五羊城。嫦娥不戀
桂花酒，卻羨廣州麥乳精。」（廣州乳製品廠廣告）是化用《楚辭・
九歌・東皇太一》的「奠桂酒兮椒漿」和李商隱〈嫦娥〉的「嫦娥應
悔偷靈藥，碧海青天夜夜心」，或毛澤東〈蝶戀花・答李淑一〉中的
「問訊吳剛何所有，吳剛捧出桂花酒。寂寞嫦娥舒廣袖，萬里長空且
為忠魂舞。」這樣的商品命名和廣告宣傳語言都積澱了豐富的文化內

蘊，體現出鮮明的民族性。

　　古詩詞的五、七言格式和追求韻律美的特點及其常用的對偶、起興、誇張等藝術手段都富有漢文化特徵，用以作商業宣傳，既能表現其語言文化的民族性，又能增強美的感染力，有助於揚名促銷，例如：

　　(1)白雲山高，

　　　珠江水長，

　　　白雲啤酒，

　　　四海名揚。　　　　　　　　　　　　　　　（白雲啤酒廣告）

　　(2)翠柏千年勁

　　　仄仄平平仄

　　　園花四季春

　　　平平仄仄平　　　　　　　　　　　　　　（翠園大酒樓對聯）

　　(3)何愁寂寞無知己，愛麗音響陪伴你！　　　（愛麗牌音響廣告）

　　(4)酒氣沖天，飛鳥聞香化鳳，

　　　糟粕落地，游魚得味成龍。　　　　　　（杏花村汾酒廠對聯）

例(1)「白雲山高，珠江水長」是起興之句，又是對偶辭格，抒情意味濃烈，用以烘托「白雲啤酒，四海名揚」，使得全廣告辭情景交融，物我渾然，深化了廣告宣傳的藝術效果。例(2)聯中平仄相間，上下聯平仄相對，抑揚錯落有致，音律波瀾起伏，具有婉轉悅耳的音樂美。例(3)採用七言格式，押衣期轍，韻腳和諧，具有韻律美。例(4)是對偶套誇張，極言酒味香醇四溢，使飛鳥化鳳，游魚成龍，讀來令人憂聞酒香，如癡如醉，讚歎不已。這些都是古典詩詞常用的藝術手法，富含文化意蘊，很能體現語言的民族韻味。

　　總上所述，商業語言文化的民族性主要體現在言語手段和話語風格中所蘊涵的哲學思想、觀念心態、風俗習慣和文學遺產上。商業語言文化中的民族性給商業語言提高了品位，從而提高了企業及其產品的競爭力，贏得較好的經濟效益。

第三節 商業語言文化的效應

市場經濟是一種社會經濟現象，又是一種社會文化現象，商業活動更是一種文化活動。商業是物質文明和精神文明的綜合體，商業企業競爭，就是商業企業形象的競爭，商業企業形象有賴於文化的建設，誰注重商業企業文化建設，誰就有制勝的可能，誰利用商業企業文化樹立良好的自身形象創造世界名牌，誰就擁有世界市場。

近幾年來，隨著世界文化型消費的崛起，商業企業面臨著文化時代的挑戰，而對這一挑戰，有卓識的企業家陸續重視商業宣傳以文化為主旋律，加強企業的凝聚力，開拓外部良好環境。不論是塑造形象，也不論是開發產品，開展產品促銷和改善服務的語言運用都融進文化內涵，提高文化品位，產生了良好的物質和精神效應，具體表現為：

一 提高企業形象的品位

現代商業企業開展商業活動的具體目標主要是樹立自身形象，建立信譽，聯絡感情，取得社會公眾的理解、信任和支持，使企業得到發展。商業活動離不開語言運用。語言運用對於樹立企業形象和聯絡顧客感情具有重要的意義。企業名稱、產品、商標命名，包括它的語義、語音，包括它的形體以及具體製作中的色彩、圖案效果都是企業形象不可分割的部分。吉祥美好的含義、動聽易記的聲音、美麗鮮豔的字形圖案色澤都有文化含量，能體現民族主文化特質的，就能為廣大公眾所理解，並留下美好而深刻的印象，如果是反民族文化的必定損害企業形象和聲譽。許多企業在取名和色彩設計方面的成功經驗和失敗教訓都證明了這一點。企業精神、廠歌、店歌、標語、口號等是精神文化產品，是企業精神文明形象的體現。如果能體現熱愛祖國、自強不息的民族精神、民族自尊心、民族自豪感以及奮發圖強、為國家富強立業的思想，就體現出文化品味高的美好形象。企業領導、企

業職員的形象也是企業形象的一部分，他們的衣著、氣質、儀表、言行舉止等外在因素，以及奉獻意識、敬業精神、價值觀念、行為取向等內在因素都能體現出企業形象的品位。在諸多形象構成因素中言語素養尤為重要。商業人員是通過語言與顧客直接溝通的，服務用語文明規範就謂之有文化教養，微笑服務，言語舉止文明禮貌是敬業精神、奉獻意識的具體反映，也是自身形象文化品位的體現。此外，在商業經營環境營造與之相應的良好文化氛圍，也能提高企業形象的品位。

二　增強企業的凝聚力

商業語言文化的效應，也體現在有助於增強企業的凝聚力。企業凝聚力的強弱關係著企業的成敗，一個企業要取得成功，必須努力增強企業的凝集力。日本新力集團董事長盛田昭夫曾說過：「對於日本最成功的企業來說，根本就不存在什麼訣竅和保密的公式。沒有一個理論計劃或者政府的政策會使一個企業成功，但是，人本身卻可以做得到這一點。一個日本公司最重要的使命，是培養他同僱員之間的良好關係，在公司中創造一種家庭式的情感，即經理人員和所有僱員同甘苦、共命運的感情。在日本，最成功的公司是那些通過努力在所有僱員中建立一種共同命運的公司。」⑨重視員工，理解員工，尊重員工，培養經理同員工之間同甘苦、共命運的情感，同心同德，齊心協力為企業奮鬥，這是企業成功之道。企業內部的這種凝聚力是由企業文化的氛圍所營造的。松下電器公司每天早晨八點，遍佈日本的八千七百名員工同時詠頌松下口訣，一起唱公司歌，此時松下的員工完全融化到企業的文化氛圍中去，從而增強了凝聚力。北京藍島大廈也非常重視營造文化氛圍來增強員工的凝聚力。開業伊始，藍島人創辦了《藍島商報》，每期都有一篇文章詮釋藍島的經營戰略，有全體員工的佳績和戰果；《藍島商報》不僅是聯結上下左右的紐帶，也是藍島大廈員工的行為導向；他們還創造了店歌——〈給世界的愛〉及十多首藍島之歌，如〈每當我從藍島走過〉、〈藍島情〉、〈要購物你就

到藍島〉、〈相聚在藍島〉等。商報和店歌使每個藍島人的心靈緊緊相連，融為一體⑩。

中國傳統文化非常注重人的因素。古代軍事家孫臏曾經指出：「間於天地之間，莫貴於人。」老子說：「域中有四（道、天、地、人）而人居其一。」我國在處理人和物的關係問題上，古今文化都非常重視人的因素，特別是人的精神因素，這在商業企業內部有助於造成員工在企業的中心地位，充分激發人的積極性，增強企業的凝聚力。中國傳統文化也非常強調群體，注重群體的和諧，所謂「天時不如地利，地利不如人和。」這注入於企業內部的語言運用，有利於協調企業各部門的關係，培養員工的群體意識，增強企業內部的凝聚力。北京藍島大廈成功創業的經驗說明了這一點。藍島大廈總經理李貴保說：「藍島崛起的背後是什麼呢，是『藍島精神』，是拼搏、開拓、奉獻的精神風貌，是兩千名藍島員工與藍島共榮辱的價值取向。」其總結提煉出的企業精神的價值體系是：

企業精神：親和一致，奮力進取；

價值觀念：在為事業而奮進的過程中最大限度地實現自我價值；

企業宗旨：發掘人的進取意識，滿足人的成就感；

企業風氣：對企業有貢獻的人將受到尊重，損害企業利益的人將受到譴責；

員工信念：在出色的企業裏工作光榮；

行為取向：企業的需要就是我們的志願⑪。

話語風格莊重、簡潔，體現出傳統文化與現代商業文化的融合，反映了藍島大廈全體員工的觀念心態和價值取向，故能培養員工的拼搏、開拓、奉獻精神，凝集職工的力量，同心協力為企業創造物質財富和精神財富。

金利來企業文化的親和力，也是其企業成功的法寶之一。曾憲梓創業之初，在報紙上刊登的第一則廣告「慶祝父親節，金利來領帶是最好的禮品」一出，那股濃郁的親情與溫馨氣息就從「金利來王國」瀰漫向每一個客戶，隨後在九十家電視臺播出「男人的世界」，這通

俗易懂而傳遞著男人的豪邁、豁達、自信、成功的文化理念的廣告語，更像磁石般吸引了世人的目光。曾憲梓把中國傳統文化中的勤、儉、誠、信這種優良行為、道德、品質，作為企業的理想，作為公司所有員工的座右銘和行為準則。他認為「自己創造的牌子打響以後，值得注意的就是如何保持產品的素質，千萬不要騙人。」無論是對企業內部，還是企業外部，這種「勤、儉、誠、信」的理念貫徹至今，因而對內凝聚廣大職工為企業奮鬥，對外聚集廣大顧客購買其產品。

三 提高商品的知名度

在市場與文化聯姻的時代，商品的競爭力既要靠自身品質，更要靠商標在公眾中的形象和知名度，而商標的命名是引導消費者消費的第一個信號，對誘發人們的購買欲有著重要的作用，是關係著產品的知名度和產品銷路的一個至關重要的因素。商業社會中是千金沽名，萬金沽譽的。現在很多企業家都懂得，有好的商品商標命名，就有高的市場份額，因而不惜重金徵求商標命名。商標命名既是一種經濟行為，又是一種文化現象，優秀的商標名字都是糅合商業目的、民族文化、民族藝術等多種因素的結晶。具有高品位文化內涵與藝術魅力的商標名字，對提高商品的知名度、美譽度，使商品暢銷，都會有很大作用。因為在大同小異、琳瑯滿目的商品貨架前，消費者顯得越來越挑剔，產品的功能特點已越來越難以喚起消費者的購買欲。同時，隨著生活水平的提高，人們購買商品的品味已發生了深刻的變化：從實用型逐步向審美型轉變，即「購買的是商品，享受的是文明」。根據商品商標自身的文化藝術形態，如果能賦予蘊涵高品位文化因素的名字，並與之內在品質保持一致，激發起消費者對商品的感情與共鳴，就能極大地縮短消費者與商品之間的距離，進而引發消費者的消費欲望。因此，為了適應商業文化競爭的時代潮流，使自己的產品商標產生較大的心理衝擊力、感染力，具有現代公關意識的企業總是想方設法賦予商標命名以高品位的文化內涵，以提高商品商標的知名度，增強商品的經濟效益和社會效益。

江蘇無錫紅豆針織集團公司始初是一間以舊祠堂為廠房，只有八台棉紡車的鄉鎮企業，如今已成明星企業，名列中國大陸十大名牌服裝之列，市場佔有率一直居全國前茅，光出口創匯就有過億美元。紅豆集團總經理在總結其成功秘訣時意味深長地說：「這得益於紅豆商標文化！」「紅豆」引自唐代詩人王維的〈相思〉：「紅豆生南國，春來發幾枝。願君多採擷，此物最相思。」這些詩句不僅在我國膾炙人口，在日本、朝鮮、東南亞及歐美華人圈也廣為傳誦。「紅豆」是相思之物，紅豆集團賦予它豐富的感情價值，用作企業及其產品名稱如「紅豆襯衣」等，融情感因素於商品交換之中，既表達了廠家把件件襯衣看作獻給消費者的愛心，以情召客，又能引起消費者「此物最相思」的共鳴。因而「紅豆」產品一問世，便以其品牌富含文化內蘊，寓意美好，符合消費者的品味，而迅速在海內外廣大消費者中盛享美譽，取得了轟動的經濟效應，許多華僑和日本的男女把「紅豆」襯衣作為互相饋贈和珍藏的佳品。由於日本人對「紅豆」情有獨鍾，日本客商竟願意提價20%前來訂貨，產品一時供不應求，於是紅豆集團走出國門在日本辦了分廠。可見商品商標名字中豐富的精神內涵和高品位的文化積澱，是提高商品知名度、美譽度並在競爭中取勝的重要因素之一。

　　「中華靈芝寶」是上海綠谷集團的產品。自 1996 年進入市場以來，足跡已遍佈祖國大江南北，並在 1997 年 8 月取得美國 FDA 認證進入美國市場。「中華靈芝寶」這一名字既有豐富的傳統文化內涵，也有現代的精神文化積澱。「靈芝」素有「東方仙草」之稱，是中華醫學寶庫中的珍品。中國古代的《神農本草經》就把靈芝列為藥中上品，偉大醫學家李時珍在《本草綱目》中對靈芝更有詳盡記載，視之為滋寶強身、「扶正固本」的珍品。但是「靈芝」雖好，如果沒有大陸科研人員三十餘年的苦心研究和上海綠谷集團綠谷生物研究所的科研人員通力合作，艱辛敬業，運用高科技方法把它研製成產品也不會成為「癌症剋星，靈芝奇葩」。所以，它是古今物質文明和精神文明相融合的成果。「中華靈芝寶」這個名字蘊含著兩個文明的豐富內

涵，名實相符，所以知名度迅速傳遍海內外。

　　相反，商品商標命名如果忽視了文化品味，導致起名不當，不但不會有高知名度，而且會嚴重阻塞產品的銷路。例如，廣州洗衣機最早引進義大利技術生產滾筒洗衣機，但在廣州市場上遠遠競爭不過外省的「小天鵝」。同樣的技術，同樣的行銷手段，前者所以輸給後者，主要原因是前者商品名稱沒後者好聽，迎合不了消費者的心理文化。前者名叫「威格瑪」，廣州話讀偏點「威格瑪」就是「跛腳馬」，廣州的消費者對這樣不好意頭與難聽的產品名稱是很難接受的，因為哪一位消費者都不會在家留一部「跛腳馬」。可見文化因素在商品命名中是占著十分重要的地位的，它直接關係著產品的知名度與競爭力。

　　商品商標名字借蘊含高品位文化內涵揚名的策略手段是多種多樣的，除借名著和名人名山川，如「孔府家酒」、「黃河汽車」、「珠江啤酒」、「長城電扇」等之外，能迎合顧客文化心理的也有助於提高知名度。文化心理是一種思維定勢、思想感情的傾向。顧客喜愛的東西就願意接受，甚至執意追求。因此能應合廣大消費者文化心理、為廣大消費者喜愛的商品名字，就容易引起消費者的興趣，成為名牌。例如，祈求吉祥如意是漢族人民的一種文化心理，蘊含吉祥之意的商品命名如「萬家樂熱水器」、「興發牌鋁型材」（廣東省著名商標認定委員會認定廣東省興發鋁型材集團公司註冊的「興發牌」為廣東省著名商標，興發牌鋁型材產銷量居全國首位，在港澳地區的銷售量已占市場總量的四成）等都能迎合顧客普遍存在的心理取向，打動消費者，而促進產品名揚。

┃註　釋

①　[美]愛德華‧薩丕爾著，陸卓元譯《語言論》，商務印書館 1985 年版。

②　馬克思〈關於費爾巴哈的提綱〉，《馬克思恩格斯選集》，第一卷，人民出版社 1972 年版，第 18 頁。

③　Edward T. Nall, *The Silent Language*, Anchor Books, 1993, chapter 2.

④　參見莊錫昌等編《多維視野中的文化理論》田汝康〈序〉，浙江人民出版社 1987 年版。

⑤　同注④。

⑥　轉引自翟向東主編《公共關係與市場文化》，中國商業出版社 1995 年 7 月版，第 107 頁。

⑦　史達林〈在歡迎芬蘭政府代表團的午宴上的講話〉，《史達林文選》（上），人民出版社 1962 年版，第 507 頁。

⑧⑨　參見余明陽《名牌戰略》，海天出版社 1997 年 8 月版，第 86 頁。

⑩　見翟向東主編《公共關係與市場文化》，中國商業出版社 1995 年 7 月版，第 179 頁。

⑪　同註⑨，第 177 頁。

第四章／商業語言與商業語境

　　這裏講的商業語境是指與商業語言的產生、表達與領會密切相關的語言環境，它包括政治背景、經濟背景、社會背景與表達的意旨、接受對象、交際時空環境等因素，這些因素對商業語言的產生、表達和領會都直接或間接地起著制約和影響作用。

第一節　商業語言產生的政治、經濟和社會背景

　　馬克思在《政治經濟學批判大綱》中，曾經指出社會的發展「造成新的交往形式，新的需要和新的語言。」（《馬克思全集》第4卷，第494頁）英國學者布賴恩・福斯特說：「語言並非存在於真空之中，社會、政治、經濟、宗教和技術等各方面的變動均對語言發生很大影響。」（《變化中的英語》）現代語言學家陳原解釋說：「語言是一個變數，社會是另一個變數。兩個變數互相影響，互相作用，互相制約，互相變化，這就是共變。如果這意味著我們常說的：當社會生活發生漸變或微變時，語言一定會隨著社會生活的步伐發生變化，那麼這共變論是完全可以理解的。」①商業語言作為在商業領域中運用語言的產物，它必然會隨著社會制度的變革，政治、經濟、文化環境的變化發展而變化發展。

一　政治背景

　　政治背景是指那些對商業語言的產生和發展變化有影響力和約束力的政治因素。影響商業語言產生和發展變化的因素很多，而國家的社會制度和政治路線、方針政策、法律法規等則是最主要的。美國與歐洲一些國家是資本主義國家，其市場開放、自由競爭的商業企業政

策，為商業企業的發達、商業語言的產生和發展提供了廣闊的肥沃土壤，從而產生了豐富多彩的商業語言。舊中國是一個在帝國主義、封建主義和資本主義「三座大山」壓迫下的半殖民地半封建的社會，封閉保守，商業不發達，商業語言發展緩慢，所產生的商業語言也大都帶有半封建半殖民地社會色彩。例如，「帝國主義列強從中國的通商都市直至窮鄉僻壤，造成了一個買辦的和商業高利貸的剝削網，造成了為帝國主義服務的買辦階級和商業高利貸階級，以便利其剝削廣大的中國農民和其他人民大眾。」（毛澤東《中國革命與中國共產黨》）②其中的「通商都布」、「商業高利貸剝削網」、「商業高利貸階級」，以及反映舊社會商業現象的「洋行」、「商業壟斷組織」、「商式組織」、「官式商業組織」、「商業壟斷機構」、「偽商業企業」、「不平等交換」等都是植根於半封建半殖民地社會政治環境的商業語言現象。

　　1949 年 10 月 1 日中華人民共和國宣佈成立，中國大陸政治制度發生了質的變化。隨著中共中央和人民政府不同時期的政治路線、方針政策、法令法規的頒佈和貫徹執行，其商業在「文化大革命」以前，儘管受到大躍進時期和其他極「左」錯誤的干擾，但總體上看是有所發展的，商業語言也在不斷豐富和發展。例如，植根於國民經濟恢復時期的《關於統一全國國營商業實施辦法的規定》：「規定中央貿易部是全國**國營商業**、**合作社商業**和**私營商業**的統一領導機構，省市除了設立**商業廳**（局），專區和縣設立了**商業科**和**工商科**，受上級行政部門和當地人民政府的雙重領導。這就形成了全國性的商業行政系統。」這裏以黑體字標明的商業語言以及「商業管理體制」、「商業計劃」、「商業投機」、「借債囤貨」、「私商」、「販運商人」、「五毒」（行賄、偷稅漏稅、偷工減料、盜竊國家資財、盜竊國家經濟情報）、「五反」、「國營零售商店」、「私營零售商」、「批零差價」、「商業渠道」、「商業利潤」等，都是植根於這個時期的政治環境的。

　　1953 年開始，中國大陸進入了大規模的社會主義改造和有計劃

的社會主義建設時期，制定了發展國民經濟的第一個五年計劃，確定了商業工作的基本任務是：「積極發展城鄉間的物資交流，促進工農業生產發展，保持市場物價穩定，以保證國家社會主義工業化建設，逐步保證人民需要，鞏固工農聯繫，並穩定地對私營商業進行社會主義改造。」（見國務院第五辦公室副主任曾山的文章〈為完成第一個五年計劃商業工作任務而奮鬥〉，載 1955 年 7 月 14 日《大公報》）在這個政治環境裏產生了許多新的商業語言。例如，「商業部」、「對私營商業進行社會主義改造」、「國營商業企業全面實行經濟核算制」、「金庫回籠制」、「瀉肚子（壓縮庫存、擠出資金）」、「統購」、「統銷」、「預購」、「商業資本家」、「公進私退」、「私營批發商」、「私營糧商」、「對資本主義商業的改造」、「帝國主義商業」、「官僚資本主義商業」、「民族資本主義商業」、「工不如商，商不如囤（積），囤不如投（機）」、「贖買政策」、「大批發商」、「小批發商」、「一面前進，一面安排」、「前進一行，安排一行」、「國家資本主義商業」、「居間商業」、「專業代銷」等。

1958 年至 1960 年是「大躍進」時期，大陸政府提出了第二個五年計劃的基本任務，提出了這個時期商業工作的基本任務是：繼續加強工農產品的收購和供應工作，擴大商品流通；改進購銷關係，繼續對主要生活必需品實行統購統銷政策，同時對某些工業品實行選購，並有計劃地組織一部分在國家領導下的自由市場，繼續貫徹執行穩定物價的方針，正確利用價值規律和掌握價格政策，促進生產的發展；進一步發展商業網，方便人民生活。第二個五年計劃的宏偉任務極大地鼓舞和激發了全國人民建設社會主義的革命熱情，商業部門的廣大職工的革命和生產積極性也空前高漲。1958 年 5 月中國共產黨八大二次會議通過了「鼓足幹勁，力爭上游，多快好省地建設社會主義」的總路線，這條總路線及其基本點，正確的一面是反映了廣大人民群眾要求改變經濟文化落後狀況的基本願望，缺點是忽視了經濟發展的宏觀規律。會後，在全國各條戰線上迅速掀起了「大躍進」的高潮和形成了人民公社化運動的高潮。「大躍進」急於求成，商業領域在

「左」傾錯誤的影響下，商業工作中出現了很多問題，企業管理混亂，商業語言中產生了不少與這一政治背景相應的現象。例如，商業行政部門成為「政企合一」機構，「第一商業部」「第二商業部」，商業部主管的一級站的計劃採用「雙線上報，單線下達」的辦法，商業企業從 1958 年起實行「利潤留成」制度，1958 年國營商業系統推行「以單代帳」、「無帳會計」（即不要帳，不要會計）的辦法，商業部門搞「大購大銷」、開展「學天橋，趕天橋」運動，為貫徹「大購大銷」的方針，商業部門提出了「生產什麼，收購什麼；生產多少，收購多少」，「工業不姓工，商業不姓商，大家都姓國」、「工商一家」、「出去一把抓，回來再分家」等口號，實行「兩參一改」和「三參一改」制度。出現了「買空賣空，指山買石，指水買魚，指樹買果」的浮誇現象。併入國營商業的小商小販產生了「吃官飯，打官鼓，鼓破了，公家補」的消極情緒。商業企業實行「民主管理制度」、中型商店實行「四權下放」、「五員管理辦法」。商業部門大辦工業、大辦教育、開辦高等商業學校、中等商業學校、商業中專等。諸如此類的商業語言現象都是這一時期的產物。

　　1961 年至 1965 年為國民經濟調整時期，這一時期中共中央在國民經濟發展的基礎上提出了「調整、鞏固、充實、提高」的八字方針，據此中共中央、國務院、商業部制定和頒佈了一系列規定和條例。例如，《關於商業工作問題的規定》、《商業工作條例》、《關於國營商業和供銷社合作社分工的規定》、《關於整頓商業隊伍會議的紀要》等。商業工作主要是總結經驗教訓，糾正大躍進時期的「左」傾錯誤，重點在「調整」和「改進」。在這樣的政治背景下，商業工作沒有多大的新發展，新生的商業語言現象不多，主要的有：合作商店、合作小組恢復以後，「小商小販走街串門、送貨上門」的起來了，1965 年財貿工作座談會紀要提出對小商小販「要讓他們有飯吃，又不能吃得過多」的政策，給合作商店、合作小組人員規定「七不准」，即「不准經營批發業務；不准超過規定的經營範圍；不准超過規定的活動地區；不准任意增加網點；不准任意增加人員；不

准違反國家的價格政策；非經批准不准在集市上和到外地採購。」在商品供應上的原則是「統籌兼顧，保證重點，照顧必需，安排一般」並開展高價商品的供應。1964 年商業部門提出「及時收購，防止再亂」的經營方針，商業工作要做到為生產服務，為人民生活服務，必須實行「及時收購，積極推銷，生意做活，活而不亂」的原則，商品庫存要瞻前顧後，合理儲備，正確發揮商業部門的「蓄水池」作用。國營商業建立下鄉聯絡員制度，聯絡員分片包幹，固定聯繫巡迴蹲點，作供銷社合作社的「參謀」，當國營公司的「耳目」。商業系統開展清理庫存、清理資金、清理帳目的「三清」運動。1964 年 7 月青島會議通過的〈關於百貨零售商店工作若干問題的意見〉中提出了服務品質的六項基本內容和主要標準：(1)供應商品，要數量充足，品種齊全；(2)營業時間和銷售方法，要便利顧客；(3)要嚴格遵守社會主義商業道德；(4)服務態度，要主動、熱情、誠懇、耐心；(5)商品陳列，要美觀豐滿，一目了然；(6)要講究清潔衛生。1963 年商業部門開展以「五好」企業「六好」職工為內容的比、學、趕、幫運動，1964 年商業部門號召人人都要大練基本功，學會做生意，做一個又紅又專的商業工作者。

　　1966 年至 1976 年 9 月是文化大革命時期。這個被林彪、「四人幫」兩個反革命集團利用的長達十年的政治動亂，把中國大陸國民經濟推向崩潰的邊緣，生產要為政治服務，產品要實行配給，運動衝擊一切。在這種政治背景下產生的商業語言帶有那個時代的鮮明的政治色彩。例如，商業部改為商業革命委員會，在商業工作中提出「為工農兵服務」的口號，認為經營高級商品就是「為資產階級服務、少數人服務」。多樣化就是「沒有階級觀點」的「為全民服務」，主動熱情就是「資產階級作風」，城鄉商業實行「工管」（工農群眾管理城市商店）和「貧管」（貧下中農管理農村商業）。1968 年 1 月 18 日，中共中央國務院在一個通知中規定：農村人民公社、生產大隊、生產隊和隊員一律不准經營商業。1970 年 2 月 5 日中共中央〈關於反貪污盜竊、投機倒把的指示〉中又重申：「除了國營商業、合作商業和

有證商販以外，任何單位和個人一律不准從事商業活動。」在這樣的政治背景下產生的商業語言帶有那個時代的政治色彩。例如，合作商店、合作小組實行固定工資制度，普遍存在著「賠錢我不管，吃飯鐵飯碗，藥費國家報，生死有人管」的依賴思想。國營商店獨家經營，沒有競爭對手，「官商」作風滋長，商品「走後門」之風甚盛。商品收支相繼出現「窟窿」，有些商業部門責成駐外採購，只准採購「三性」（革命性、階級性、現實性）的商品，不准採購「四個主義」（封建主義、資本主義、和平主義、大國主義）的商品。在《人民日報》〈橫掃一切牛鬼蛇神〉的社論，提出破「四舊」（舊思想、舊文化、舊習俗、舊習慣）、立「四新」（新思想、新文化、新風格、新習慣）的口號後，把老商店的招牌和牌匾、對聯、門面的畫飾以及廣告、霓虹燈等都看作是「四舊」而統統砸爛，一律改換為「工農兵」、「革命」、「文革」、「紅旗」、「紅衛」、「東方紅」等有政治含義字樣的新招牌，諸如「鬥私酒樓」、「反修糧所」、「永紅供銷社」、「東方紅商場」、「紅武百貨商店」、「紅星儀器商店」等，以及「四海翻騰雲水怒，五洲震蕩風雷激」之類的對聯。更換的新名稱嚴重重複，例如上海僅「紅衛」商店就有三十二家，北京王府井一條街就有六個「紅旗商店」。由於商品名稱嚴重重複，加之商品櫥窗一律改為陳列「紅太陽」、《毛主席語錄》和「為工農兵服務」、「反對利潤掛帥」等紅色的政治口號，使廣大顧客在「紅海洋」中很難辨認出商店的經營分工，給購物者增加了很多麻煩。國營企業名稱按行政隸屬關係取名，例如，無線電一廠、無線電二廠、無線電三廠，廣州市糖、煙、酒第一門市部、第二門市部、第三門市部、上海第一百貨公司、上海第二百貨公司等。產品品牌按政治意義取名，例如東方紅、紅旗、東風、勝利、朝輝、建設、豐收等。批判「利潤掛帥」後，公開宣揚什麼「賠錢有理」、「賺錢有罪」、「只要有東西，賠錢沒關係」，「只要有貨賣，花錢多少沒人怪」等。

十年動亂結束後，中國大陸進入了新的發展時期，特別是改革開放以來，實行對外開放、對內搞活經濟的政策，政治穩定，社會安

定,民主和法制建設也逐步走上軌道。在這樣的政治環境裏,大陸的商業有了很大發展,商業語言豐富多彩,諸如經濟特區、外向型、合資企業、鄉鎮企業、第四產業、倒爺、微笑服務、禮貌服務月、禮儀先生、個人承包、私人海城、下海等,如雨後春筍,不斷湧現。

總之,政治背景是商業語言產生和發展的基肥,特定時期新生的商業語言是特定時期的政治環境的產物,又是這一特定時期新的商業實務的載體,及其折射的鏡子。

二 經濟背景

鄧小平同志 1997 年在〈關於經濟工作的幾點意見〉中指出:「經濟工作是當前最大的政治,經濟問題是壓倒一切的政治問題。」經濟與政治密不可分,政治路線、方針政策決定經濟發展的走向和前景,而經濟是體現政治的一個重要方面。經濟又是社會的基礎,它決定人們的思想意識,並使人們形成一種社會價值觀,這種價值觀直接影響著人們對事物的態度,並支配著人們的言行舉止,對待商業語言也是如此。因而,商業語言的產生與發展不僅與政治背景密切相關,與經濟背景的關係更為密切。經濟背景是商業語言產生和發展變化的直接而重要的土壤。

一個國家的經濟整體是由許多職能不同而又相互聯繫、相互依賴、相互制約的行業和部門組成的一個整體。商業行業是整個經濟的基本單位,是整個經濟的一個「細胞」。因此商業語言作為產生於整個經濟的一個「細胞」的語言現象,其產生和發展變化必然植根於整個經濟環境。

眾所周知,歐美的許多國家經濟都很發達,日本和亞洲的「四小龍」經濟也迅猛騰飛,經濟發達,商業就繁榮,商業語言也就豐富多彩。經濟發達、商業繁榮的重要標誌之一是名牌產品多。薄一波說:「名牌是國家經濟實力的一個重要標誌。」(見《中國名牌雜誌》1994 年第 3 期)顧秀蓮(化學工業部部長)說:「名牌狀況如何,從一個側面反映了一個國家的經濟實力。」(《中國名牌雜誌》1955 年第 4 期)。

有一位經濟學家曾經指出：「在當今社會中，一個國家經濟水平與地位的高低，直接體現在商標上，所謂國際競爭，就是看你擁有多少馳名商標。」縱觀當今世界經濟強國，無不以眾多名牌產品稱雄世界。據統計在世界五十大馳名商標中，經濟最發達的美國擁有50%，日本占 18%，整個歐洲占 32%，經濟落後的非洲、南美洲以及除日本以外的亞洲，一個馳名商標也沒有。在中國大陸，早先的名牌產品主要產生在全國經濟中心上海，改革開放後廣州珠江三角洲的經濟迅速崛起，隨之而起的一代新名牌在廣東湧現，如健力寶、三九、萬家樂、神州、萬寶、太陽神、今日、康佳、李寧等一批著名的名牌。目前，最發達的經濟區珠江三角洲和長江三角洲，正成為名牌產生的溫床，不斷地培育著新的名牌。而其他經濟不發達地區產生的名牌相對比較少。名牌商品都有商標作標誌，商品商標大都有名字，商品商標名字就是商業語言現象。名牌商品多，標誌其商品名字的語言現象就多。

　　商標是商品經濟的產物。在自然經濟時期，人們生產的目的主要是為了自己的消費，因而產品一般不需要什麼標記，也就沒有商標名字這類語言現象。隨著商品經濟的產生和發展，社會上有了專門生產商品的作坊，產品品種和數量大量增加，生產者和經營者感到有必要在自己的商品上印標誌，表示與他人所生產和經營的同類商品有別，商標就隨之產生，商標命名的語言現象也就相應地產生。經濟狀況直接關係著商標語言狀況，中國大躍進和農村人民公社化時期，急於求成，造成國民經濟比例關係失調，加上農業逐年受災減產，市場不平衡情況十分嚴重，商品嚴重缺少，商品命名語言甚少。「文化大革命」十年，大陸經濟瀕於崩潰邊緣，商品流通領域遭到極其嚴重的破壞，在這樣的經濟背景下，不僅新生的商品命名語言現象甚少，而且淘汰了一大批所謂有問題的商品商標命名語言。例如所謂商品本身有問題的西裝裙、舞襪、高跟鞋、繡花枕頭、撲克牌、象棋、軍棋等等；所謂帶有迷信色彩的鴛鴦戲水、長命富貴、福祿壽喜、松鶴延年、如意吉祥、花好月圓、八仙過海、壽星、龍虎、鳳凰、仙鶴、寶珠、雙錢等；帶有外文或外文譯文的，如卡其、華達呢、凡爾丁、維

尼龍、巧克力、威士忌、阿斯匹靈等；帶有私人姓名的，如張小泉剪刀、白敬宇眼藥膏等語詞的商品都統統停售，隨之這類商品商標語言現象在當時也就消失了。改革開放後，中國大陸實行對外開放、對內搞活經濟的政策，使工業、農業、商業、服務、金融、交通運輸等各行各業以至整個國民經濟都有較大發展，市場經濟益趨發展，商品品種益趨豐富繁多，商品商標命名語言越來越多姿多彩。例如，服裝類的就有「紅豆襯衫」、「紫雪羊毛衫」、「迷你花女衣」、「滬嬌羊毛衫」、「洋妞服裝」、「喬士襯衫」、「雅戈爾襯衫」、「李寧運動服」、「松杉牌西服」、「露西服裝」、「鴨鴨羽絨衣」、「藍哥牌牛仔褲」、「大富貴繡衣」、「達美繡衣」、「淑美內衣」、「舒而挺襯衫」、「熊貓牌襯衫」、「菊花牌背心」、「君得麗時裝」等；飲料類的有「510口服液」、「花粉田七口服液」、「蓋世雄口服液」、「君泰口服液」、「健肝口服液」、「太太口服液」、「青春寶口服液」、「太陽神口服液」、「福壽仙口服液」、「851口服液」、「三株口服液」、「樂士樂高級營養液」；冰箱類就有「中意冰箱」、「華菱冰箱」、「萬寶冰箱」、「香雪海冰箱」、「都樂冰箱」、「伊萊克冰箱」、「新鄉電冰箱」、「上菱電冰箱」、「國際牌全自動電冰箱」；空調類的有「春蘭空調」、「科龍空調」、「飛鹿空調」、「格力空調」、「上海愛特空調」、「北京東寶空調」、「月兔空調」、「立來空調」等；藥品類的有「三九胃泰」、「999感冒靈」、「壯骨關節丸」、「血栓心脈寧」、「安神補腦液」、「保康寧膠囊」、「膽寧片」、「皮炎平軟膏」、「中華靈芝寶」、「金嗓子喉寶」、「排毒養顏膠囊」、「健胃瘍片」、「減肥藥」等，不勝枚舉，它們都是在市場經濟環境下產生的商品命名語言現象。

市場競爭直接關係著商業語言的產生發展和變化。中國大陸在實行計劃經濟時期，如前面所述，極「左」錯誤導致商業的發展受到很大限制，例如，「除了國營商業、合作商業和有證商販以外，任何單位和個人，一律不准從事商業活動」。對合作商店、合作小組人員規

定「不准經營批發業務、不准超過規定的經營範圍、不准超過規定的活動地區、不准任意增加網點、不准任意增加人員、不准在集市上和到外地採購……。」商品統購統銷，定量分配，憑證供應，獨家經營，流通渠道單一，没有競爭對手，「官商」化，簡單化，有啥賣啥，等客上門，毫無競爭意識。没有競爭，商業發展緩慢，商業語言也就發展不快。改革開放以後，中國大陸實行市場經濟，隨著賣方市場向買方市場的轉變，商務競爭日趨激烈。在激烈的商業競爭中商業企業者殫精竭慮運用各種營銷策略來贏得競爭優勢。商業宣傳也就成為商家常用的競爭手段，在企業商店與商品商標命名、廣告宣傳、合同簽訂、商業談判、企業標語口號的設計時競爭者愈來愈講究商業語言藝術，以強化傳播交際效應，取得市場佔有優勢。這樣商業語言及其表達手段就越來越豐富多彩。例如：「親親八寶粥，口服心服」。（中央電視臺廣告）「清涼一夏，一夏清涼。」（娃哈哈飲料廣告）「唯有奧麗斯藍貴族才能鎖住她見異思遷的心！」（奧麗斯藍貴族神奇天然素廣告）「生活需要陽光」（廣東順德陽光燃氣具廣告）「四十年風塵歲月，中華永在我心中」（上海中華牙膏廣告）這樣變異運用的廣告語言，以及「發揚萬寶精神，做合格萬寶人」、「穩居國內，享譽世界」這樣的商用標語口號和「歡迎光臨」、「謝謝您的合作，貨到後一定通知您」、「實在對不起，這種貨按規定不能退換，請您原諒。」這樣的服務文明用語等等，都是根植於市場經濟競爭環境的商業用語。市場競爭越激烈，商業語言就愈加多姿多彩，市場競爭是直接培植商業語言的溫室。

三　社會背景

這裏講的社會背景是指除了政治、經濟之外的那些對商業語言的產生和發展變化有影響力的社會因素，包括自然地理環境、人民的收入和購買力、消費觀念、文化科學等因素。這些因素都與商業語言的產生、豐富和發展密切相關。

廣東特別是珠江三角洲是中國南大門，毗鄰港澳台東南亞，地理

環境優越，處於改革開放的最前沿，港商、台商、東南亞以及歐美廠商紛紛到來經商、設廠辦企業，給這個地區帶來經濟騰飛，如今城鄉連成一片，到處是獨資、合資企業，商場林立，生意興隆，一片繁華景象。隨著商業繁榮，經濟生活的豐富多彩，商業語言也五彩繽紛。例如：

(1)什麼是**美食城、電器城、購物城、家具城、海鮮城、娛樂城、音樂城、健美城、科技城、商貿城、裝飾城、金融城**……真是步移景換，「袖珍城」已成為廣州近年第三產業中迅速出現的新景象。　　　（《羊城晚報》1993 年 1 月 1 日）

(2)即將開業的裕興**皮具世界**……

　　　　　　　　　　　　　　（《羊城晚報》1993 年 4 月 2 日）

(3)今日的羊城已經擁有諸如**購物天堂、資訊中心**等現代化大都市的種種美稱。　　　（《羊城晚報》1993 年 1 月 2 日）

(4)華粵**食品總匯**……各大商店**超級市場**的顧客更是裏三層外三層。　　　（錢劍華〈廣州節日市場旺到美，五大商場進帳滿到瀉〉）

(5)廣東「**老細**」買勞斯萊斯。

上例中黑體字的詞語，以及炒魷魚、收銀台、牛仔褲、電鍋、展銷、促銷、轉口貿易、開拓型、抵買、靚嘢、大把錢、搶手、炒（招高……價）、撈（不擇手段地斂財富）等商業語言，有的是在珠江三角洲生長出來的，更多的是港、澳、臺地區新創造由珠江三角洲等地區進口的，它們在這些地區落户生根，或湧入內地，是商業語言的新生命。

　　雲南省西部的德宏傣族景頗族自治州和南部的西雙版納傣族自治州與緬甸、老撾接壤，離泰國、印度也較近。這獨特的自然地理位置給傣族地區的邊境貿易創造了優越的環境。在這個環境裏產生了不少富有特色的商業語言。例如，「官人不如商人」（說明商人到處是，見多識廣，能辦許多官人不能辦成的事），「種菜要勤澆水，經商要勤跑腿」，「勤做買賣門前是街」，「有多大力挑多重擔，有多少錢做多少生意」，「挑擔別過量，買賣心別狠」等傣諺，反映了傣族人

經商的準則和道德觀念。現在該地區開通的「南方絲綢之路」與「瀾滄江國際航道」是大陸西南部經濟的出海通道,「打路」、「姐告」是邊貿經濟開發區,國內外很多商人都到此進行邊貿,全國幾乎各省市自治區都有商號在此進行邊貿,成為多種商業語言的交滙地帶,現在如「邊境貿易」、「過境貿易」、「轉口貿易」、「單邊貿易」、「雙邊貿易」、「貿易互補性」、「國際貿易交滙點」、「區位優勢」、「區域經濟」、「經濟高位」、「跨國經濟合作」、「西部出海口」、「西部走廊」、「黃金水道」、「俯視印度洋」、「輻射非洲」、「第三歐亞大橋梁」等等,各種體現商業新思路、新設想的商用新名詞層出不窮,給中國商業語言系統增添了新的內容。

山東曲阜是孔子的故鄉,是孔府所在地,根於這一地理因素的商業語言就有「孔府家宴」、「孔府家酒」的命名語言和「喝孔府家酒,做天下文章」的口號,以及「孔府家酒,世界金獎」的廣告語言。

地區特有的豐富資源,為獨具特色的商品生產提供了物質基礎,也為獨具地方色彩的商業語言的產生提供了土壤。法國干邑的優質葡萄,釀造了高品質白蘭地酒,從而產生了標誌其品名的語言。青島嶗山的地理環境的優越帶來嶗山泉水的豐富、味美,從而造就了馳名的「青島啤酒」,產生了其命名語言。海南島盛產椰子,因而有以椰子作原料的商品,隨之也就有椰子商品命名語言,例如椰子糖、椰汁、椰蓉、椰角、椰片、椰絲、椰衣掃把、椰骨牙籤、棕衣、椰雕工藝品,以及經營椰子商品的企業命名、宣傳椰子商品的廣告語言和椰子商品的說明書語言等。

人民的收入與生活水平、生活方式和消費觀念也對商業語言的產生與發展有著重要影響。改革開放以前,特別是 60 年代初的「三年自然災害」和「十年動亂」時期,人民生活水平很低,生活方式簡單,衣著不講究花色款式,家居用具不追求舒適美觀,食品不計較包裝加工,企業順應這種情況,只從事簡單的商品生產,商業活動簡單,商業語言也相應地貧乏。改革開放以後,社會主義市場經濟體制

的建立帶來生產的迅速發展，人民收入不斷提高，生活水平不斷提高。人民收入的提高和生活水平的提高，帶來了社會購買力的增長和消費觀念的變化。生活消費由溫飽型走向小康型，生活方式由單調趨於多樣化，消費觀念從強調「經久耐用」的實惠型轉向「體現個性」的個性化消費型，商品購買由滿足生活需要走向講求精神上的享受，從而要求商品多樣化、美化而又服務優化和文化品位高。這些商場要求直接刺激著企業的生產和商品經營，為商業語言的產生和發展提供了廣闊的肥沃土壤。

文化科學也是產生商業語言的沃土。「科學技術是第一生產力」。當今正處在一個新的技術革命的時代，各種新產品、新材料、新工藝、新能源等無一不仰賴於科學技術，反映這些新品種的商業語言無一不根植於科學技術。美國如果沒有先進的電子科學技術，就不會有「（美）電腦」、「（美）電腦軟體」等商品命名；日本沒有先進的電器科學技術，就不可能有一系列電器商品，也就不會有關於電器商品的語言；中國如果沒有科研人員的苦力攻關，也不會產生「癌症剋星」、「中華靈芝寶」、「中華靈芝寶的足跡遍佈祖國大江南北」、「我們正通過全身心的努力令『仙草』靈芝之祥瑞造福國人」、「中華靈芝寶在 1997 年 8 月取得美國 FDA 認證進入美國市場」、「中華靈芝寶祝您身體好」等商業語言現象。現代社會的商業廣告戰實質是商業文化戰，充滿魅力、文化含量高、能揚名的商品商標命名是文化素質高的體現，富有鼓動性能增強凝聚力的商業標語口號是企業主有文化教養的外現，文明服務語言和商業體態語的得體運用也是文化素質的反映。

上述政治背景、經濟背景和社會背景是直接影響和制約商業語言生成和發展變化的重要因素，認識這一點既有助於認識商業語言的外部成因，也有助於商業語言的創造與應用。

第二節　商業語言表達的制約因素

　　得體是語言表達美學的最基本的原則，而表達的意旨、接受對象和交際的時空環境是關係著語言表達得體的最直接的因素，商業語言表達是有明確功利目的的言語活動，其表達手段的運用尤其要注意與這些制約因素相適應。

一　商業語言表達受表達意旨制約

　　商業活動是有目的的經濟活動，沒有商業目的，就沒有真正的商業活動，而商業目的是一種觀念性的東西，它必須通過各類商業活動和各種場合的商業語言的表達活動，才能體現。語言表達包括表達形式、表達訊息和表達目的，表達形式、表達訊息與表達目的是辯證地統一於語言表達活動之中的。任何形式、任何場合的商業語言表達活動，例如無論是商品命名，還是產品說明；無論是顯示企業宗旨、職業道德，還是廣告宣傳；無論是商品營銷，還是購銷談判；無論是商業演講，還是公開對話；無論是商業調查，還是商業工作總結等等，都有其需要傳遞的商業訊息和希望達到的商業目的，即使是接待迎送顧客以及社交的攀談，也都有中心訊息和明確目的。因此，任何商業語言表達都必須為確切傳遞商業訊息、實現商業目的服務，根據表達訊息和語用目的的需要而選用或調整語言表達手段，做到辭隨旨遣，這是商業語言表達的首要策略。具有現代公關意識、善於言語交際的商業工作者都精於這一言語策略。例如：

　　　　美國的瑪麗凱化妝品公司曾舉辦過名為「向您致敬」的特殊晚會，邀請長期加班的職員偕其配偶一同出席。晚會上，主管經理對每位職員都寒暄幾句。例如「您辛苦了，我代表公司向您表示真誠的謝意。」「您為公司付出了那麼多，公司決不會忘記您。」對那些成績卓著的職員還給他們送上一頂頂讚美的「高帽子」，例如「你可是我們公司的頂梁柱，公司實在少不了您這樣

經驗豐富、富有才華的人才。」③

這位主管經理與職員的寒暄和對他們的讚美，看似輕鬆隨便，其實帶有明確的目的，主要在於聯絡感情，增強凝聚力。

我們經常可以在一些公開場合聽到公關人員如數家珍地談到自己的企業，自己的產品，這並非是「黃婆賣瓜」，而是向公眾提供訊息，以促使公眾行動，或對廠家產生好感，或購買廠方產品。商店裏，營業員也經常主動向顧客介紹商品，目的同樣十分明確，為了促銷，為了引導消費者行動。例如：

> 一對夫婦去商店買電冰箱，看中了一個牌子，但妻子嫌價錢太貴，正在猶豫。這時，營業員說話了：「這冰箱雖說比別的牌號貴些，但這是正宗名牌，冷藏室大，耗電省。我們這裏每天要售出××台，很多人都選這個牌子。買高級商品寧可貴些，一定要買名牌。」④

營業員一席話，實際上就是向這對夫婦提供了訊息，促使對方產生購買行動。如果營業員在顧客嫌價錢貴時，不是有目的地主動引導，而是跟著抱怨「現在什麼都貴，什麼都漲價，這個牌號已漲了×××元。」這對夫婦就不一定會買下這台冰箱。

談判是常見的商業言語活動，談判的目的是談判雙方通過協商合作來謀求各自企業的利益，而在談判的過程中在不同的環節上又有不同的小目的，談判主體就要根據不同的目的而運用言語策略，以便更有效地達到目的。例如，談判過程中常常會提問，提問是談判中雙方溝通的一種基本手段和重要途徑，是一種追蹤對方的實力、動機、意向、要求、策略，從而達到知己知彼，有的放矢，掌握主動的重要策略手段。而各種提問的目的是常常不同的，提問主體就要根據不同的目的選用相應的言語手段來發問。例如，希望對方就有關議題暢所欲言時，就可用一般性提問式，比如問：「貴公司對本公司產品品質有什麼看法？」「請問貴方需要我公司提供哪些售後服務？」如果目的是讓對方在自己所列舉的事項範圍內作出選擇性的答覆，就可選用選擇性提問式，比如問「貴方是願意支付現金，享受優惠價格，還是樂

於按現有價格成交而實行分期付款？」如果旨在要求對方在特定範圍內作出肯定或否定的答案，就用是非性提問式，比如問「貴公司對這些商品款式有沒有興趣？」如果要求對方對問題與觀點作出進一步具體說明與解釋，就可用澄清性提問，比如「你剛才說這宗交易可儘快取貨，這是不是說可以在五月一日以前取貨？」如果想暗中探明對方某些比較秘密的意向與動機，應用窺探性提問，比如問「請問是哪些因素促使貴方放棄了與Ｍ公司的汽車技術轉讓合同？」等等⑤。這些不同的提問技巧是隨著不同的提問目的而運用的，如果隨便換用，就難以達到特定的發問目的。

商業廣告是多種多樣的，不同類型的廣告傳遞的訊息和宣傳目的往往不同，因而言語表達手段也就往往不一樣。例如營銷廣告，其總的意旨是告知商品的性能、用途和特點，樹立商品形象，贏取經濟效益。但體式多種多樣，傳播的訊息有多有少或者側重點不同，因而言語表達手段，話語風格也就常常有別。例如，上海精品商廈冬季手套展銷廣告：

展銷產品：款式多樣、尺寸齊全
手套面料：牛皮、羊皮、豬絨、拉架等
展銷單位：上海第四皮件廠、上海中馬皮料廠……

這則廣告使用公告體式，話語風格平實，用精確、明晰的詞語，記述型句式，將商品特徵、種類、展銷單位直接告知公眾，以期促銷產品。又如鳳凰潤唇膏廣告：

鳳凰潤唇膏，風中的承諾

誰會忍心讓冷瑟的秋風掃過你柔軟的雙唇？

在秋風舞動的季節裏，鳳凰什晶果潤唇膏，體貼關懷美麗的你，

讓乾燥的嘴唇迅速恢復滋潤柔軟，讓多姿多彩的魅力長久地伴隨你。

鳳凰什晶果潤唇膏，在秋風中把美麗的承諾帶給你。

這裏是使用散文體式，語言風格藻麗，用描繪性、形容性的語句和富於形象色彩的比擬將其宣傳的鳳凰潤唇膏的名稱功能情感化，使語言有感染力，以喚起人們的美感體驗，對鳳凰潤唇膏產生好感，樂於購買。又如：

> 司機是精神高度緊張的職業，長期勞碌奔波，很容易患上胃病。如果處於行車狀態，胃病是司機的隱憂。行車須安全，保胃健康，無疑也是保你平安，這是切切不可疏忽大意的。
>
> 從預防為主的觀點看，防患於未然是最佳選擇。「三分治，七分養」也是基於加強平常的調養以增強肌體抗病能力。在慢性胃腸道疾病患者中，大多數都是病情不重，自覺症狀不明顯的。因此在平時忽視了胃病的保養，這就給健康留下隱憂。從日常的調養入手，確保身體各部肌體能處於最佳狀態，這是「七分養」的關鍵所在。　　　　　　（廣東太陽神系列口服液猴頭菇型廣告）

這則廣告使用的是政論語體論說文體式，論證嚴密，從具體到抽象，說理透徹，但表達目的與政論語體的目的不同，它不是論說闡明養身健體的道理，而是通過論證的方法鼓勵、勸服廣告受眾購買產品。

商業招聘廣告，不像營銷廣告那麼複雜，它的主要旨是將企業名稱、性質、實力與招聘的人員的基本要求、福利待遇和招聘單位、地址、電話等告知大眾，使之瞭解，從而應聘。例如：

廣東韋邦集團公司高薪誠聘

> 慶祝廣東韋邦集團公司成立之際，集團向社會各界招聘英才，共創輝煌。
>
> 韋邦集團是生產高檔辦公家具，酒店家具等一體化產品的集團。產品銷售國內外。隨著市場不斷擴大，現誠聘下列人員。
>
> 1. 總經理助理：
>   男，三十歲以上，大專以上學歷，五年以上企業管理經驗，溝通協調能力強，並對家具行業有一定認識，具有開拓敬業精神。

2. 廣州分公司經理：

　　大專以上學歷，三年以上銷售及企業管理經驗，能獨立負責
　　本區域的市場開拓及辦事處管理。

3. 銷售經理：

　　大專以上學歷，三年以上相關銷售及管理經驗，具備營銷公
　　關能力。能擔當營銷人員培訓工作。

4. 拓展部經理：

　　有國外市場拓展能力，英語聽、說、寫能力佳。對國外市場
　　有較深認識，具備國際談判經驗。

5. 沙發廠長：

　　大專以上學歷，三年以上沙發廠工作經驗，有豐富技術、工
　　藝及工廠管理能力。

6. 會計：

　　中專以上學歷，二年以上會計經驗，懂工業會計全盤操作、
　　懂電腦者優先。

7. 廣州分公司高級營銷員：

　　大專以上學歷，二年以上營銷經驗，談吐親切，形象佳。

　　有意者請於 28-29 日帶個人簡歷、相關證件親臨廣州市天河
區中信廣場 17 樓 1704 室面洽。第 7 項長期有效。

廣州利凌電子有限公司誠聘

　　我公司是專業從事生產、銷售閉路監控系統的中外合資企
業，因拓展業務，向社會誠聘：

1. 業務員

　　(1)大專以上學歷　　　(2)有良好管理及協調能力
　　(3)有工作經驗者優先　(4)電子專業優先

2. 電子工程師、技術員

　　(1)電子專業大專以上學歷，熟悉視頻技術及單片機技術。
　　(2)有實際經驗及動手能力。

有意者請於見報後三天內攜有關證明資料親臨我公司面試：

電話：87358031

地址：廣州市東山區明月一路 2 號廣信明月閣 11FO6 室

招聘廣告屬應用語體，全用通用詞語和術語，全是平實的陳述句，沒有辭格，條理清晰，語言風格平實明快。

企業廣告主要是宣傳企業的實力、宗旨、觀念、員工素質以及產品等方面的訊息，旨在使公眾對其有整體瞭解，以提高企業的聲譽和樹立良好的企業形象，例如：

> 天時不如人和。遠古的時候，有兩條靈慧的龍，潛心修煉，盼望有一天，能升上天。到了一千年修煉期滿，玉皇大帝就送下一顆升天如意珠；但等了很久，都不見龍升上天來，覺得奇怪。後來得悉是因為如意珠只有一顆，二龍不能同時升天，正在互相推讓，為了對方而不惜犧牲一次升天機會，願意多等千年，這種仁讓美德，令玉帝非常感動，認為殊堪嘉許，乃破格再送下一顆如意珠，讓兩條龍一同升天。　　　　（香港雙龍公司廣告）

企業廣告與上面的招聘廣告目的不同，語言表達手段、話語風格也就不一樣。這裏用優美動人的民間故事作廣告宣傳手段，說明「雙龍」公司名稱的由來，表現「雙龍」公司的「人和」精神，展示「雙龍」的「仁讓美德」及其在國際貿易間謀取衷誠合作、和諧共榮的企業精神，語言風格莊嚴含蓄，辭與意完美密合，十分得體。

總之，商業語言表達必須根據不同的表達訊息和語用目的而選用相應的言語策略，以求良好的表達效果。

二　商業語言表達受接受對象制約

在商業語言表達過程中，表達主體對語言手段的選擇既要注意其對特定意旨的切近、吻合，又要注意它是否能被特定的言語接受對象所準確理解，容易接受。因為，言語接受對象不同，他們領會話語訊息的能力也就會存在差異，同樣的表達方式，甲可以聽懂看懂，乙就不一定仍能聽懂看懂；甲不會發生誤解，乙就可能發生誤解。而言語

接受、領會是言語表達活動的最終目的，語言表達效果的好壞，都體現在接收者的領會與否及其領會的數量與質量上。要使接受主體接受、領會，語言手段的選擇必須適應接受對象的特點，努力做到與之適應，否則，勢必「話不投機半句多」，難以達到交際目的。因此，商業主體運用商業語言必須有強烈的對象意識，隨著不同顧客而選用相應的言語交際模式，包括語調、語氣、遣詞造句、體態語以及談話涉及的內容範圍等都要與消費公眾的特點相應。公眾的特點包括年齡特點，性別特點，職業、職務、身分特點，性格、心理特點，文化知識水平和風俗習慣等。下面就四個主要的特點進行論析。

㈠適應消費公眾的年齡特點

年齡不同，其知識水平、接受能力和接受特點、心理特點、語言喜愛都不一樣。少年兒童在生理上、心理上，都未成熟，知識經驗缺乏，對事物的認識能力，對語言的理解能力都很低。他們喜愛形象而動聽的語言，追求話語的故事性和趣味性。因此對兒童作商業宣傳或推銷商品，其語言宜通俗易懂，簡短明快，稚聲稚氣，生動有趣。例如：

(1)爺爺，你怎麼也喝娃哈哈？

喝了娃哈哈，吃飯就是香！

小孩香、老人香、全家大小笑哈哈！　　　　（娃哈哈廣告）

(2)童：媽媽，你為什麼老是讓我喝小精靈啊？

媽：兒子，你不覺得喝了小精靈，你再也不喜歡睡懶覺啦？

童：是呀！媽媽，你瞧，我多精神啊！

媽：哈哈！你這小精靈。

（廣東人民廣播電台新聞台小精靈口服液廣告）

(3)你拍六，我拍六，

小霸王出了四八六，

你拍七，我拍七，

新一代的學習機。

　　　　你拍八，我拍八，

　　　　電腦入門頂呱呱。

　　　　你拍九，我拍九，

　　　　21 世紀在招手，在招手。　　　　　　　　　（中央電視臺廣告）

這樣的廣告體式活潑，語言生動形象，節奏明快，琅琅上口，易說易記，又富有童趣。

　　青年已漸趨成熟，注意力、理解力顯著提高，興趣廣泛，求知欲強，思維敏捷，趨新好奇，易於接受創新的形式。因此，對青年作商業宣傳或推銷商品，運用語言要注意感情激發，言辭的新奇變化，忌呆板老套。例如：

　　(1)朋友，渾身本領何須東張西望，來這裏展翅高飛吧！

　　　　　　　　　　　　　　　　　　　　　　　　（招聘廣告標題）

　　(2)全新輕巧套裝，飛利浦 genie 828c 最適合愛輕鬆的 Amy！

　　　　　　　　　　　　　　　　　　　　　　　　（商品廣告）

　　(3)瀟瀟灑灑雪夢萊，年年歲歲有風采。　　　（雪夢萊皮袋廣告）

　　(4)團結拼搏，開拓奉獻。　　　　　　（延安捲煙廠企業精神）

這樣的宣傳語言對青年人就很有誘導力和鼓動性。

　　老年人閱歷豐富，知識較深廣，理解力和接受力較強，容易合作，但主觀較強，對新事物往往持審慎態度。因此對老年人作商業宣傳或推銷商品，語言宜平實、莊重，忌離奇怪誕，油腔滑調。例如：

　　(1)益壽引年長生集慶；

　　　　兼收並蓄待用有餘。　　　　（胡慶餘堂製藥廠營業大廳對聯）

　　(2)常服華佗再造丸，老年中風可預防。

　　　　　　　　　　　　　　　　　　（廣州奇星藥業有限公司廣告）

這些話語都很適合老年公眾的口味。

(二)適應公眾的性別特點

　　男女性別不同，氣質性格、心理狀態、審美情趣、智力活動和言語愛好等特點就不同。女性氣質總的特徵是「陰柔」，性格特徵偏向

於情緒型。她們感情豐富、細膩，擅長形象思維，富於想像力，喜歡柔聲輕語，喜歡友好禮貌，情意綿綿的話語，喜歡委婉含蓄的表達方式，聽話重視體味意蘊情感。因而對女性推銷商品，語言必須含溫馨、柔順、和諧、靜雅的意味兒。例如玉蘭（化妝品）、雙燕（枕巾）、鬱金香（衛生巾）、丹夢（化妝品）、蘭黛（洗髮精）、紫雪（羊毛衫）、嬌茵（服裝）、豔妃（除斑霜）、香海（踏花被）、香羅（枕套）、麗錦（衛生紙）、伊柔（胸罩）、少女之春（化妝品）、夢月（長筒襪）等商品商標名字就能迎合女性的心理體驗和審美情趣，容易使她們產生認同感，贏得其青睞。

男性的氣質總的特徵是「陽剛」，性格特徵偏向於理智型。他們擅長邏輯思維，喜歡運用嚴密的邏輯方法，通過細緻的分析和綜合去認識事物。他們喜歡乾脆利落、明快、粗放、有力的言辭，聽話重視捕捉實際訊息。因此，對男性推銷商品，語言必須符合「陽剛」特徵，含有一定的哲理性。例如飛鷹（刀片）、虎豹（襯衫）、華虎（皮鞋）、勇漢（服裝）、超勁（服裝）、雷威（服裝）、天地郎（服裝）、邦雄（服裝）、喬士（襯衫）、強力神（公事包）、老K（西服）、大富豪（白酒）等商品商標名字就容易引起男性的心理共鳴，產生衝擊力。

愛美之心男女皆有，佢女性比男性突出。因而「美膚沖劑」這個命名及其廣告宣傳：「聰明的女人需要健康的美麗」，「美膚沖劑」能使美麗的容顏保持美麗動人，能根本上去斑、除痘，使容顏皮膚變得光澤、細膩、紅潤而白淨；「千喚萬喚，一個美麗的話題──『美膚沖劑』終於為追求女人的美麗吐露著真情！」（《廣州日報》1999年6月3日）對女性消費公眾是很有誘惑力的。「少女之春，春在少女，浪漫世界，青春常在。」（少女之春系列化妝品廣告）也很能促進少女的購買欲。臺灣的「美鈴80」輕便摩托車，適合知識份子和女性騎用，它的廣告詞是：「省油、好騎、實用、美鈴80，淑女騎高雅，男士騎斯文。」突出了「高雅」和「斯文」。而「銀座125」摩托車的騎用對象多為男性青年，它的廣告是：年輕的您，總是征服的勝者，銀

座 125，更顯您八面威風。野性的造型，豪邁奔放；強勁的引擎，快感十足。這裏強調的是「威風」、「野性」、「豪邁」、「奔放」、「強勁」、「快感」，針對青年人的特點給公眾留下了深刻的印象。

㈢適應消費公眾的文化水平

消費公眾對商業語言能否理解和領會，在很大程度上取決於理解和領會能力，理解和領會能力的強弱與文化知識水平的高低密切相關。《深圳日報》一篇短文〈叫聲小姐，挨記耳光〉中說了這樣一件事：來深圳探親的劉女士夫婦有一天去深圳某酒樓飲早茶，來到酒樓門口，服務小姐面帶微笑地迎上來問：「小姐，幾位？」誰知劉女士火冒三丈，一個巴掌打在服務小姐臉上，大聲斥問：「誰是小姐，我看你才是小姐！」服務小姐莫名其妙，委屈地哭了，眾人更覺蹊蹺。門衛將劉女士請到辦公室一問才知道，劉女士來自川西馬爾康，那裏把出賣色相的風塵女子稱為「小姐」。劉女士之所以因一聲稱呼而打人主要是缺少文化知識導致的。她只知道「小姐」在川西的文化內涵，而不知道現代社會崇尚文明，稱呼「先生」、「小姐」已成時尚。《羊城晚報》一篇短文〈洋文潮流〉中談到這樣一件事：一位小伙子走進北京路一家洋速食店對服務小姐說：「請俾杯中咖啡我！」小姐說：「唔好意思！咖啡只有一個『size』。」小伙子以為她沒聽清楚他的話，於是又再重複了一次，小姐也照舊重複自己的答話。小伙子不懂「size」是何意，還以為此店沒有咖啡賣，於是又問：「請問有冇奶茶？」小姐則不耐煩地說：「奶茶亦係只有一個『size』。」小伙子只好掃興離去。這樣不看對象是外國人還是中國人，不考慮對方是否懂外文而亂用洋文，既達不到交際目的，更收不到經濟效益，顯然是與商業語言的表達要與消費對象的文化知識水平相適應的原則相左的。臺灣董季堂教授在他的《修辭析論》中講到菸酒公賣局曾刊過這樣一則廣告：「煙酒之於人生，猶如標點之於文字。」有人稱之為「神來之筆的好比喻。」其實，根據商業語言表達要適應消費大眾文化知識水平這個原則來衡量，這一廣告比喻並非上

乘之作，因為廣大煙民並不都有較高的文化知識水平，並不都對標點之於文字的重要性有深刻認識，因而廣告用它作宣傳顯然很難對這些人起作用。

㈣適應消費公眾的心理特點

言語交際是一種社會心理活動，交際的參與雙方表達主體和接受對象都是具有一定心理機能的人，他們的心理因素影響和制約他們的言語表達和領會活動，因為任何一個表達者和領會者都是自覺或不自覺地根據自己心理世界的需求來創造和理解話語的涵義的。

商業實務主體言語交際的對象是消費公眾。消費公眾的心理因素是複雜多樣的。僅消費心理就有求實心理，以價廉、耐用為購物導向；求美心理，注重商品的美感，追求時尚、新穎；慕名心理，花錢買名牌；獵奇求異心理，強調「人有我無，人無我有」的個性化。此外，還有節時、健康、色彩、攀比、炫耀、虛榮、講氣派心理等等。即使是對同一商品，比如服裝，不同的消費者也有不同的心理需求，美國一家服裝公司曾對近萬名消費公眾的消費心理作過專題調查，結果發現，16%的人喜歡花樣新款，9%的人喜歡價格合理，32%的人講究結實耐穿，42%的人注重穿著舒適，消費心理各不相同。

消費公眾的心理狀態對商業主體的話語理解和領會的效果具有極其重要的制約作用。他們常常是根據自己的需求和心理篩選商業語言中的訊息，對與之有關的訊息才加以注意並發生興趣。因此，商業主體進行商業宣傳或商品推銷，其話語必須適應消費公眾的心理特點，根據消費者的需求和消費心理運用言語策略，促使消費者建立對產品形象的良好印象，從而產生購買動機和購買行為。

適應消費公眾心理特點的言語策略，概括來說，主要表現在如下兩個方面：

第一，適應消費公眾普遍的心理趨向。

消費公眾雖然千差萬別，他們的心理狀態雖然複雜多樣，但作為生活在現實社會的人，特別是同一社會文化的人，總有一些普遍性、

共通性、根本性的心理因素，商業語言表達首先要注意適應消費公眾普遍的心理特點。例如，需要和希望受到尊重，這是人類的普遍心理狀態。根據美國心理學家馬斯洛（A. B. Maslow）的研究，獲得「尊重」的需要是人的七種基本需要中的一種普遍的心理需要，隨著社會的發展，越來越多的人渴望受到別人尊重以及自我尊重。而在言語交際中表達主體的談吐舉止表現出對對方的尊重，也就是對對方的這種心理需要的一種滿足。顧客作為上帝，他購買商品既要求物質需要得到滿足，也渴望心理上得到滿足和人格上得到尊重，商業人員與顧客的言語交際中表現出尊重是至關重要的，是贏得公眾的好感與友誼，從而建立起良好關係乃至實現商業目的的潤滑劑。古人說：「敬人者，人恆敬之；愛人者，人恆愛之。」顧客得到你的尊重，就會對你產生好感，樂意與你合作。而表現出尊重的言語策略是豐富多彩的，例如，誠實守信，貨真價實，保護消費者合法權益，不作欺假宣傳詐騙顧客，尊重、熱情接待，根據顧客的購物心理和需要，如實準確地介紹商品，幫助顧客買到稱心如意的商品，是對顧客的敬重；談吐態度誠懇親切、措辭謙遜文雅，語音語調柔和，多用敬語敬辭，使用禮貌服務語言，不講服務忌語，杜絕不尊重顧客的蔑視語，都是在語言上表現出對顧客的尊重；委婉的言辭，不論是提供自己的看法，還是向顧客勸說，都能比較適應顧客心理上的自尊感，直言不諱或觸犯避忌都易傷害顧客的自尊心；根據身分、性別、社會地位和婚姻狀況給顧客一聲充滿熱情而合乎禮節的稱呼是尊重；顧客到來，熱情招呼：「歡迎光臨」，看到某位顧客一直等在那裏準備購買商品，自己在繁忙中騰出身來走向這位顧客道一聲：「對不起！讓您久等了！」顧客挑選上稱心的商品後，恰當地讚揚：「您真有眼力！」或「您買東西很內行。」收了顧客的錢，說聲「謝謝！」與顧客告別，說聲「再見」或「歡迎再來惠顧」等等，都會使顧客感到被尊重。但是，必須明確，「誠於內而形於外」，只有由衷地、真誠對顧客尊重，才能在語言上表現出恭敬之情。

「趨吉避凶，人之常情」。趨吉就是希望吉祥，避凶就是避免災

難禍害。這種心理在各國人民的言語交際活動的各個層面之中都有反映，它影響和制約著言語表達和領會活動。然而，由於國別、地域、民族特徵、文化背景、宗教信仰、社會風俗和政治制度的不同，不同國家、不同民族甚至不同地區的人們趨吉避凶的內容也就有差別。例如，西方人普遍認為「13」這個數字是凶險或不吉祥的，在日常生活中總是盡量避開「13」而以「14（A）」或「12（B）」代替。馬來西亞人避用的數字為「0、4、13」，俄羅斯人也忌諱「13」，但對「7」卻情有獨鍾，日本人由於日語發音中「4」和「死」相似，「9」和「苦」相近，因此避用「4、9、14、19、24、42」等數字。中國人由於漢語發音中「9」和「久」諧音，常以「9」表示「長久」之意；「8」和「發」諧音，在粵語裏同音，因「發」又有「發財」之意，所以人們希望發財，而喜歡「8」這個數詞。在電話、汽車牌號中，人們特別喜愛「8」這位數。在1988年8月8日，港、澳、臺一些城市都熱烈慶祝這一天，因為這一天4個「8」的諧音是「發，發，發，發」，暗含「大大發財」之意，據《中國青年報》報導，在重慶舉行的移動電話特殊號碼拍賣大會上「908888」這個號碼是最吉祥的號碼，爭相搶購，經過激烈競爭終於以五萬元的高價被人買去。人們也喜歡含「8」的門牌和房號。例如《珠江電視》：「這間屋好在門牌168，表示今後一路發。」在我們漢人的傳統觀念裏，吉祥如意是人生的最大願望，說話和聽話總喜愛吉祥語，認為吉祥語具有逢凶化吉的神奇力量，因而在日常生活中，特別是在節日裏、慶祝儀式上、在婚禮和祝壽時，不但要避忌不吉祥的話語，而且要想方設法找一些吉祥話來說，這叫做「討口彩」。例如，春節時，親友見面慣於作揖：「恭喜發財」；祝賀商界開業：「生意興隆，財源廣進」；結婚祝福：「龍鳳呈祥，花好月圓」；對尊長者祝壽：「福如東海，壽比南山」等等。而別的國家則沒有這類吉祥語甚至一些國家如新加坡人則禁止說「恭喜發財」，認為「發財」是指「發不義之財」，因而是對別人的侮辱與謾罵。中國人以松、柏象徵長壽，以牡丹、芍藥象徵富貴吉祥、繁榮幸福。菊花在日本是皇族的標誌，在西方則視為妖

花，是喪禮的象徵。西方視百合花和白山楂花，為厄運的徵兆和死亡的象徵。蓮花在中國和印度、泰國、埃及有「花中君子」、「碧波仙子」的美譽，還認為是「淨客」、「淨友」之花，而在日本則是專門用於登奠之花。中國人用紅色象徵吉祥、興旺、發達運氣好，在春節喜歡在大門的兩旁貼上紅對聯，在大門上貼紅「福」字。在慶祝企業或商業開業、展覽會開幕或工程奠基及落成典禮上，往往用紅綢結彩然後剪綵，以表示祝賀順利、成功圓滿等。中國人既認為綠色象徵春天、青春、安全、幸運、高潔、光明，也認為有象徵凶喪、反動、奸險、無利可得等貶義；英國人則認為綠色是死亡的象徵，因為他們的裹屍布是橄欖綠色的；現代法國人厭惡墨綠色，因為納粹法西斯軍人的服裝是墨綠色的，看到這種顏色他們容易想到死亡的罪惡。西方人以白色象徵純潔、忠貞，婚嫁時披白色婚紗，白色在中國則是孝服的顏色。凡此種種趨吉避凶心理在商業領域裏運用語言都必須與之相應，做到投消費者心理所好，避其所惡，才能取得正面效應。很多商業語用現象都體現出這種適應性，例如，商品標價：99.9 元、8 元（不標 100 元、7.5 元）；企業和商品命名：168 時裝店（一路發）、興發鋁型材料集團有限公司、紅梅香檳酒、金利來領帶、好運牌熱水器；企業、商店楹聯：一帆風順財源廣，萬事勝意家業興，（澳門豪苑大廈門口春聯）勝景年年添萬福，家和日日進千金（澳門勝家電器商店楹聯）；廣告語：天磁在手，健康長壽（天磁牌磁化杯廣告）。喝杯可樂、萬事如意（可口可樂公司廣告）。這些商業語言都含有吉祥的意蘊，很適合公眾的趨吉心理。

　　好奇求新也是人們的普遍心理趨勢。這是人的特性，是社會進步和語言發展的動力之一，它也是影響和制約語言表達和話語領會的一個十分重要的因素。上文說過，獵奇、求異是消費公眾的消費心理之一。要滿足這種消費心理，當然首要的因素是商品式樣新穎，但商品宣傳和推銷語言的新奇性也是不可忽視的因素。消費者面對琳琅滿目的商品，固然要挑選品種色彩，但商品的命名則是導向性的因素，它有新奇感就能引起顧客的注意，誘使顧客產生購買欲。如果平淡無奇

或者雷同勢難得到顧客青睞。石家莊國際大廈集團為它的新食品取名「奇奇」，就很新奇，「奇奇」在石家莊一推出，馬上受到了極大歡迎。廣東的「健力寶」進軍美國市場以「中國魔水」招徠顧客，就是針對美國人愛標新立異，好神奇怪誕的社會心理選擇的廣告戰術，天津的「狗不理包子」，上海的「殘次大王」商店，美國達拉斯一家頗有名氣的「骯髒牛排店」等都是因獨特心裁的命名，而走上了成功的道路，《羊城晚報》一篇短文〈花都花玉米靚花眼〉：「黑包公、黑珍珠、紫金香、紫羅蘭、紅玫瑰、紅香糯、花仙子、白如雪、白如玉、五彩糯……這些似工藝品般美麗的『玉米姑娘』，營養豐富色香味俱全，是一位來自北方的農業專家及留美營養學、微生物學博士花了近三年的時間研製出來的。」（1999年6月7日）文章的標題很有新奇性，各種玉米的命名更富有魅力，令人嚮往和遐想。娃哈哈系列廣告：「──喝了娃哈哈，吃飯就是香。（娃哈哈營養液）──名貴飲品，更添一份柔情蜜意。（娃哈哈銀耳燕窩）──實實在在的營養，實實在在的口味。（娃哈哈營養八寶）──清新的享受，帶給您一個從容的早晨。（娃哈哈營養八寶）──美味可口，令您浮想聯翩。（娃哈哈營養八寶）娃哈哈基本同期的三種子產品：營養液、銀耳燕窩湯、營養八寶粥，發出共時的系列廣告，其語言方略不同，也就是為了滿足消費者的好奇求異的心理，這是廣告主體有意識地適應消費者求新心理的體現。現代商業廣告宣傳資訊滿天飛，如果平淡無味，消費者是不會感興趣的，更不會受其誘導而激發購買行動。但是凡事都有一個「度」，新奇誘導也有一個度，必須適度，新而有理，奇而有節，名副其實，才會取得經濟實效。如果超過了度，就會出現負面效應。《修辭學習》（1999年3月）一篇題為〈商業競爭與「違法修辭」〉中說，冷飲店冰淇淋取名為「風流寡婦」、「小秘傍大款」；餐館將去皮的黃瓜段稱為「玉女脫衣」，將燒青蛙叫「花花公子」，並大作廣告招徠顧客以迎合某些人病態心理要求。這是競爭者運用修辭術來施展不正當的聚焦策略：滿足一些顧客的特殊心理需要而爭取的局部優勢。然而這違反了中國大陸《廣告法》第七條：「廣告不得含有淫

穢、迷信、恐怖、暴力、醜惡的內容」的規定，文章對借標新立異的商品名稱來欺詐矇騙顧客的違背商業道德和國家法令行為的揭露，真可謂一針見血。何自然在〈社會語用問題〉一文中揭露和批評了很多嘩眾取寵、追求怪異的商業語言現象。例如，令人摸不著頭腦的「3×3鞋店」、「『15－便』方便店」和大殺風景的「夜貓子餐廳」、「魔鬼酒家」、「地王之皇」等招牌；錯用、亂模仿洋名的「醬油X.O.」、「少林可樂」、侮辱公眾的廣告：「聰明的人看《真實的謊言，有知識的人看《真實的謊言》，傻瓜不看《真實的謊言》」，誆騙消費公眾的招貼「出血大清倉」、「一元一隻雞」；不倫不類的商業資訊報導「氧吧，深圳說NO！」等，並且揭示了其導致負效應的事實。諸如此類的故作「奇特」的商業語言，應該堅決清除。

第二，適應具體顧客的特定心理態勢

消費公眾的心理狀態，除了共性，還有個性區別。有一位哲人說過：「天下難找一片相同的樹葉」。同樣，不同年齡層次的顧客，如兒童、青年、老人；不同性別的顧客，如男人和女人；不同職業、身分的顧客，如幹部、教師、醫生、科學家、藝術家、軍人、商人、工人、農民、學生；不同民族、文化背景的顧客如中國人、外國人、漢族人、維吾爾族人等等，他們在面對琳瑯滿目的商品時，心理往往會大相逕庭。各類顧客甚至同類顧客的消費心理特徵也不是一成不變的，他們會隨著經濟狀況及時間、地點等條件的變化而變化。因此，商業人員對消費公眾的言語表達還須要因特定消費者的具體心理態勢而異，區別對待。為此，首先要瞭解和把握具體消費者的實際心理。例如售貨員就要深入瞭解和準確地掌握顧客在對商品銷售時的內心活動及其外在行為。為此售貨員在商品銷售過程中，就要做到「進門三相，量體裁衣」，善於對櫃前來客觀顏察色，從其言談舉止中揣度其心理特點，從其訊息反饋中掌握其心理活動，從而針對其在特定情境中的具體心緒，用有效的話語因勢利導，促使其實現購買行為。這樣因顧客的具體心理態勢而定的言語策略，常常能收到預想的經濟效益。例如，有位中年男子進商店挑選了一件紫紅色羊毛背心，他將背

心在身上比照著，看樣子挺喜歡，但嘴上卻說：「上年紀了，穿這顏色要被人笑了。」這時，營業員根據這位顧客對商品既喜歡，又猶豫不決，拿不定主意的特定心理，有的放矢地說：「哪裏，你一點不像上了年紀，穿這顏色能使您更年輕，更精神」。這樣既解開了顧客的心結，又與銷售掛上了鉤，從而使顧客堅定了購買的信心，高興地買下了這紫紅色羊毛背心。優秀的營銷人員很善於針對顧客的心理狀態，進行語言誘導，使顧客想法與自己接近，思路與自己同步，促使交易成功。某先生到某商場為妻子選購手表，看中一只漂亮女表，可價格要三百元。這位先生對營業員說：「這只表不錯，只是價格太貴了些。」營業員針對這位先生嫌貴的心理說：「這個價格非常合理，因為這表精確到一個月只差幾秒鐘。」買表的先生立即說：「對我來說精確與否並不很重要，我妻子戴二十多元一只的蹩腳表已有七年了。」聽到這反饋的訊息，營業員立即加以誘導：「您看，她已戴了七年蹩腳表了，是該戴上名貴表，好好高興高興了。」營業員緊緊抓住這位買表先生的心理，循循善誘，使他感到自己妻子一直戴蹩腳表，是該戴只名貴表了，於是放棄了初衷，高興買下了那塊手表。以上這些都是由於營業員在商品銷售過程中善於及時而準確地掌握具體顧客的特定心理，並有的放矢地運用語言誘導所收到的經濟效益。

三　商業語言表達受交際的時空環境制約

　　商業領域裏的言語交際活動既有商業主體與消費公眾同時同地進行的，例如，商品銷售、商業談判、商業接待等；也有不在同時同地進行的，例如商業廣告、商業文書、商品命名等。「時」是指言語的時間，可大可小，大的可指時代，也可指一年內的季節春夏秋冬；小的可指一天中的朝夕午夜。交際的時間有長有短，幾分鐘，一小時，半天，一天的都有。任何商業言語交際都要在一定的時間進行，必須受到時間因素的影響與制約。例如，文化革命時期的商業語言運用與現在的改革開放年代就很不相同。顧客到商場買東西，有的有從容選購的時間和興致，有的則可能急著上班、做飯、帶孩子、趕火車、看

護病人等，時間很緊迫。售貨員向他們介紹商品的話語長短、繁簡必須適時。「空」是指言語的空間，既指地區、地點、場合、事發區等，也包括國內國外、江南塞北、城市農村等。商業言語交際的具體空間則是商場、商品展銷場所、商業談判地點、商業接待、宴會場所等。商業語言表達必須考慮場合、地點因素，適應特定的場合、地點要求。場合有公開與非公開、正式與非正式、莊重與隨便、喜慶與悲哀肅穆、單個公眾與多個公眾、有第三者與無第三者等區分，地點有主體所在地（本地、本土）、客體所在地（外地、外國）、商場、出口交易地、商品展覽館、會場、辦公室、家庭等區分。商業語言表達尤其是口頭表達一定要適應地點、場合的變化，隨時注意調整與場合、地點變化不相一致的預定的語言策略。

俗語說：「到什麼山唱什麼歌。」商業語言表達一定要善於因時因地而變，現實交際中有時在某種場合要「長話短說」，有時在某種場合要反覆說個不停，有時在某種場合又要「有話不說」，有時在某種場合要莊重典雅，有時在某種場合要幽默風趣，這是為特定的時空環境所決定的。例如，櫃檯營業，交際雙方同時同地，櫃檯內外的人物和商品形象直觀，話語往返頻繁而迅速，這就要求營業人員語句簡短，對答迅速，長時間的思考和遲疑或者言辭冗長都容易引起顧客的不滿。

商品流通既有地區性，也有國際性，很多商業語言都跨越了區域和國家的界限，可以通用，但是有些尤其是含有同族亞文化或異族文化意蘊的商業語言則有地區性或民族性，在本地本土可以用，在外地外國則不可以用。因此商業語言使用必須「入境而問禁，入國而問俗，入門而問諱，」（《禮記·曲禮上》）做到與地域環境相應，才能取得正面效應。例如商人怕生意蝕本、折本，有很多諧音禁忌語。豬舌頭的「舌」，在廣州話裏與「蝕」諧音，生意人很避諱，故改稱「豬脷」，「脷」與「利」音通，是好兆頭。北京話「舌」與「折」同義，故改稱「口條兒」。中國南方生意人喜歡別人給他送桃花，因為它含有紅火之意。如給他送梅花和茉莉，則會使他感到不吉利，因

為梅與「霉」、茉莉與「没利」諧音。而在非廣州話地區則没這種忌諱。

美國和日本的商品進入國外市場，其廣告宣傳都很注意「場效應」，力求與銷售國公眾所處的環境相應。例如，美國一家保險公司針對中國公眾的廣告語是：「在美國也有一座看不見的長城⋯⋯」以長城為喻既在商業保險上貼近了中國公眾，又符合中國人趨吉避凶的心理定勢，委婉含蓄的表達也迎合了中國人對含蓄美的追求，因而贏得了中國公眾的認同。又如日本在中國的商業廣告：「日立高精科技，為中國新型城市錦上添花！」「古有千里馬，今有日產車。」「東芝永遠和為現代化而奮鬥的中國人民共同前進！」這些廣告語言符合中國國情，迎合漢民族心理，很快就贏得了中國公眾對其企業形象的認同以及對其品牌的接受。而英國通用汽車公司有一種「NOVA」（諾瓦）牌的汽車，銷售在拉美各國處處阻塞，原因就在於「NOVA」這個牌名譯成西班牙語含義是「不走」，當地消費者當然不願選購。該公司知道這個原因後，立即將牌子改為拉美國家人們喜愛的名字「加勒比」，結果很快打開了銷路。

改革開放以來，大陸企業不斷與外國企業交往，商品陸續進軍國際市場。由於社會文化環境、地理環境的差異，商業語言也存在著一定的差異。例如，蝙蝠電扇是大陸的名牌電扇，而它出口國外就必須改變商標牌號，否則就不可能打入國際市場。因為在中國由於諧音雙關的關係，認為蝙蝠是有福氣的象徵，所以喜歡蝙蝠命名的商品；在歐美則普遍把蝙蝠和不光明正大與陰謀聯繫在一起，因而討厭蝙蝠。大陸某外貿單位曾用「芳芳牌」作為唇膏商標（Fang-Fang Lipstick），「三色紫羅蘭牌」作為男式短褲商標（Pansy Men's Underwear）銷往美國，結果造成這些商品嚴重的惡劣形象，因為音譯的「Fang Fang」在英文中意為惡狼或毒蛇的牙齒，三色紫羅蘭pansy在美國俚語特指同性戀。據說，大陸有個旅遊代表團訪問新加坡，該團負責人向新加坡華人朋友介紹某市旅遊業情況時說：「我們的旅遊服務業開房率達到95%以上」，話音剛落，即引起哄堂大笑，弄得十分

尷尬，原因是新加坡華語「開房」與大陸漢族有不同的文化色彩。這些事例充分說明商業語言運用必須十分注意場地效應。

第三節　商業語言領會要以商業語境爲依據

在商業領域的言語交際中，商業主體既要表達，也要領會，缺一不可。表達與領會都是言語活動，哪一方面出現障礙，言語活動都無法繼續進行，無法完成交際任務，甚至可能造成經濟損失。表達活動離不開語境，要受語境制約，領會作為表達的逆向活動也離不開語境，要以語境作依據。

一　領會的重要性

商業語言的領會是指商業主體對公眾的話語、文章的聽解、讀解。對公眾話語的聽解和文章的讀解是獲取商業資訊的重要手段。科學技術的發展，社會的進步，導致人類進入「資訊時代」。在資訊時代裏，「資訊就是戰略資源，就是生產力，就是競爭力及經濟成就的關鍵性因素。」「現代社會組織的生存發展離不開資訊，資訊成為組織機體運動存續的血液。」[6]因此，現代商業組織跟其他社會組織一樣，必須把商業資訊的收集放在首位工作，商業資訊收集的渠道很多，獲得資訊的手段也多種多樣，但最常用的渠道是與公眾的交往和閱讀書報，而聽讀是獲取資訊的重要手段。日本首屈一指的大經營家松下幸之助創業初始製造了一種商品，但不知賣多少錢好，於是把商品拿到寄售商店向老闆請教：「這種商品能賣得出去嗎？」老闆說：「很有意思。」「能賣多少錢？」「成本是多少？」「一角五」。最後老闆說：「那麼，能賣二角。」就是這樣松下幸之助在廣泛聆聽各方人員的設想和意見的基礎上確定了下一步的經營目標，並在以後的經營中始終如一地不斷聽取別人的建議和意見，使他的事業蒸蒸日上。松下幸之助深諳聆聽的妙用，所以別人請求他用一句話來概括他的經營訣竅，他就說：「首先要細心傾聽他人的意見。」顯然，他成

功的經營訣竅首先是來自善於廣泛聽取公眾的意見。廣東湛江家電公司過去靠出口電鍋過日子。1982 年下半年電鍋出口指數被砍，於是大量產品積壓在庫，公司面臨停產倒閉的危機。在這個緊急關頭，該公司經理李秀森從報上獲得了一條消息：「湖南省召開以電代柴規劃會議」。他想，以電代柴的決議一旦貫徹執行，市場上就會需要大量電鍋。據此，他立即作出決策，將出口電鍋轉向國內廣大農村市場。於是，李經理率領了一班人馬，奔赴湖南省的「以電代柴規劃會議」，在會上與湖南省簽訂了一筆銷售大批電鍋的合同。而且，他們還從會議獲知，中央決定在全國搞一百個電氣化試點縣，每年需要電鍋、電炊具一億套，而當時全國電鍋產量僅三百萬個，供需差額很大。於是他們又進行了一系列的情報追蹤，最後從對農村的大量調查資料中獲得進一步的資訊：要真正做到以電代柴光有電鍋還不夠，還必須有蒸饅頭的、炒菜的、燒開水的等一系列電炊具和取暖電器設備，才能適應市場的需求。從此，該公司不但扭轉了產品積壓、面臨倒閉的局面，而且擴大了生產規模，產量猛增七倍，榮獲全國先進企業稱號[7]。湛江家電工業公司之所以取得成功，與他們善於研讀各種書面資料和善於廣泛聽取公眾意見、收集商業資訊有密切關係。可見，閱讀領會書面資料和聽解公眾話語是獲取商業資訊的最重要的手段。

聽解和讀解還是與公眾建立良好關係的有效途徑。商業主體進行言語交際的目的，在於使自己的企業獲得好的經濟效益。要達到這一目的，他們言語交際既要為商品宣傳和商品銷售服務，也要為自己的企業與公眾建立良好關係服務。為此，除了表達要力求適當，使雙方愉快舒服，還必須善於聽讀，尤其是在面對面的口語交際中的聽解。前面說過，獲得尊重的需要是人的七種基本需要中的一種心理需要，而在言語交際中恭敬地聆聽對方的講話，也就是對對方的這種心理需要的一種滿足。因為恭敬地聽，是褒獎對方講話的一種方式，它無聲卻實際上向對方傳遞了一個訊息：你是一個值得我聆聽你講話的人。這樣，無形中就顯示了對對方的尊重。對方得到你的尊重就會對你產

生好感，樂意與你合作，從而產生和諧、友好的互益關係。如果你對對方的講話漫不經心，毫無反應，有來無往，這是不禮貌行為，是對對方的極不尊重，甚至可以說是對對方的侮辱。這樣你是不可能得到對方的好感，不可能與對方建立良好關係的。美國著名企業家瑪麗·凱·亞瑟說過這樣一件事：「有一次我與一位銷售經理共進午餐。每當一位漂亮的女服務員走過我們桌子旁邊，他總是目送她走過餐廳。我對此感到很氣憤。我感到自己受到了侮辱，心理暗想，在他看來，女服務員的兩條腿比我對他講的話重要得多。他並不是在聽我講話，他簡直不把我放在眼裏。」試想，瑪麗·凱·亞瑟會與這種使她氣憤的銷售經理建立起和諧的合作關係嗎？我們到商店買東西有時碰到一些售貨員只顧自己聊天，問了幾聲，他裝著聽不見，或者並不理解你問什麼，答非所問，令人生厭，當然不會與他合作，更談不上能建立友誼了。一個企業或者商店的領導，對內部的意見、要求與建議漫不經心，或者聽一兩句後就充耳不聞，這樣的領導人也顯然是不會在內部公眾中有良好印象的，既得不到公眾的好感，更得不到公眾的理解與支持和與之建立良好的關係。曾毅平的《公關語言藝術》中有這樣一個例子：

> 老張是一家酒店的經理，他知道與員工保持溝通的重要性，於是定下每月第一個星期五的下午舉行員工親善會，與員工聊天、喝茶或者一起娛樂，以便聽取員工意見。不過他有個不好的習慣，就是喜歡中途下結論、發評論，常常對方還沒講到一半就打斷：「好了，你的意見，我知道了。」或者別人剛提個話頭，他就沒了耐心：「這事別人已經提到過，你不必說了。」久而之，員工們都不願坐下來跟他詳細談一談。老張很困惑，便越發主動：「你有什麼困難，儘管提出來，不必客氣！」對方卻答道：「經理想得很周到，沒什麼困難。」老張又具體問：「我們要在提高開房率上，多想些辦法，比方說可以考慮這樣做……你們覺得是否可行？」員工們都總是哼哼哈哈：「經理的想法，不錯。」「好像沒什麼不好的。」「經理說得對。」慢慢地老張有

一種被衆人拋棄的感覺。在一次親善會上忍不住問大家：「各位對我工作有什麼看法，儘管提出來，有什麼不愉快的地方，大家好好聊聊。」員工們仍然回答：「挺好，沒有什麼不好的。」

老張不知道，他的壞習慣已經傷害了對方：「我們做員工的在經理眼裏並不重要，親善會不過是做做姿態而已。」

日本諺語說：「能幹的領導，就是喜歡聽人講話的強人。」美國著名的女企業家瑪麗·凱·亞瑟認為「最成功的管理人員也是最佳的傾聽者。」傾聽是「純潔的魔術」，是滿足對方自尊的一種手段。這位張經理就因為在與員工的言語接觸中，不愛好、不願聽，嚴重傷害了員工的自尊心，所以導致了與員工關係惡化。

二　領會要以語境為依據

言語活動總是在具體的交際環境中進行的，交際的時間、地點、場合以及前言後語等因素都會對語言表達產生一定的影響。這種影響既表現在對說寫起干預、制約作用，也表現在說寫者可以積極地、有意識地利用語境所提供的有利條件，創造良好的交際氛圍，使語言訊息傳遞量得到補充，使資訊渠道更為暢通。這樣，對話語、文章領會的聽解和讀解活動，就會受到說寫的環境和說寫者所利用與創造的語境因素的制約。拿商業櫃檯前售貨員與顧客交談來說，顧客買東西常常利用貨架上的貨物作媒介。例如，某顧客買鋼筆，他會對售貨員說：「請把那支鋼筆給我看看。」售貨員聽這句話，就受著顧客所利用的交際環境中的實物的制約，既要聽清楚他說「看鋼筆」，也要理解他的手勢語指的那種鋼筆。聽解受交際環境制約這一特點，要求商業人員聽解顧客說話必須結合交際環境，利用公眾說話的環境所提供的線索去理解話語真正的訊息，而且要注意排除不良環境的干擾。

商業部商業經濟研究所編著的《新中國商業史稿》中有如下一段話：

針對這一情況，中共中央於 1954 年 7 月發出《關於加強市場管理和改造私營商業的提示》，提出採取「一面前進、一面安

排」和「前進一行、安排一行」的辦法，把現存的私營小批發商和私營零售商逐步改造成為各種形式的國家資本主義商業。根據這一指示在代替大批發商以後，繼續改造中、小批發商，按照其不同的經營特點採取不同的方式，主要可概括為：「留」、「轉」、「包」三個字。

對這一話語中的商業語言，如果背離或者不熟悉其當時的語用背景是很難透徹理解和深入領會的。再看：

你看，港商陳裕輝原來投資七千萬港幣辦染織廠，及後看到「珠海人實在，見官如見友」，便增加投資一億六千萬港幣，之後，又再投資三億港幣興建前山紡織廠。

（《羊城晚報》，1990 年 11 月 24 日）

萬張「牛肉乾」無回音。

（文題《羊城晚報》，1990 年 11 月 30 日）

前例的「珠海人實在，見官如見友」兩句話説的似乎是「珠海人」、「見官如見友」（語法上有這種可能），但根據這裏所引的上下文以及原文文首可知，珠海為解決外商辦事難問題，專門成立了一個外商投資服務中心。因此，這兩句話應當理解為：「珠海人實在，外商人見珠海的官像見朋友一樣容易、輕鬆。」後例的「牛肉乾」是什麼意思，文中自注説：「『牛肉乾者』那是香港人對一紙交通罰款單的戲稱。」如不借助自注，就很難準確理解其真正含義。可見根據上下文索解言語意義，就可以消除歧義避免誤解，使言語理解更加有效。

三　領會的策略

商業語言理解領會要做到準確無誤，除了聽讀時要如上所説緊密結合語境之外，還要講究具體的言語策略。

㈠認真聽讀、準確領會對方言語成品的含義

商業語言領會主要以公眾的言語成品為依據，對公眾所説出的話語、所寫下的文章，要認真地聽、精心地讀，做到不誤聽、不誤看，

準確把握和理解言語成品的真正含義。

鄧立斌的一篇小說〈一場誤會〉中寫了這樣一個小故事：

> 一個湖南人在北京的商店裏買高壓鍋的皮墊圈，湖南方言裏叫做「皮箍」；他用湖南話開了腔：「喂，細妹子，有皮箍賣嗎？」小辮子把「皮箍」聽成了「屁股」，眼珠一瞪，用北京話答腔：「買屁股？流氓！」老鄉以為在告訴他皮墊圈的價錢，把「流氓」聽成了「六毛」，便笑嘻嘻地說：「管它六毛七毛哩，反正是我老婆……」，還沒等他說完「是我老婆叫買的」，小辮子更加火上澆油：「還嘻皮笑臉的，畜性！」這下子可惹怒了老鄉，質問道：「麼子，出身？買個皮箍還要查出身？還想搞文化大革命？我貧下中農出身！」

這裏之所以產生誤會，從商業工作人員方面來看，首先是小辮子誤聽了顧客所說的「皮箍」，沒有準確感受「pigu」這個物質形式所指的高壓鍋的皮墊圈這一含義；其次，是小辮子聽話缺乏耐性，如果他耐心認真地聽顧客說完「是我老婆叫買的」這句話，就不會再有後面那些火上加油的話了。當然，顧客用方言說話，小辮子不懂也是誤會的導因。因而，為了按著公眾的具體言語作品理解話語文章，商業工作人員應該懂得儘量多的語言和方言。

在商業口頭交際中，售貨員聆聽顧客講話，是為顧客服務的前提，聽錯了或者未聽出顧客話語中的含義，不僅不可能為顧客服務，還可能造成經濟上的損失。從前有個故事，說的是有間畫鋪出售一張〈引馬過橋圖〉，圖上畫著一個人吃力地牽著一匹馬在橋上行。一位顧客看了很是喜歡，立即付了一百兩銀子訂購，臨走時，他回過頭來看了一下那張圖說：「馬韁，好！」店老闆不知其意，一看才發現畫上未畫上馬韁，連忙添上一筆。第二天，買主來取畫時，見畫上了馬韁，便提出退貨。他說：「我買的正是這根看不見的馬韁呢。人和馬已筆筆傳神，此中有韁，牽之欲出，加上一筆，韻味全無了。」這位店老闆就因為未聽出買主的話意而丟了一筆買賣。

㈡積極聽解和讀解

　　商業語言聽解和讀解的目的在於獲取來自顧客和社會的訊息，為我所用。顧客和社會，是千差萬別的，他們的訊息可能是用漢語提供的，也可能是用外語提供的；可能是用現代漢語提供的，也可能是用古代漢語提供的；可能是用普通話提供的，也可能是用方言提供的。因此，要想準確地理解公眾的言辭原意或者獲得有用的訊息，就必須積極投入，充分發揮主觀能動性，才可能取得理解的好效果。

　　積極聽解，就是在聽解的過程中始終都積極主動參與，而不是消極被動聽講。積極主動參與的主要策略是：

　　1. **真誠熱枕，全神貫注地聽。**不僅僅是用耳朵，而且要用整個身心；不僅僅是有聲的接收，而且要理解；要兩眼注視著對方，頭稍微仰起；要時刻保持認真的態度，專注的精神；不要心猿意馬，想東想西，更不能隨便伸懶腰、打哈欠，要精神飽滿地聽下去，直至完全瞭解對方話語的全部意思。

　　2. **對對方講話作出積極而有禮貌的反應。**對對方講對的，微笑點頭，表示贊同，也可小聲回答「是的」或「說得很對」之類；對觀點不同，也可點頭，微笑或說「唔」，表示在用心聽；對方的話明顯錯誤，可委婉地說出自己的觀點或修正意見，不要直截了當地作否定表示；聽話過程中不要隨心所欲打斷對方的說話，亂插話，像上面說的小辮子售貨員那樣沒等顧客把一句話說完就打斷對方的話，那是沒禮貌的言語行為。對方講到你不理解的地方時，可以等對方講完一句後適當地插話：「對不起，這裏我沒聽明白，您是否可以給我解釋一下？」或者「你說要什麼牌號，我沒清楚，您可否再說一遍？」這樣，既是聽講藝術，也是給對方造成一種愉快心情。

　　3. **邊聽邊想邊篩選。**一邊全神貫注地傾聽，一邊積極思索對方講話的目的、意圖和要點，一邊去粗去糟的篩選，提煉和歸納，並作相關性聯想、預測還會說些什麼內容。這樣，既可以準確把握對方的語意，又可以發現問題，作有的放矢的提問或回答，使交談取得積極

效果。

4. **排除干擾**。在傾聽時要自覺地排除影響精神集中的一切干擾。例如，聽者自身精神煩躁、心緒不寧，或者情緒激動；說話對方的服裝奇異、音調特別、字音刺耳、態度不恭、舉止粗野，周圍環境嘈雜等。這些干擾因素都會擾亂聽者的正常思維，導致精力分散，影響聽解效果，因而要注意排除和忘卻這些困擾因素，以保持始終專心靜聽。

積極讀解，就是態度積極，披文章形式以見文章內容，準確、高效領會原作意義。書面言語的接受理解原理與口頭言語接受理解基本相同。由於書面言語隱埋了一些多音多義字的讀音，略去了一些必不可少的語音停頓，因而它的接收理解有時比口頭言語要難得多。其接收理解策略主要是：

1. **眼腦並用**。邊看邊想，眼睛不斷地走，大腦不斷地思索、破解；有時眼睛停走，大腦反覆思索。

2. **精讀、略讀相配合**。英國哲學家培根說過，有的書只須淺嘗，有的書需要吞食，有的書則須咀嚼消化。淺嘗與吞食屬於略讀，咀嚼消化屬於精讀。略讀是一種瀏覽的閱讀方式。其目標是求快求多，解其綱領、大意，掌握其要點，不求深究細節。但是求快求多仍要有所得，有所獲，不能白讀。商業閱讀中博覽佔有很大的比重，搜集公眾意見、市場情報、國內外社會環境資訊等，要靠大量的略讀來完成。精讀是一種細嚼慢嚥、深入領會讀物思想意義的閱讀方式，它要求全面感知讀物形式，仔細探究出其所包含的深刻底蘊和豐富內涵。為此，詞意、句意、段意、篇意都必須弄清，要在不斷綜合分析的過程中去皮見肉，去肉見骨，去骨見髓，達到對讀物內容的真正掌握。商業閱讀也需要精讀。對於本企業切身利益的法規條文，對於與本行業有直接關係的文章，對於包含重要意義的公眾來信、意見，對於為了尋找新的市場、公眾，需要研讀這一市場、公眾的有關文獻等等，都要精讀細研，反覆推敲，力求準確領會其內涵。

一般說來，略讀屬於快讀，精讀屬於慢讀。但快與慢是相對而言

的。在具體閱讀中，略讀、精讀並不是截然分開的，而是互相滲透的；略讀法與精讀法常常配合運用，缺一不可。

3. 結合語體特點讀解

凡文章都歸屬於一定的語體範疇。語體是適應不同的交際領域目的、對象和方式需要，運用全民語言而形成的言語特點的綜合體。文章屬於書卷語體，書卷語體一般分為應用語體、科學語體、政論語體和文學語體。不同語體的文章具有不同的表情達意的基本方法和特點，應當採取不同的讀解策略。

應用語體是適應公私事務交往需要而運用全民語言所形成的語言特點的綜合體。主要包括公文、新聞等，它是處理實務，解決實際問題，講求實效的語體。這種語體的文章，其性質決定它的語言運用以實用為準則，運用敘述和說明等表達方式，表義直截了當，其中的公文、信函等一般都有一定的格式和習慣用語，而且大都具有法律效力，應當仔細閱讀，深刻領會，閱讀時主要從理性上弄清楚「什麼事、什麼人、什麼時候、什麼地方、什麼樣子、什麼原故」，一般不需要主觀想像，商業經濟文書，如商業調查、總結、合同、信函、請柬等都屬於應用語體，讀解時要注意結合應用語體特點。

科學語體是適應科學研究、普及和應用領域交際的需要而運用全民語言而形成的語言特點的綜合體。科學語體分為兩類。一類是以淺顯易懂的語言解釋、介紹科學知識的，叫做說明科學體；另一類是以專深的術語、嚴密的語言論證科學規律的，叫做專門科學語體。商業實務中主要閱讀反映理論成果的經濟論文和說明科學體文章。如介紹新的科學成果和科學產品的文章，以及技術性較強的商品說明書、鑑定書等。這類文章主要通過定義、分類、詮釋、比較、舉例、舉數字、製圖表以及打比喻等方法詳盡解說有關科學成果或產品的性能、特點、用途等等。商業人員經常通過對這些文章的讀解來獲取對本企業有用的知識、資訊。讀解時，必須弄清楚其用科學語體的各種表述方法所蘊含的內容。

政論語體是適應向群眾宣傳鼓動和政治思想教育的需要而運用全

民語言所形成的語言特點的綜合體。它主要是通過概念、判斷和推理的形式，運用分析、綜合的方法進行說理，具有很強的邏輯性。對政論文章的讀解可以採取抓標題、抓主要語句、關鍵段落等辦法，由幹到枝，由枝到葉，整體把握，層層深入。商業讀解也有政治文章，如黨和國家的政論文，重要社論以及商業評論等，商業工作者特別是領導成員都常讀解政治文章。

　　文學語體是適應文學交際領域的需要而運用全民語言所形成的語言特點的綜合體。文學是以語言文字為工具，形象地反映社會生活的藝術，文學作品都以描寫抒情為主要表達手法，其話語常常是多義的，語義結構多為隱喻的整體。因此讀解文學作品應當採取一些有別於其他文章的讀解方法。例如，要運用形象思維，要充分發揮想像能力，去填補作品所故意留下的空白；結合語境揣摩作品的隱喻意義；要捕捉作品的感情訊息和美學訊息等。商業工作者常常會讀解用文學筆法寫的商業廣告、商業楹聯以及商業報告文學，例如〈 東方輝煌——中國寶安集團成功之謎 〉、〈 飲料王國的報春花：健力寶 〉等。

㈢揣摩辭裏之眞意

　　有聲語言傳遞訊息，有的辭面與辭裏一致，辭面直接表露顯性訊息，有的「辭面子和辭裏子之間……常常有相當的離異」⑧，辭面說的是此，辭裏指的是彼，是潛藏的真意。這兩方面的訊息都要靠理解去發掘。比較而言，辭面的顯性訊息易理解，辭裏潛藏的真意則不容易把握，要特別揣摩發掘。

　　言辭的潛藏訊息的產生依賴於特定的語境，同時也不能脫離特定言語形式而存在，它總是附著在一定的言語形式之上的，雙關、反語、比喻、擬人、婉曲、襯托等修辭方式都是表達潛藏之意常見的形式，聽解、讀解時著眼於語言形式，聯繫具體語境，運用邏輯分析方法是可以把握到辭裏的潛藏之意的。先看鄺健人《公關小姐》中的公關部經理周穎和公關小姐咪咪的對話：

　　　　周穎：「我們都是從香港到內地工作了一年了，你沒得到一

點什麼嗎？

　　咪咪心懷叵測地一笑：「當然，我收穫很大，是從你那裏得來的！」

　　周穎感到談話很難進行下去，她趨起眉頭：「咪咪，雖然我們之間一直無法溝通，但畢竟還是同事，我希望你在酒店工作期間發生過的事情，能成為一種有益的人生體驗。」

　　咪咪：「謝謝你的指教，還有什麼事嗎？」

咪咪說的「收穫很大，是從你那裏得來的」是雙關，承上文聽起來是工作之收穫很大，暗意是從周穎那裏得到了原來是屬於周穎的未婚夫──李志鵬；「謝謝你的指教」是反語，帶有譏諷的意味。下面看報刊上的兩個標題：

　　(1)深圳──永不落幕的廣交會

（《羊城晚報》，1990 年 11 月 20 日）

　　(2)羊城澱粉廠急需「輸血」，誰家可供流動資金？

（《中國金融》，1989 年 2 月 17 日）

例(1)為暗喻，例(2)把澱粉廠比擬為人，「輸血」指的是向澱粉廠供給資金。對於這些用比喻比擬構成的言辭不宜照字面理解，否則就會出錯。

　　口頭表達中的話語潛藏訊息，有時會從語調、口氣和神態中表現出來，聽話時要聽音辨調，並根據對方表情、神態去判斷。某公司總經理在會議上徵求員工對某方案的意見，員工們礙於領導之面，不願直接表露其真意。有人說：「我說呀，這個方案嘛，自然是可以的囉！」整句話用的是曲調，這位總經理聽出了言外之意，便抓住了這一訊息耐心啟發，瞭解了這位員工的真意。有一房地產公司推銷員向顧客提出某幢房子的出售價格時，顧客說：「那怕瓊樓玉宇也沒有什麼了不起！」但是口氣有些猶豫，笑容亦勉強，善聽的推銷員意識到對方嫌貴了，立即轉口說：「在您決定之前，不妨多看幾幢」，經過再看、對比、協商，生意成交了。

　　辭裏潛藏之意的構成手段多種多樣，要聽出真意要有一定的言語

知識和分析能力，注意結合對方的言語形式和言語訊息、語調和神態等方面的情況作出假設，多設想幾個為什麼，分析可能性，然後作出判斷。如果是聽口語表達對情況瞭解得不清楚，可以作試探性發問，以進一步瞭解對方的內心世界。如果是讀解書面作品，遇到難懂之處，可以請問別人或查閱辭書，以求讀懂，不出差錯。

㈣釋讀非自然語言

在商業言語交談中，商業主體的和公眾都會借助非自然語言來表情達意。非自然語言是伴隨有聲語言而出現的輔助工具。伴隨語言的輔助工具主要是體態語，包括表情語、手勢語、體姿語。體態語在口語交往中有獨具的特性和作用。由於種種原因，人們說話有真有假，不易鑒別。而體態語是人體大腦活動的外露和顯示，有時，某些體態語言甚至是無意發出來的人體信號，所以，它不僅能傳遞出一般的訊息，還常常會暴露出作者的內心真實情感。心理學研究表明，一些人出於別的目的而口是心非，是可以從體態語中看出來的。比如，一邊說「時間這麼晚了，吃了飯再走吧」，一邊起身做出送客的手勢；又比如，當別人遞過禮物時，口說拒絕，卻伸手去接……諸多事實表明，體態語言發出的真實信號往往很自然地會否定口語的訊息，因為人的身體是不知道撒謊的。心理學家弗洛伊德說：「凡人皆無法隱藏私情，他的嘴可保持緘默，他的手卻會『多嘴多舌』。」狄德羅也說過：「一個人的心靈的每一個活動都表現在他的臉上，刻劃得很清晰，很明顯。」體態語言是承載和傳遞情感、態度和意向的重要媒介，它不但有傳遞訊息的功用，而且有讓人藉以把握訊息的價值。著名的人類學家霍爾教授告誡人們：「一個成功的交際者不但需要理解他人的有聲語言，更重要的是能夠觀察他人的無聲信號，並且能在不同場合正確使用這種信號。」聽話要注意察顏觀色。商業主體要準確領會和把握說話顧客的真實意向，不僅要全神貫注地恭聽對方說話和認真揣摩話語的潛藏之意，言外之意，而且要洞察和理會講話人的體態語信號。

伴隨書面語的輔助工具主要是字形、圖案、圖畫、圖表、色彩等。這些伴隨語言有負載和傳遞商業訊息的重要作用。例如，上海醫藥公司有一幅推銷東海魚肝油的廣告，廣告中間鑲綴著「東海」兩個大字，畫面是一個正在翻捲的巨浪，巨浪的大小由漸次的四十五組「東海」字樣構成，呈現洶湧澎湃之勢，象徵著東海牌魚肝油的品種之多，產量之豐富。這幅廣告創造性地將自然語言因素與文字形狀、色彩襯托等非自然語言因素巧妙地結合，創意獨特，形式新穎，內蘊豐富，很能引人遐思。可見伴隨語言之重要作用。因而領會商業書面語言也就必須認真釋讀非自然語言，這樣才能準確、全面地捕捉其所蘊含的訊息。

在口頭交際中有些顧客反饋訊息是單用非自然語言的，聽釋時要特別認真觀察其行為舉止，稍有疏忽都不可能領會其反饋出來的真意。一家酒家的公關先生因為某個誤會向客人道歉並加以解釋。開始客戶認真聽著，當公關先生繼續喋喋不休時，聽者摘下了眼鏡。這一動作暗示對方不必再往下說，公關先生毫不領會，仍一個勁地解釋，聽者便不耐煩地交叉起雙臂。這一姿勢是無聲抗議：你為什麼還不閉嘴呢？最後客人拿起茶几上的報紙隨便翻閱起來，這動作已是一道逐客令了。如果那位公關先生不是只顧說而是隨時觀察、體味客人體態語的意義，那道歉、解釋的結果就不至於如此糟糕。可見，聽解無疑是以聽覺為主，但也不排除視覺、觸覺等其他感覺的參與。

非自然語言可以單獨傳遞訊息，但是更多是伴隨自然語言表意。這時非自然語言與自然語言，既有相輔相成的現象，如前面談到的東海魚肝油廣告；也有相逆相忤的現象，如前面談的口是心非的用例。因此，聽讀時如果僅憑自然語言，不注意伴隨語言，有時就無法準確把握表達本意；相反，如果撇開自然語言，只著眼於非自然語言，也不能理解對方傳遞的全部訊息內容。所謂「音容笑貌」就反映了有聲語言與伴隨語言是密切聯繫的，聽解伴隨語言應該結合自然語言進行。下面看鄺健人《公關小姐》中的一個語例：

黃主任：「關鍵的問題是，老虎突然改變生活環境，再加上

春節圍觀的人多，距離又近，萬一受了驚嚇……」

張佩玉：「老虎還這麼膽小？我不相信！動物園天天不也有人圍著看嗎？」

黃主任望了她一眼：「這是不同的。對不起，你們的要求我們實在無法滿足！」站了起來，以示送客。

周穎也笑吟吟地：「黃主任，打擾了，再見。」

周穎看到黃主任「站了起來，以示送客」的動作神態，結合他「對不起，你們的要求我們實在無法滿足」的話意，意識到再談下去，也達不到借老虎的目的，於是自覺告辭，顯得得體識趣。

伴隨語言，尤其是其中的體態語言有時是單一的，更多的則是多種動作表情的複合。表達某一完整意義的多種體態的複合，尼倫伯格・卡萊羅稱之為「姿態族」。對「姿態族」的釋讀要理解每個體態語的含義，更要把握各個部分體態動作融合在一起構成一個群體所傳遞出來的訊息，要避免斷章取義，前後矛盾，對此，心理學家珍・登布列頓在《推銷員如何瞭解顧客的心理》一書中有一個很好的例析：

假如一個顧客的眼睛向下看，而臉轉向旁邊，表示你被拒絕了；如果他的嘴巴是放鬆的，沒有機械式的微笑，下顎向前，他可能會考慮你的提議；假如他注視達幾秒鐘，嘴角乃至鼻子部位帶著淺淺的笑意，笑容放鬆，而且看起來很熱心，這個買賣便做成了。

伴隨語言表意大都具有一定的約定俗成性，其中浸透著民族文化傳統。比如同一體態動作或同一色彩，不同民族可能有不同的意思，同一民族的某一體態語或是同一圖畫在不同語境中也可能表達不同的意思。因此，伴隨語言的釋讀不能忽視表達者的文化背景，也不能脫離具體語境。

註　釋

① 陳原〈社會語言學的興起、生長和發展前景〉，《中國語文》1982 年第 5 期。

② 《毛澤東選集》第二卷，人民出版社 1964 年 6 月版，第 623 頁。

③④ 轉引自黎運漢編《公關語言學》第 156、157 頁，暨南大學出版社 1990 年 12 月版。

⑤ 參見肖沛雄《交際、推銷、談判語言技術 200 題》，中山大學出版社 1993 年 6 月版。

⑥ 王樂夫等《公共關係學》，遼寧人民出版社 1986 年 12 月，第 56 頁。

⑦ 參見黃揚略〈「信息」，「擴張」，「冒險」〉，《人民日報》1984 年 2 月 29 日。

⑧ 陳望道《修辭學發凡》，上海人民教育出版社 1976 年 7 月版。

第五章／商業語言的表達要求和原則

前面說過，商業語言是商業領域的語言運用，語言運用包括表達與理解，而表達是其中起主導作用的因素，第四章〈商業語言與商業語境〉論述了商業語言表達的制約因素，這一章從表達效果角度具體論述商業語言的表達要求及為達到這些要求所應遵循的基本原則。

第一節　清晰性——注重表意效果

表意效果是指發話人利用語詞來表達思想內容的效果，目的在於追求語詞表達思想內容的充分和恰切。商業語言在表達上首先要取得好的表意效果，即詞語準確、明白、簡潔地表達出發話人想要表達的內容，而不能詞不達意，含混模糊，囉嗦冗長。一般來說，好的表意效果應遵循如下一些原則：

一　辨識原則

商業語言首先要做到易於辨識，明白清晰，讓顧客能夠聽清、看清，容易理解。這在口頭表達方面，就是要求做到發音清楚，咬字正確，音量適中，語速快慢恰當。同時還可以適當地運用停頓，以引發對方的注意和思考，也可以運用表情、手勢、身姿等來配合詞語的表達，增強表情傳意的清晰與明白程度，讓顧客能夠清楚地聽明白你的意思。在語種的選擇上，應該使用通用的普通話，讓八方來客都能聽懂。在方言傳統比較深厚的地區，針對當地顧客可以使用本地方言，但切忌對外地顧客使用本地方言，更不能有地域歧視傾向。對於書面商業語言，要求文字醒目、規範，避免使用異體字、地方方言用字、各種不規範的簡寫字及自造字等。如「幺托車修理」、「補肤」使用

了不規範的簡化字，「０魚罐頭」（鮁）是亂替代，「換雪種」、「有豬苗賣」、「羊城旅遊業生猛似馬騮」（活躍得像猴子）使用了地方方言，外地人難以明白。有些還使用了不通行的外語詞或音譯，如「克力架」（餅乾），「芝士」（乳酪）。還有，不能亂起簡稱，不通行的、不能反映原來名稱的基本意義的簡稱很難達到讓顧客瞭解的目的。如「色招由此進」（有色金屬公司招待所）、「基礎職工招待所」，很難讓顧客明白是什麼意思。這些不良用例都影響了顧客對商品與服務的辨認。

商品與商標的命名、標識等同樣要求容易辨認，能夠使自己的商品從眾多的貨品中獨立出來，具有鮮明的個性。故此，命名要求新穎、獨特，不與別的商標與命名產生混淆。如「太陽神」、「健力寶」、「可口可樂」等商標形象獨特鮮明，極易識別。相反，那些仿效的名稱，如「記憶神」、「少林可樂」等則很難獨立而具個性，只能是搭伴生財而已。

二　準確原則

指語詞準確地表達出發話人想要表達的內容，準確表達出商品的特點、性能、形狀等，不容許有錯誤、疏漏、含混的地方。如咳必清、胃舒平、撲爾敏、補腎防喘片、龍膽草片等藥品的命名就能準確揭示藥品的性質、功能、材料等。相反，現在不少商業用語故意求怪、求新，反而弄得意思含混不清，不能準確表達出發話人需要表達的意思。如廣東某電視塔牌油漆，花費鉅資在大街上貼出了不少招牌廣告，廣告除了商標圖案和名稱，就是一句廣告詞「物物『色』用，『色色』相關」，除了逃不脫庸俗的嫌疑外，廣告者想要宣傳什麼，誰也難以準確知道。還有，藥品「利君沙」、「環丙沙星」的「沙」、「沙星」能表明什麼意思也不大清楚。當今對外商業活動非常頻繁，但對外商業宣傳不準確乃至錯誤的現象非常突出，據有關方面的調查，中國大陸對外商品說明翻譯完全沒有錯誤的只占 10%。《社會語用建設論文集》①就收集了不少這方面的例子，如有名的

「冰糖燕窩」在對外介紹中譯成了 Bird's Nest with Rock Sugar，「燕窩」變成了「鳥巢」（Bird's Nest），難怪老外問怎麼能吃。某著名速食麵生產企業，在介紹其「海蟹速食麵」的湯料成分時，見不到「海蟹」，而是出現了令人恐懼的 Toad meat（癩蛤蟆肉）。廣州生產醬油的大企業模仿洋酒「白蘭地 X. O.」，在電視廣告中，說自己生產的醬油是「醬油 X. O.」，本意想說明醬油是最好的，殊不知 X. O. 是 40 年以上陳酒的縮略標記，意思是特別陳舊。如果醬油也陳舊了 40 年，還能吃嗎？某機場的行李寄存處，英文標誌是 BAGGAGE STORAGE，這是中國式的英文，外國人很難知道它是 BAGGAGE-ROOM 或 LEFT-LUGGAGE OFFICE，即行李寄存處[2]。還有，不少商場與商品將中文拼音與英語混用，同樣錯誤突出，如「女人世界購物廣場」寫成了 WOMANS WORLD GOWUGUANGCHANG，英語 WOMAN（婦女）的複數應是 WOMEN，而不是 WOMANS，購物的拼音是 GOUWU，而不是 GOWU，這種混用不倫不類，不可能準確表達商業主的意思。

在商業活動中，因表意不準確而產生的商業損失是非常嚴重的。《新快報》曾登載某公司甲與外地某公司乙簽定了購銷合同，甲方向乙方預付了定金購買某建築材料，後因某種原因，乙方違約取消購銷關係，給甲方造成了損失。甲方向法院狀告乙方，要求按定金多少倍賠償損失。法院判決，由於甲方在合同上將「定金」寫成了「訂金」，是訂購的錢，而不是合同法上規定的起合同保證作用的「定金」，因而乙方只退回甲方的訂金，而不賠償甲方的損失。這就是由於表意不準確而造成商業損失的例子。

三　簡潔原則

表意效果進一步的要求就是簡練。車爾尼雪夫斯基曾說：「藝術性就在於每個字都不僅要用得恰當，而且它還應該是必須的，不可避免的。要儘量少用字，沒有簡練就沒有藝術性。」[3]普希金也說：「精確與簡潔，這是散文的首要美質。」[4]儘管這是就藝術而言的，

但也是商業活動的基本表達要求，累贅與囉嗦不可能具有好的表意效果。在商業表達活動中，簡潔更具有經濟效益上的特殊要求，一是商業活動具有明確的時間限制，必須在盡可能短的時間內，簡明扼要地突出最主要的宣傳內容，如電視廣告、現場表演等都要求簡潔，如中央電視臺的簡短廣告「華豹西服，民族驕傲，男人氣質」、「世界看中國，中國有新科，新科 DVD」、「步步高無線電話，方便千萬家」等就非常簡潔而有宣傳效果。二是空間限制，在有限的空間範圍內，如外包裝說明、招牌、標誌廣告等，宣傳者要非常簡練地突出主要的宣傳內容。例如奇寶商標「趣輕鬆朱古力威化餅乾」的包裝說明：

> 全球餅乾及小食領袖——聯合餅乾集團專致於烘製最優質的餅乾及小食來滿足消費者，產品遍及全球九十多個國家。
>
> 奇寶威化餅乾由獨特秘方精製而成。其口感特別鬆化，口味更是新鮮自然，特別香甜，令你回味無窮。
>
> 中國製造　聯合餅乾集團有限公司特許製造商聯合餅乾（中國）有限公司製造
>
> 中國廣東省深圳市蛇口工業七路
>
> 郵政編碼：518067

這一段有限的文字點明了奇寶系列餅乾的地位及在全球的聲譽，能讓人相信，同時也說明了奇寶威化餅乾獨特的製作及口感特點，引誘消費者嘗試，最後寫明了製造商及聯繫地址。應該說這一小段文字符合產品營銷讓人信服和以效果激發消費者購買欲望的一般原則，因而簡明而又宣傳效果不錯。唯一不足的地方是「中國製造」一句有點多餘，與後面重複。同樣的「奇寶」系列品種「格斯」餅乾，因包裝很小，生產者只用大字渲染「共享好滋味」、「格斯——真正香濃咖啡夾心脆餅乾」，再用小字注明生產日期、廠址及特許經營者等，這份包裝說明同樣簡明而富有宣傳效果。與此相反，囉嗦累贅的商業用語也不在少數。三是宣傳花費的限制。過多容量的宣傳需要花費高昂的費用。中央電視臺的黃金時段廣告一秒鐘可高達上億元。這些都要求商業語用行為遵守簡潔的表達要求。

在面對面的商業交際活動中，簡明扼要地表達發話人的意圖，避免囉嗦，還是形成良好印象，避免對方厭煩，促成生意成交的重要手段。日本推銷之神原一平的成功經驗就是很好的例子，他總結自己的推銷經驗是「打帶跑」的戰術，他與準客戶的談話時間都很短，有時甚至談話進行到一半就走，其目的在於慢慢建立良好的人際關係，他總結五十年的經驗說：「談話時間太長的話，非但耽誤了對其他準客戶的訪問，最糟的是，常引起被訪者的反感。當準客戶發現你嘮叨不停，常會不耐煩地下逐客令：『好吧，我還有很多事情待辦，你請便吧！』雖然同樣是離去，一個主動告辭，給對方留下『有意思』的好印象；另一個被人趕走，給對方留下『囉嗦』的壞印象，差之毫釐，失之千里。」⑤

準確與簡潔是相輔相成的，共同構成為表意效果的核心內容。表意效果是話語活動最基本的效果要求，也是不容易作好的事情。意與辭之間的精微關係常常需要經過艱苦的努力才能貼切地加以表達，正如曹禺所告誡：「複雜微妙之『意』，常常不能一下子用語言捕捉到的。因此一個學習語言的人，要不斷地磨礪他對語言的敏銳的感覺，才能使他比較完美地傳達心中的『意』與『物』，不至於為拙劣或浮華的言辭所累。」⑥

第二節　誘導性——注重交際效果

在良好表意效果的基礎上，商業語用行為還要追求良好的交際效果。交際效果是從直接促使商業交際對象作出發話人所希望的商業反應行為，從而有效實現商業交際目的，完成特定商業任務的角度來提的，它進入了雙向的動態交際領域。交際效果是商業語用行為追求的核心，也是實現商業交易目的的關鍵。交際效果最根本的內容就是要通過商業語用行為促使受話對象接受商業人員的宣傳，並按商業人員的意圖採取實際的行動。因而它在策略實施上帶有明確的勸說與誘導性質。商業語用行為的交際效果包括兩部分內容，即促使受話人合理

理解商業人員的話語與意圖的效果和促使受話人採取商業人員所希望的實際行動的效果。

　　促使受話人對商業人員的話語與意圖進行恰當的理解是交際效果的一項重要內容，也是促使受話人進一步採取行為的前提。為了引導受話人充分理解自己話語的含義，正確把握自己的交際用意，商業人員必須善於調控自己的話語行為，善於針對受話人的狀況來調整語詞表達的策略。現在，報上經常不加解釋地使用「IT 產業」、「PC機」等名詞，不懂外文或對電腦瞭解不多的讀者是不容易弄懂這些詞的意思的。很多娛樂場所，打上「MTV室」、「DJ室」等招牌，不經常光顧娛樂場所的人大概能弄清楚它們意思的也不多。還有方言區的人對外地人使用自己的方言，也不容易讓受話人明白。這些都妨礙了受話人的有效理解，需要商業人員有意識地進行調節。同時要保證受話人充分理解發話人的話語，商業人員需要充分利用語境與語詞之間的相輔相生關係，發揮語境訊息的交際參與作用，讓語境訊息來幫助受話人進行理解。如視聽廣告就經常利用背景畫面等來幫助受話人對廣告宣傳詞進行瞭解，「紅牛」飲料廣告詞「汽車要加油，我要喝紅牛」也是用上文來幫助受話人理解紅牛增強體力的含義。

　　採取實際行動，就是要求受話人接受和信服商業人員宣傳的內容，並積極作出實在的行動，這是交際效果的中心內容，全部商業語用活動，其最終目的的實現都要體現在受話人作出的實際行動反應之上。為了達到促使顧客採取行動，商業人員應在說服啟迪、情緒感染、審美享受等方面進行誘導，力圖驅使受話人採取商業人員所希望的行動。為此，在策略運用上，需要遵循如下一些基本的原則：

一　調控原則

　　調控原則是一條帶全局性指導意義的語用原則。商業語用行為應根據商業活動的目的、可利用的條件等因素主動控制交際進行的過程，使商業交際活動朝向營銷人員所希望的方面發展，逐步達到商業交際的目的。其調控的過程可以大致模式化如下：

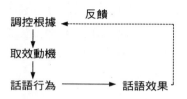

這種控效模式是順向調控和逆向要求的統一。其因素有：

調控根據：即制導話語調控活動的前提和依據，它包括交際者特點、語境成分以及預期的商業交際目的等。商業人員和受話人各自的特點、心理狀態、需求動機以及相互關係等給話語調控活動提供了運作的依據和制約。語境，包括社會環境、交際情景、百科知識、上下文及傳播的渠道等，同樣是語用調控的前提和所賴以運作的根據。預期商業目標指引著調控進行的方向。另外，效果反饋訊息也是調控的一個參考依據，尤其是在連續的言語交際活動中。這些因素共同導致直接制約話語行為的話語取效動機的形成。

取效動機：即直接調控和制約具體話語行為的表達動機，取效動機隨交際的需要而形成，依需要和反饋訊息而調整，直接指導著話語表達行為。

話語行為：是商業調控活動的話語實施，它以各種具體的話語策略來促使商業交際目的的順利實現，其調控的方面包括意圖內容的理想發出和成功實現這一意圖的策略驅使力的恰當激發，其途徑包括以語言為中心的話語手段的綜合運用和意圖內容的針對性調節。

話語效果：它是調控活動所追求的目標和最終的效果體現，同時又給發話人提供連續控效的反饋訊息。話語效果包括表意效果、交際效果與社會效果。

商業語用行為調控的實施，第一要遵循促效性原則，即話語調控要力圖促使受話人接受商業人員的宣傳，並採取商業人員所希望的行動。第二要遵循最優化原則，也就是要以最經濟快捷的手段取得最大的效果，衡量的標準是商業人員的話語付出與所獲得的話語效果的比

率，它以求得最大的話語效果為宗旨，以商業人員的付出為參考。

有則原一平推銷的例子就能說明根據目的與反饋訊息進行交際調控的重要。有次原一平去向一位剛正而固執的退役軍人Ｄ推銷保險，這位軍人做事方方正正，乾乾脆脆，根據此種特點，原一平確定了單刀直入的推銷策略：

　　我開門見山、直截了當對他說：「保險是必需品，人人不可缺少。」

　　Ｄ先生斬釘截鐵地回答我：「年輕人當然需要保險，我不但老了，又沒有子女，所以不需要保險。」

　　我立即頂回去說：「您的這種觀念有偏差，就是因為您沒有子女，我才熱心地勸您參加保險。」

　　Ｄ先生楞住了。他沈吟一會兒說：「道理何在呢？」

　　我停頓了一會兒。（這時候的「停頓」很重要，必須配合Ｄ先生原先的沈吟的節奏，使兩人的節奏合二為一。）

　　「沒有什麼特別的理由。」

　　我的答覆出乎Ｄ先生意料之外，他露出詫異的神情。（換言之，我的一句意料之外的話，使Ｄ先生感興趣了。）

　　「哼！要是你能說出一套令我信服的理由，我就投保。」

　　他此時的神態，一副擊敗敵人獲得勝利的模樣，真是標準的軍人脾氣。

　　我故意壓低音調說：「我常聽說，為人妻者，沒有兒女承歡膝下，乃人生最寂寞之事了。（舉這種例子，必須說成是第三者的話，以免有強迫的味道。）可是，（我逐漸提高聲音）單單責怪妻子不能生育，這是不公平的。既然是夫妻（我提高聲音），理應由兩個人一起負責。所以，當丈夫的，應當好好安慰妻子的寂寞才對。」

　　說到這裏，我故意停頓一下，看看Ｄ先生的反應，他沈默不語。

　　我接著說：「如果有兒女的話，即使丈夫去世，兒女還能安

慰傷心的母親，並負起撫養的責任。一個沒有兒女的婦人（我降低聲音），一旦丈夫去世，留給她的恐怕只有不安與憂愁吧！您剛剛說沒有子女所以不用投保，如果您有個萬一，請問尊夫人要怎樣辦呢！（說話速度加快）您贊成年輕人投保，其實年輕的寡婦還有再嫁的機會，（加強語氣）您的情形就不同嘍！」

我希望最後一段話能加深他的印象，所以我故意又停頓了一會兒。

最後，我以平靜的口吻說：「到時候，尊夫人就只能靠撫恤金過活了。但是撫恤金夠用嗎？（說話速度加快）一旦搬出公家的宿舍，無論另購新屋或租房子，都需要一大筆錢呀！以您的身分，總不能讓她住在陋巷裏吧！我認為最起碼您應該為她準備一筆買房子的錢呀！（停頓了一會）這就是我熱心勸您投保的理由。」

滿懷熱誠地把最後一段話一口氣說完之後，我突然打住。有魅力的聲音就是高低、快慢、停頓、神情、誠懇等方面密切配合的產物。

D 先生默不作聲，我也靜靜等待著。

隔了有一會，D 先生點頭說：「你講得有道理，好！我投保。」⑦

這一段話從最初策略的決定，激發軍人興趣的反駁，中間對方眼神、沈吟、保證等反饋訊息的把握以及語氣、停頓等的多次調節，交際進程控制得非常好，推銷任務得以成功完成。

二　迎合原則

俗話說「射箭要看靶子」、「到什麼山唱什麼歌」，商業語用行為是一種社會人際行為，要提高交際效果，就需要迎合不同類型的受話人及其不同的心理要求，做到語言因人而宜，因環境而宜，因受話人的需要與心理傾向而宜，這樣才能打動受話人的心，才能讓受話人作出積極的行動反應。

首先，商業語用行為必須善於迎合與利用商業交際對象的特點，如對象的身分地位、情緒狀態、需求動機以及與商業人員的關係等等，抑制不適應受話人狀態的因素，制定和運用最能切合受話人特點、最能打動受話人心理的針對性話語策略，以促使受話人與商業人員合作。

　　商業交際對象的身分、地位是商業活動需要迎合的重要方面。商業交際對象對自己的身分地位非常看重，尤其是社會地位比較高的人，如果商業交際者忽視了交際對象的這種身分要求，會損傷交際對象的感情，造成不良的後果。如1989年布希總統訪問中國大陸前夕，美國某外交官夫人在大陸期間發現某葡萄酒廠新生產的一種葡萄酒口感很好，適合歐美人的口味，該外交官夫人有中國血統，很想幫助這家與她有老鄉關係的酒廠打出名氣，讓家鄉富裕。於是她建議將該酒拿到布希總統訪華的國宴上去，讓各國使節、來賓、記者感受一下佳釀的風采，為它進入國際市場打開大門。然而該廠家既滿口答應，又提出要外交官夫人先付二千美元。外交官夫人只好說回去反映一下再定，其結果上國宴的是另一家酒廠的「長城乾白葡萄酒」。我們不知道其反映的細節，但是對一位頗具身分的外交官夫人提此要求，顯然是有損對方的身分的⑧。 相反，不少成功的商業活動卻能有效地利用商業交際對象的身分要求大做文章，如鳳冠轎車、金利來的宣傳，精品屋的標示等都是有效的例子。

　　交際對象的心理也是商業交際活動需要迎合的內容。社會心理學的研究表明，人對於與自己相似的對象具有趨近和喜好的表現。發話人可以利用這一心理傾向在所有可能的方面與受話人趨同，以贏得受話人的認同和親近，從而拉近雙方之間的心理距離，為商業活動的順利進行創造條件。例如，人們具有明顯的團體意識和集團歸屬傾向，對與自己具有相同團體特徵的人表現出心理上的接受和認同。發話人在商業活動中可以有意探詢受話人的團體身分，並表現出與受話人相近或相同的團體特徵，如老鄉關係，親朋關係，團體組織關係等，達到拉近雙方心理距離的目的，增加親近感情。

還有，商業交際對象的心理期待會極大地影響交際對象對商業人員的評價和對待商業人員商業推銷與服務等的態度。Lind 和 O'Barr 的研究就表明，在法庭中聽話人對不同證人該如何與律師對話的期待，大大影響到他們對證人行為的印象和判斷。因此，在商業交際活動中，商業人員要善於發現交際對象的期待要求，盡可能滿足他們的期望，以促使他們認同並接受營銷人員的要求。商業交際對象對商業人員的期待，在不同的環境中及在不同的心境下具有不同的內容，但也有一些一般的要求，如真誠期待，即要求商業人員的介紹與宣傳等要誠實，以及尊重期待、利益期待等等，商業人員應滿足顧客在這些方面的期待。

對商業交際對象期待的迎合可以是順向的誘導，即順向引導、強化受話人的心理趨向，使其維持並增強現有的心理興趣和注意力而不至於分心和中途放棄，從而達到使其作出或堅持發話人所希望行動的目的。如：「再買，再買，加一萬。看，看，你喜歡的紅馬快衝到了前頭，一定會贏。」「這種品牌性能優良，您眼光真準確，而且非常符合您的需要，值得買。」商業人員強化受話人的青睞心理，增強其信心，從而能迅速作出商業人員所希望的行動。

有時，商業人員對交際對象心理的利用，不止表現在被動迎合與滿足交際對象的心理要求上，有時候還可以反向引導和改變交際對象的心理趨求，使其心理趨求朝向商業人員所希望的方向發展，從而順理成章地作出商業人員所希望的行動，完成商業交際的目的。如利用受話人的忌諱心理或逆反心理，通過話語策略轉移受話人的心理趨求，使其改變目前的行為或態度，以轉而接受商業人員的要求。

迎合商業交際對象的實際需要，給交際對象提供切實的幫助，也是促成商業活動成功進行的有效手段。推銷之神原一平就說：「如果你的知識很豐富，你就能以準客戶關心的話題與他交談。如果你能提供新知識與消息給對方，雙方即能迅速建立起親密的關係。」⑨有次，原一平從朋友那裏得知I電器公司的總經理要繼承父親的遺產，正為對遺產稅不懂而煩惱，於是原一平潛心瞭解了與遺產稅有關的問

題，之後，他打電話與該總經理接觸：

「我是 I，請問您是……」

「I 總經理您好，我是明治保險公司的原一平，今天冒昧地打電話給您，是因為我聽說您正熱心研究遺產稅的問題，剛好，我對遺產稅這個問題下過一番功夫，所以很想跟您研究研究。」

「不錯，我對遺產稅的問題很有興趣，不過，你是聽誰說的啊？」

I 總經理的聲音充滿驚異。

「我是從貴公司的客戶 G 先生那邊聽來的。」

「G 先生？」

I 總經理似乎在想 G 先生是哪一位客戶。

其實我根本不知道 G 先生是不是 I 公司的客戶，我是一時胡謅的。不過，實在顧不了那麼多了，目前最重要的是言歸正傳——遺產稅問題。

「請教 I 總經理，您是否研究過憲法廿九條所規定的財產權問題，與民法第五篇的繼承問題呢？」

「這些法律問題我是外行。」

「法律方面的問題相當複雜，一般都沒有時間去研究，不過若不先搞通這些基本法令的話，常會有意想不到的損失，所以要格外小心才是。」

說到這裏，我停了下來，等待對方的反應。

「唔！您說得很有道理。」

聽 I 先生的口氣，已對我的談話產生濃厚的興趣，我只要再來順水推舟地推一下那就行了。

「所以我想跟您討論這些基本法令的問題，進而研究與此有關的遺產稅的問題，不知您是否願與我見一面呢？」

「關於遺產稅的問題，我也下了一點功夫，不過約個時間聽聽您的高見也好。」

就這麼一言為定，趁 I 總經理未改變主意之前，趕緊約定見

面的時間。

　　我不卑不亢地説：「我一定遵命拜訪，不過我的約會也很多，無法立刻去拜訪您。我想請教一下，下一個星期或下下個星期，不知您哪一天方便呢？」

　　「唔……下星期五好嗎？」

　　「幾點鐘呢？」

　　「上午九點到十點之間」

　　「好！我一定準時前往，謝謝！」⑩

這裏就是用對方感興趣、有需要的事情去設法與對方接近，並努力使對方對自己形成好感，為商業交際活動奠定基礎。

　　商業交際活動還可以迎合受話對象的話語方式與風格。在商業活動中，商業人員有意改變自己原來的語言習慣與風格，而與顧客的語言習慣與風格趨同，包括語種與方言的選用、語流速度的調整、話語風格的改變等等，以獲得受話對象的認同。如對小朋友採用與兒童特點相類似的活潑、生動的言語風格：「小朋友，看看啥？瞧，這洋娃娃好漂亮。」對老人家用尊重體諒的莊重風格：「老人家，您要拿些什麼，我幫您拿。」這些不同的話語方式適合了不同對象的特點。

　　其次，商業語用行為必須順應和利用商業交際對象所屬的社會文化習慣。不同的民族和地區具有不同的社會文化習慣，如風俗禁忌、民族喜好、人際規範等等。例如漢族人尊長，西方人忌老；東方人崇尚貶己自謙，西方文化卻樂意接受讚賞；等等。同樣，不同的時代也有不同的忌諱和好尚。商業語用行為就必須充分迎合交際對象所屬的社會文化習慣，善於調動其社會文化的習慣力量來引導交際對象作出相應的反應行為。相反，如果商業人員的話語觸犯了商業交際對象的社會文化習慣，就不可能取得好的交際效果。

三　勸說原則

　　商業語用行為帶有鮮明的勸說特徵，需要商業人員利用各種手段辯說明理，勸導受話人接受商業人員的觀點，採納商業人員的建議。

其中，對利害關係的闡明是勸說的關鍵。

對利益的趨求和對利害關係的考慮，是受話人是否願意與商業人員合作的重要因素。商業人員採取商業策略，進行商業交際活動就是要善於調節與利用各種利益與利害關係，言明並強化採納商業人員商業要求對受話人的有利程度和不採納的有害程度，以促使受話人積極採取行動。這種利害關係的考慮包括進行該商業交易行為所造成的物質利益、面子榮譽的損益及人情關係的好壞等等。其勸導方法有：

1. **利害陳述**。商業人員根據各種利害關係，引申分析受話人採取發話人所要求商業行為所產生的好處和不執行該行為所導致的後果，強化利益關係，從而引導受話人接受自己的要求。很自然地，這種利害陳述包括正面的利益陳述和反面的後果揭示。正面的利益陳述即正向闡明該商業行為對受話人帶來的好處，包括辨析說理和舉例證明等。如日產汽車公司推銷冠軍奧城良治先生，曾經為賣出一輛汽車列出購買汽車的四項好處：(1)深夜若孩子突然生病，可以爭取時間送醫院，而求助於救護車，則往往不能按時到達；(2)孩子總是羨慕鄰居的新車，自己買車可以看到孩子眼睛發亮的高興表情；(3)下一個暑假，您全家都可以享受開車兜風的樂趣；(4)可以開車到××超級市場去買東西，那裏的商品種類繁多而且新鮮，價格又便宜，每個月的家庭開支會減少很多，而此地區購物很不方便⑪。這就是辨析說明購車行為產生的好處。反面的後果揭示，就是反向揭示不執行發話人要求所產生的後果，及受話人堅持原行為的害處，從而從不良後果上說服受話人接受發話人的合理要求。例如某顧客到商店挑熱水器，看中了不帶排氣管的直排式型號，售貨員詢問了顧客的情況後，告訴顧客：由於顧客只能將熱水器直接裝在浴室，因而不能圖好看和省事，而應該選擇平衡式或烟道式熱水器，否則熱水器燃燒形成的廢氣排不出室外，容易產生意外。闡明了利害關係，顧客接受了售貨員的建議。

2. **借他人之力**。商業人員說服力量不夠時，借助與受話人有利害關係或比受話人權勢更高的人 B 的力量，來促使受話人採取商業人員所要求的行動。因為根據人情關係、道義準則和利益考慮，受話

人不執行商業人員的要求，將會得罪B，從而促使其採取行動。這樣商業人員就借助了 B 的力量，補充了自己力量的不足。這種借人之力的策略在某些非常的情況下，也是商業活動需要採取的語用策略之一。借助他人之力可以採用如下一些方式：(1)發話人聲明自己與B具有某種密切的關係，從而暗中給受話人施加壓力。(2)發話人直接借用B 的名義，引用 B 要求受話人執行商業要求的話語，或者闡明 B 對待該要求所持的態度，從而促使受話人作出行動。這類話語可真可假。其話語模式可以是：B 要我告訴你⋯⋯／ B 叫你⋯⋯／ B 認為你最好⋯⋯／ B 請你⋯⋯等等。(3)直接指明受話人不執行被要求的行動，B可能會作出的反應，以促使受話人執行發話人的要求。話語模式可以是：你不作 A 行動，B 會怎樣想呢／ B 會不高興的／ B 要生氣的／ B 會制裁你的／⋯⋯等等。如：「這項招資業務曾請示過朱副市長，他同意照此辦理。」這裏借市長的名義施加了壓力。

四　禮貌原則

講求禮貌，注重禮儀是中華民族悠久的歷史傳統。商業交際行為應貫徹禮貌原則，和諧與商業對象的人際關係，從而為商業交際行為的進行創造良好的人際關係條件。語用學家利奇（1983）在論述語用交際行為時，曾提出了著名的禮貌原則，其要求是：

得體準則(Tact Maxim)：減少表達有損他人的觀點

(1)儘量少讓別人吃虧；

(2)儘量多使別人得益。

慷慨準則(Generosity Maxim)

(1)儘量少使自己得益；

(2)儘量多使自己吃虧。

讚譽準則(Approbation Maxim)

(1)儘量少貶低別人；

(2)儘量多讚譽別人。

謙遜準則(Modesty Maxim)

(1)儘量少讚譽自己；

(2)儘量多貶低自己。

一致準則(Agreement Maxim)

(1)儘量減少雙方的分歧；

(2)儘量增加雙方的一致。

同情準則(Sympathy Maxim)

(1)儘量減少雙方的反感；

(2)儘量增加雙方的同情。

根據漢文化的實際，我們可以將得體準則與慷慨準則改造成一條準則，即抑己利人的予取準則：

給予方面：

(1)儘量增加自己對他人的付出。

(2)儘量誇大他人對自己的恩德。

獲取方面：

(3)儘量減少他人對自己的付出。

(4)儘量說小自己對他人的功勞。

予取準則的實質就是要求在利益方面多予少取，即對他人多在物質與精神利益上多給予，而自己則儘量少佔有。予取準則適用於予取雙方之間，但不一定只限於交際當事人，也可以包括其利益代表人及利益相關人。予取準則的四個方面可以單獨使用，也可以兩兩配對使用，它們都是禮貌的。如「您歇著，我來處理這些合同」，為(1)和(3)的合用；「您快歇著，太辛苦您了」，為(3)和(2)的合用；「我來我來，這點小事算不了什麼」，為(1)和(4)的配用；「這樁生意能成功是您的功勞大，我做得太少了」，為(2)和(4)的配用。

利奇的讚揚準則與謙遜準則也可以合併成漢語的一個準則，即褒人貶己的評譽準則，其內容是：

(1)儘量褒揚他人。

(2)儘量貶抑自己。

褒人貶己是一條很有中國特色的禮貌準則，適用於對雙方當事人的才

德、能力、財産及佔有物等的評譽。這兩個方面同樣既可以單用，如用(1)來讚譽別人「你水平真高」、「呵，產品漂亮極了」；用(2)來談論自己或回應別人的評譽，如當人家讚美自己時，說話人總是自謙「做得不好」、「難看死了」等。同時也可以二者配用，如當人家讚你「呵，今年收成不錯喲」，可以回應「你家的收成才好呢，咱的不行」或「哪裏哪裏，你的更好」等。

予取準則和評譽準則可以廣泛地運用於商業交際領域，增加發話人話語的禮貌程度。但是要注意，在進行商業交易的時候，發話人不能貶低自己的產品及服務，因為這時著重的是實際的商業評價和對外宣傳，不是在講究雙方的禮貌程度。

除此之外，在商業語用行為中，還可以利用尊抬、熱情等方式來表達禮貌，和諧人際關係。

尊抬是漢語中很重要的一種禮貌手段，其內含是抬高對方，重視對方，使其得到被人尊重的滿足，從而認同和願意接受商業人員的要求。具體方面包括：

1. **使用敬語**，以抬高受話人的身分和地位。這種敬抬可參考三種標準，一是民族社會所普遍認可的尊重標準，如將對方尊稱為先生、您等。二是相對於受話人自身的實際情況來說更加尊貴的話語，如將副局長、副經理等尊稱為局長、經理等。三是將受話人的地位身分抬高在發話人之上，顯示出對受話人的尊重，如稱同年齡的人為大哥，同等身分的人為老師等。三種標準有時可獨立起作用，但經常是相互影響的。

2. **徵詢商量**。徵詢商量能夠尊重受話人的意見和願望，減少對受話人的指使和強迫程度，從而體現對受話人的尊重。這種徵詢商量可以通過兩種方式來實現，一是採用詢問方式，詢問受話人執行要求的意願、可能性條件等，從而避免使用直接的祈使或命令。如售貨員對顧客可以說：「您要不要幫忙？」「您想看些什麼？」而不宜使用直接的祈使「快買」、「買什麼，快說」、「不買就走」等。二是提供條件或選擇來徵詢受話人的意見。如：「如果你有時間，就今天過

來簽單。」

熱情是漢文化禮貌的又一重要內容，也是發話人有效實現商業交際目的的手段。中華民族性格內向，重內心體悟，要求別人主動表現出對自己的熱情和關懷，並從對方對自己的態度中去感受對方對自己的友好和尊重程度。因而友好的強加和關懷在中國文化中並不威脅到受話人的面子，也不侵犯受話人的隱私，而是一種熱情和友好的表現。相反，不主動招呼、隨便與冷淡，反而有損禮貌。在商業交際活動中，熱情可以體現在如下方面：

1. **主動寒暄**。寒暄是中國人正式進行商業活動之前的感情融通和氣氛和諧的手段。在交際雙方剛接觸之時，中國人習慣於先聊一些無關的事情，如問候對方，敘舊，關心對方的狀況及感興趣的事情等等，溝通雙方的感情，然後才切入正題，順理成章地提出商業要求。同時在商業交際活動中，還可以通過寒暄瞭解對方的心態，探討對方執行自己要求的可能程度等。這樣，既顯示了對對方的關心和熱情，又為商業活動的進行奠定了基礎。推銷大師原一平就深有感觸地總結說：「寒暄是建立人際關係的基石，也是向對方表示關懷的一種行動。」⑫寒暄不能太平淡，而需要在寒暄之中表明你對受話人的關懷與讚美，這樣就可以迅速拉近雙方的距離，融洽氣氛。如：「早安，原老弟，瞧你滿臉紅光，氣色真不錯啊」，比單純的「早安」效果要好，因為前者採取的是積極關懷的語句，充滿熱情。美國新澤西州強森公司的業務代表愛德華‧西凱的親身經歷就充分說明了熱情寒暄的商業作用。他說：有次他去拜訪強森公司的一個客戶，先和賣冷飲的店員談了幾分鐘，然後再去和店主談訂單的事。可是店主卻叫西凱不要煩他，他不想再買強森公司的產品了。因為他覺得強森公司把活動集中在食品和折扣商店，而對他們這種小雜貨店造成了傷害。西凱走了出來，在城裏逛了幾個小時，決定再回去，至少要跟店主解釋一下自己的立場。回到店裏，西凱像平常一樣跟賣冷飲的和其他人都打了招呼，然後向店主走去，店主向他微笑並歡迎他回來，還給了西凱比平常多兩倍的訂單。西凱不解地問店主剛走的幾小時裏發生了什麼

事，店主指著冷飲機旁的一位年輕人說：你走了之後，這位年輕人說很少有推銷員像你這樣到店裏來還費事地跟自己和其他人打招呼的，並跟我說，假如有人值得我與他做生意的話，那就是你了。我覺得也對，就繼續做你的主顧⑬。這次訂單續簽的重要原因，就是西凱熱情地同店裏的人打招呼，得到了別人的喜歡。

2. **積極反應**。商業活動中要對所有與交際對象有關的事情積極作出反應，包括想對方之所想，積極為對方排憂解難，主動為對方服務等，同時還要求言辭語氣以及面部表情等和善熱情。如：「先生，請先坐一會，我替你包裝好再拿走，以免路上不小心碰壞了。」「歡迎光臨！」發話人的行為充滿了熱情，交際效果自然會好。還有，就是要求真誠而熱情地對對方的談話作出回應。卡耐基就說：「成功的商業性交談，並沒有什麼神秘……專心地注意那個對你說話的人，是非常重要的。再沒有比這麼做更具恭維效果了。」⑭專心真誠地聽，並積極作出肯定、讚許的反應是表達禮貌和獲得好感的重要手段。卡耐基就在《人性的弱點》中記述了一個具有說服力的例子：亨利達·道格拉斯太太是芝加哥某百貨公司的老主顧。有次她在特價時買了件大衣，帶回家，卻發現襯裏破了。隔天，她拿回去換。店員連聽都不聽她的埋怨。「你是在特價期買的，」她指著牆上的標語說：「念念看！『所有貨品都是最後一批』。你買了，你只有留著啦。回去自己縫縫襯裏吧！」「但是這是有瑕疵的商品啊！」道格拉斯太太埋怨地說。「都一樣，」店員把她的話打斷了，「最後一批就是最後一批。」道格拉斯太太氣憤地走出去，發誓再也不進這家店門了。這時剛好經理跟她打了招呼。他認識她，也知道多年來她一直是好主顧。道格拉斯太太告訴他事情的原委。經理很專心地聽完了事情的經過，看了看大衣，然後解釋說：「特價出售的都是最後一批貨了，我們都是在每一季的最後，處理掉這些商品。但這個『概不退換』並不適用於有瑕疵的商品。我們會幫你縫好或拆換襯裏，或者，你假如不要了，我們可以退錢給你。」⑮相同的事情，店員聽人解釋的起碼禮貌都沒有，更談不上熱情反應。相反，經理卻能專心而熱情地聽顧客抱

怨，並積極採取改進的行動，主動替顧客考慮。可見，是否熱情有禮，所造成的商業交際後果是不同的。

殷勤是中國式熱情的又一特點，對於提供等言語行為，發話人應殷勤勸敬，以示自己的誠懇和對受話人的熱情。其方式可以有反覆敬勸，如：「吃，請吃，多吃一點！」發話人還可以預設自己知道受話人的興趣、嗜好、需要或贊同等等，並以此來敬勸受話人，增加熱情程度。如：「我知道你酒量好，再來一杯！」另外，發話人還可以主動介紹被提供物品或事物的特點和長處，以讓受話人感受到自己的真誠和熱情。但要注意，殷勤敬勸是針對那些對受話人有利的事情來進行的。殷勤的作用在於增加熱情禮貌程度與營造良好的商業活動氣氛。

第三節　導向性──注重社會效果

商業語言應具有正面的導向作用，講求語用行為的社會效果。所謂社會效果是指商業語用行為在追求良好交際效果的同時所產生的社會影響與效益。商業語用行為在本質上來說是一種社會行為，是社會生活的重要組成方面，帶有公眾影響性，因而它不能只是個人的好尚與功利目的，還必須遵循普遍的社會規範與禮儀準則，以營造良好的社會環境與風氣、追求積極的社會效益為己任，能對社會的語用行為起到積極的導向作用。商業語用行為社會效果的衡量要以符合特定民族社會的行為規範、文化好尚、審美趣求、特定時代的精神要求以及語言規則為準繩，在效果追求上應遵循非抵觸性、規範性、導向性等要求。非抵觸性，指話語行為不與普遍的社會用語要求相抵觸，避免產生負面的社會影響，這是所有話語行為最起碼要遵循的社會性要求。規範性，指話語行為能提供普遍的用語規則。導向性，是指話語行為能產生正面的導向作用，這是話語行為較高水準的社會性要求。

講求社會效果是語用行為的一項本質內容，也是漢民族言語活動的優良傳統。如韓非子就說：「好辯說而不求其用，濫於文麗而不顧

其功者，可亡也。」⑯劉向也言：「夫辭者乃所以尊君重身，安國全性者也，故辭不可不修，說不可不善。」⑰強調「修辭立其誠」。商業語用行為社會效果的追求應著力遵循以下原則：

一　宏揚正氣原則

商業語用行為涉及到社會生活的方方面面，也是與社會聯繫最密切的語文活動，它必須以宏揚民族與時代的正氣，樹立良好的社會精神風貌和價值追求為己任，為社會語用的健康發展作出貢獻。正氣的宏揚表現在愛國精神和時代潮流的倡導上。

維護與培養民族的愛國感情，激發民族自尊，是商業語用行為要倡導的重要內容。民族感情是一個民族在長期的歷史發展過程中形成的穩定情感，是一個民族自強不息的內在動力，包括愛國熱情、民族自尊以及對民族文化與傳統的尊崇等等。強烈的民族情感是一個民族健康發展的積極表現。語用行為應該維護、弘揚這種民族感情與民族精神，而不能污辱、泯滅與詆毀這種感情。尤其是在目前，西方科技與經濟力量強於中國，改革開放，西方先進的科技與管理經驗進入中國，其文化觀念與各種不良傾向也隨之湧進，國內崇洋仿洋心理大有市場。在這種特定的歷史條件下，維護民族精神，弘揚民族氣節，激發愛國熱情是極為必要的。語用行為應該以弘揚民族精神為正向要求。在這方面，惠州王牌彩電的宣傳詞就具有較好的社會效果：「完全在市場中摸爬滾打成長起來的民族工業」，提出以「振興民族工業」、「創中國名牌，揚國人之威」為追求。熊貓公司拒絕外國公司合資換洋名的要求，提出「要立民族志氣，創國際名牌」、「振興民族工業，樹立國產精品形象」，這些都具有正面的社會效果。相反，當前不少社會用語行為卻有損公眾的民族情感，產生了不良的負面效應。如廣東人民廣播電臺曾熱線討論的深圳某工廠生產的「大和」、「武藏」號玩具軍艦，上書「第二次世界大戰中不可戰勝的戰艦」，命名與宣傳都充滿了日本軍國主義色彩，有損民族感情。在青海，某酒樓公然打出「滿洲大酒樓」的名號，起用殖民時代的偽滿稱呼，也

是與民族愛國感情格格不入的。還有天津兩公司取名為「共榮公司」、「共存公司」，與日本侵華所打出的口號一致，也為公眾所不容。除了這些典型的不良用例，那些隨處可見的仿洋名稱，如帝國大廈、曼哈頓廣場、杜魯門攝影宮、蒙地卡羅山莊（蒙地卡羅為世界著名賭城）等，也是有悖民族情感的。地道的中國事物，出現在中國的土地上，卻要以洋名為榮，以洋名為尊，應該予以取締。

　　把握時代要求，弘揚時代精神，是商業語用行為正氣追求的又一重要內容。每個時代都有它特定的時代要求與時代精神，語用行為應與時代的要求相應合，弘揚時代的主旋律。當今中國社會呼籲的是民主、平等、進步，反對舊時代的特權等級與剝削制度，這是時代的進步。然而當今不少商業用語卻有違這種時代的要求。舊有的特權崇拜、紙醉金迷的奢侈享樂思想沈渣泛起，並爭相作為招攬顧客的刺激手段。於是帝王皇族大行其道，如皇朝食府、皇太子酒家、海霸皇、海珠地皇等層出不窮。與之相配的后、妃、公主也被拉來點綴門面，如貴妃浴液、公主影樓、歌壇皇后、蘭貴人等不勝枚舉。還有帝皇們奢靡享受的宮廷御製也真真假假地拿來捧場，如什麼宮廷酒、宮廷糕點、宮廷秘製等，花樣不少。鳳凰衛視臺〈鳳凰早班車〉節目 1999 年 11 月 26 日報導臺灣某公司推銷德國電暖爐，其宣傳海報用的是希特勒的頭像，並打出大字「向寒流宣戰」。海報貼出後，引起了世界的關注與不滿，該公司惟有撤掉海報。這種作法也是違背世界歷史潮流的。

　　奮發圖強，為國家富強建功立業，也是時代精神的主流，鼓勵拼搏，激發上進應是語用社會效果的正向要求，社會語用行為應把握這一原則。如用語「『把握機遇，迎接挑戰』，奔騰是您的選擇」，「過去我們用拳頭打天下，如今我兒子要以『小霸王』打天下」，具有一種奮發向上的精神，不失為好的語用行為。然而有些用語卻違背了這種時代要求，倡導消極頹廢的情調，沈迷於醉生夢死的生活，《中國青年報》曾登載青海「滿洲大酒樓」楹聯云「東不管西不管酒樓，興也罷衰也罷喝吧」，處世消極，受到了廣泛的批評。

二 誠信不欺原則

　　倡導誠信不欺的用語原則，是商業語用行為遵循社會道德規範和維護其商業職業道德的重要要求。「修辭立其誠」，誠信本來是漢民族用語的根本原則，是中華民族的傳統美德。倡導誠信的用語作風是社會和諧、事業健康發展的客觀需要。如果語用行為失盡誠信，惡意欺詐，則不僅失去了為人立身的根本，而且坑人害良，會造成惡劣的社會影響。因此良好的語用行為極為重視語言的誠信真實，給人以信賴與好感。如有則醫藥廣播廣告針對當前醫藥宣傳的不實寫道：「請不要相信根治糖尿病的神藥，本品只對糖尿病起到抑制與緩解作用」，真實可信。某小磨芝麻油現場宣傳：顧客，請檢驗我的小磨芝麻油。芝麻油裏若摻豬油，加熱後就發白；摻棉油，加熱會溢鍋；摻菜子油，顏色發青；摻冬瓜湯、米湯，顏色發渾，半小時後有沈澱。純正小磨芝麻油呈紅桐色，清澈，香味撲鼻⑱。以真誠的語言叫人鑒別，真實可信。但是現時許多促銷用語卻立意不誠，甚至大行欺詐之術，造成了惡劣的社會後果。其違反誠信原則的不實言語表現在：

1. 言過其實，溢美虛誇

　　對宣傳對象的性能、銷售狀況等進行虛誇，引誘消費者購買。如廣州近年房地產銷售處於低潮，商家卻變換花招，虛誇行情進行促銷。如「建業大廈展銷會盛況空前，五成以上單位搶購一空，現加推三十套保留單位，莫錯良機。」「展銷會頭兩天已搶購一空，現加推少量方向位置更佳之保留單位。」如此宣傳，莫不是先前推銷的是誤人的壞房間，而越後買則房子越好？誰還願意踴躍搶購呢！某百香飲品宣傳：「白香系列飲品有：芒果汁，葡萄汁，粒粒橙汁，水蜜桃汁，潮州柑汁，五合一果汁王等。其飲料原汁全部採用國外進口……獨樹一幟，風靡中外，長期飲用，對人體健康、預防心腦血管病具有特殊意義，將起到不可估量的保健作用。」這段宣傳溢美不實之處甚多，什麼「獨樹一幟」、「風靡中外」、「特殊意義」、「不可估量」，沒有任何證據，尤其是「飲料原汁全部採用國外進口」更是明

顯的虛假，你說「芒果汁」等進口尚且能糊弄人，難道「潮州柑汁」也要進口不成？有一句曾經廣為套用的廣告詞：「××產品，可能是世界上最好的產品。」自己內心就發虛，還要自我吹噓。還有什麼極品口服液等也是極盡自我吹噓之能事，虛美不實。

2. 以假充真，存心誤導

有些宣傳用語弄虛作假，以假充真，欺騙公眾。如《中國消費者報》（1996年7月4日）曾披露了某礦泉壺的騙人事實，其宣傳詞云：「礦泉壺能瞬間化普通水為優質礦泉水。」「黃河、長江可以作證，礦泉壺注入渾濁的江河水後，溶出了清澈，無異味，略帶甘甜，含多種微量元素的礦泉水。」權威檢測的結果作了否證。除此典型的欺騙宣傳，有些廠家則採取仿用名牌商標、名稱的做法，有意誤導，搭伴生財。如深圳「松立 VCD」仿「松下」名稱，「利來時裝」仿香港「金利來」名牌。「太陽神」之後又出現了「記憶神」等等。這類手段較為高明，或許廠家起名之初並未存誤導之心，但客觀上是產生了誤導效果的，應予限制。

3. 假讓利，真欺騙

商家大戰，假讓利、真欺騙的廣告用語花招不斷。幾乎滿街可見「清倉大出血」、「換季大降價」、「拆遷大平賣」、「鋪位轉讓，最後一天，大清倉」、「全市最平」、「大甩賣」、「跳樓價」之類的讓利大酬賓，其實多是誑人的花招，認不得真。還有許多店家打出「買一送一」、「購滿五百元有獎」的招牌，其實送的只是一塊肥皂，獎的是一件廉價汗衫等等，玩弄的是文字遊戲。有的酒家也打出「一元一隻雞」、「一元一條魚」、「一元一斤蝦」等等誘惑告示，記者一問才知三至六人，送雞半隻，或羅氏蝦半斤，或一條魚，收費一元；七至十人送雞一隻，或蝦一斤，或魚一條，三者只能擇其一，價格一元。後物價部門要求按標價執行，這些騙人的花招立即就自動收起來了。（見《羊城晚報》，1996年10月27日）再如某酒樓宣稱：本店大、中、小點一律三元。其實除極少數外，原來的大、中、小點都上升成了超點、頂點、精點，而這些都不在三元之列。

三　文明健康原則

　　用語文明健康是語用社會效果的重要內容，也是淨化社會語用環境的重要方面。文明的用語行為不僅受人歡迎，還是產品促銷的有力手段。如上海某兒童產品，本來品質不錯，但起名為「泡妞」，不文雅，受人批評，後改為「小豆苗」，大受歡迎。目前的社會用語不文明狀況較為突出，應該大力加以改進。例如各種豔情宣傳非常火爆，什麼夜激情、情場殺手、一夜風流之類的影片廣告充滿市井。有些書名直裸裸地用《野欲》、《野情》、《情淵》等，有本《美女曬羞》的書更故弄玄虛地加注「怕羞的人千萬別讀這本書」、「人人有羞，你敢曬嗎」（南琳〈欲說書名好困惑〉，《光明日報》，1997 年 1 月 2 日）。一些產品及訊息宣傳也出現了不文明的誤導傾向。如某摩托車廣告用的是大美人像，上書「擋不住的誘惑」。某豐乳丹廣告不僅在雜誌封面上配有大幅彩照，而且鼓吹「沒有什麼大不了的」。山東有種酒取名「二房佳釀」，福建某多味豆腐乾在包裝上寫出「親哥哥吃了忘不了」的宣傳詞。商業招牌不文明的傾向同樣嚴重，「三鞭火鍋城」，「小野花」理髮店取名均為不妥，有些酒樓的雅座間取名「春宮」等，同樣庸俗。這些有欠文明的用語同語用行為要求的良好社會效果相抵觸，不符合社會用語的正常要求。

四　規範正確原則

　　語言文字的規範正確是一個民族語言文字建設的重要方面，也是民族文化素質的重要體現，直接影響語用的社會效果。用語的規範正確要求避免生造詞語、濫改成語，要求杜絕錯別字和不合要求的外文夾用等等。目前，我們的商業語用行為在這方面存在著許多問題，嚴重污染了社會語用環境。首先，是亂寫錯別字，如大街小巷到處可見「招租啟示」、「么托修理」等錯別字。第二，濫改成語，彆扭不通，這幾乎成了廣告行業的一大惡瘤，積重難返。如胃藥廣告用「解除你『所胃煩惱』」、「無胃不治」，痔瘡藥品是「痔始至終」、「有

痔無恐」，治療便秘的「腸塞停片」則廣告成「**腸通無阻**」，止咳藥要加上「**咳不容緩**」，衣服廣告為「**百衣百順**」、「**衣衣不舍**」、「**衣名驚人**」，防盜鎖也被渲染成「**無械可擊**」，酒類廣告是「**天嘗地酒**」，熱水器是「**隨心所浴**」，保溫杯則是「**有杯無患**」，簡直不勝枚舉。第三，是不合道理的外文夾用。必不可少的外語詞運用是可以的，但現在社會上濫用的外文夾用既不是未有定譯的外語新詞語，又不是通用術語，而是毫無道理的語言污染。如廣州有個金時大酒店，其寫在外面的廣告招牌卻是「金時大 D 吧」，這一英文字母的 D 沒人能解是何意，大酒店不好卻偏要用個英語指小酒吧的「吧」（bar）。有一段時間廣東人民廣播電臺某節目每天都要播放幾次「還有明星們的 talk show」這句宣傳詞，聽眾茫然。第四，是泛用方言詞語，這在方言區，尤其是廣東非常突出。大街上的招牌大書「加風」，即普通話的「打氣」，還有什麼「有豬苗買」，「豬苗」就是豬崽的意思。第五是亂簡稱，如不少商家的訂貨單上寫著「補訂」、「貨到收現」等項目，所謂「補訂」是說此前已交了訂金，現在補足貨款，「收現」指收取現金。簡稱得既不規範，又讓人難懂。這些用語現象污染了社會語用環境，造成了不好的社會效果。

由此種種可見，目前的商業語言普遍存在著社會效果不良的問題，講求用語的社會效果是語用行為不可忽略的重要方面，必須將目前的不良的社會用語現象納入到社會效果的範疇來考慮，提出社會效果這一理論問題，才能從宏觀上探討解決這些問題的辦法，才能從理論問題上進行整體的把握，建立理論，尋找對策，對我們的語言文字建設作出積極的指導。

前面分開談了商業語言在表意效果、交際效果與社會效果上的追求。但要注意的是表意效果、交際效果與社會效果是同一商業話語活動中相互聯繫著的不同層面上的效果要求，是從不同的角度來觀察的，三者既有效果追求上的不同側重，但又同屬於一個統一的話語取效過程，密切聯繫，不可截然分裂。

其一，三者屬於不同層面上的效果追求，各具實用價值。表意效

果是針對語詞充分達意而言的，講求表意的清楚、準確和簡潔。交際效果是針對特定的交際功利目的而言的，力求以最有效的話語策略去激發受話人作出交際反應，完成特定的交際任務。社會效果則是針對話語所產生的社會影響與效益而言的，以營造良好的社會語用環境為己任。表意效果屬於單向性的寫說達意領域，交際效果則進入了雙向的話語行事領域，包含了比表意效果更高，也更豐富複雜的效果內容，具有不盡相同的針對性話語策略實施。因此，能夠充分達意的話語不一定就能產生良好的交際效果。如《文摘報》曾登載有位大陸售貨員竭力向港商推銷：「哦，先生，您已經開始歇頂了，這太影響美觀了。您看，這是新生產的美髮靈，買一瓶吧，包您長出烏黑的頭髮。」⑲表意是夠淋漓了，但在公開場合忽視了對方的護短心理，當然難有好的話語推銷效果。交際效果與社會效果相比較，前者注重於特定交際目的的實現，以功利為趨求，後者則注重於廣泛的社會影響與效益的創造。如前幾年有人在報上大肆廣告，叫人去他那裏買金絲熊幼子飼養，長成後高價收回。結果成千上萬的人上當，而始作俑者早已攜贓款逃之夭夭。這種騙人的話語就其交際目的實現來講是有效的，但所造成的社會影響卻相當惡劣。

其二，三者又具有相互聯繫的內在統一關係，同屬一個統一的話語取效過程。表意效果是交際效果成功取得的必要基礎。表達的目的在於交際，表意效果服從與服務於交際效果的追求，在話語表意的同時就應考慮交際效果的實現問題。良好交際效果的取得也必須以理想的表意效果為前提，不能拋開表意效果的講求去凌空追求什麼話語交際效果。一般來說，不能準確達意的話語是難以取得理想的交際效果的。在交際效果與社會效果之間也存在著密切的聯繫。好的社會效果可以給人以信任和好感，從而有利於受話人交際反應行為的作出，同時社會效果又是追求話語交際效果時所必須遵循的制約前提，一定交際效果的取得必須符合社會規範的制約，遵循普遍的社會語用準則，否則就是為社會所否定的奸言穢語。天津某餐飲娛樂店因取名「塔瑪地」⑳，諧音不雅，無人光顧，只得關門大吉。可見，遵守社會規

範，講究社會效果對交際效果的追求會產生幫助。

　　商業語用行為必須三種效果的講求相統一，才能成為良好的社會語用行為，商業語用效果的理論研究也只有從三個方面著手，才能較完整地解釋發話人的話語行為，描寫發話人的話語效果，為人們的商業活動提供有益的指導。

註　釋

① ②　參見何自然主編《社會語用建設論文集》第 9、81 頁，1998 年廣東外語外貿大學油印本。

③ ④ ⑥　參見林澤生、黎偉東編《中外名家論創作技巧》第 345、346、337 頁。

⑤ ⑦　參見原一平著，胡棟梁、胡豔紅譯《推銷之神原一平》第 114、111 頁，中國經濟出版社 1992 年第一版。

⑧　參見熊源偉主編《公共關係案例》第 215 頁，安徽人民出版社 1993 年第一版。

⑨ ⑩　同註⑤，第 53、87 頁。

⑪　參見甘波、朱強編著《成功直銷錦囊》第 97 頁，企業管理出版社 1994 年第一版。

⑫　同註⑤，第 102 頁。

⑬ ⑭ ⑮　參見卡耐基著，謝彥、鄭榮編譯《人性的優點，人性的弱點》第 216、244、245 頁，中國文聯出版公司 1987 年第一版。

⑯　韓非子，《韓非子·亡徵》。

⑰　劉向，《說苑》。

⑱　參見黎運漢主編《公共語言學》第 311 頁，暨南大學出版社 1996 年第二版。

⑲　參見蘇成立〈不文明行為：揭短銷售〉，《文摘報》1997 年 3 月 6 日。

⑳　同註①，第 11 頁。

第六章／ 商業體態語言與商業禮儀語言

在商業言語的口頭交際中，如第一章所說除了運用有聲語言作為主要交際工具之外，也運用非有聲語言的體態語言（也叫體態語）作為輔助性的交際工具。體態語雖是作為有聲語言的輔助手段，在口頭交際中發揮作用，但這種輔助作用是不容忽視的。美國一位心理學家曾經通過許多實驗，總結出了一個公式：訊息的總效果＝7% 的有聲語言＋38% 的語音＋55% 的面部表情。這個公式的百分比雖不一定精確，但從中也可看出，訊息傳遞的總效果與面部表情關係甚大，體態語言是商業訊息傳播中不可或缺的因素，是商業語言口頭表達中很有講究的藝術手段。

禮儀是待人處事，進行社會交往的一種重要手段，是人類文明和社會進步的一種重要標誌，商業禮儀是商業交往活動的重要內容之一，是商業活動成功的一種重要條件。禮儀的體現工具主要是語言，包括有聲語言與體態語。商業人員學習和掌握商業禮儀及其語言，很有經濟價值。

第一節　商業體態語

一　商業體態語的含義及其類型

㈠商業體態語的含義

體態語是無聲語言，又叫「人體語言」、「動作語」、「態勢

語」或「身勢語」、「行為語」，可簡稱體語。體語是用表情、動作或體態來傳遞訊息，表達思想感情的一種伴隨語言。

　　商業體態語就是商業人員在商業言語口頭交際活動中用以輔助有聲語言傳遞訊息、表達感情的工具，是一般體態語言在商業言語活動中的運用和體現。商業體態語是全民體態語的一個組成部分，但它又不等同於一般人際言語交際的體態語。商業言語活動有明顯的功利性，同一般人際言語交際的體態語運用相比，商業體態語有更強的目的性和規範性，並且與企業的經濟效益密切相關。

㈡商業體態語的類型

　　體態語以人體訊息源表現語言訊息，由於人體各個「部件」的分工不同，其在表達和傳遞訊息上有顯著的區別。我們從體態語的部位和表現力著眼，體態語可以分為如下類型：

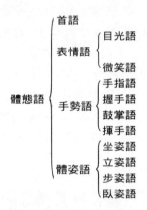

　　上列四類體態語在商業言語的口頭交際中都普遍使用，它們都與經濟效益掛鉤，值得重視。

二　體態語的特點

　　體態語有如下三個基本特點：

㈠依附性

　　體態語是有聲語言的輔助補充，儘管在言語交際中它有時可以單獨用來代表詞語表示特定的意義。例如第四章列舉的一家飯店的公關先生向客人道歉，客人交叉起雙臂表示聽得不耐煩；又如用點頭表示同意或肯定等，都是脫離有聲語言而獨立表意的，但大多情況下是依附著有聲語言而運用的。例如第四章講領會要注意揣摩辭裏之真意時，談到周穎與咪咪對話時的例子中，「咪咪心懷叵測地一笑：『當然，我收穫很大，是從你那裏得來的！』周穎感到說話很難進行下去，她皺起眉頭：『咪咪，雖然我們之間一直無法溝通……』」這裏的「心懷叵測地一笑」、「皺起眉頭」等都是依附於有聲語言而用的。所以，從整體上說，體態語的本質特點是依附性或者說伴隨性。

　　體態語跟有聲語言的一些詞語一樣，具有多義性，絕不是某一動作、表情只表示某一個意思。例如，瞪眼的動作可以表示憤怒、好奇、詫異仇恨等幾種意義。咬住下唇這個動作可以是高興時控制發笑，可以是憤怒時壓制爆發，也可以是飲恨、含怨、節哀、忍辱等。體態語的多義性決定其對於有聲語言的依附性，它必須進入到具體的語言環境中，才能顯示出具體的含義，如果脫離了有聲語言，單純的某個體態語，其語義往往很難確定。例如，某企業領導在一次全體員工大會上批評一位採購員因簽訂合同失誤，致使企業損失八十萬元，而坐在員工中間的這位採購員始終低著頭，並不時地搖搖頭。這位採購員的「低頭」表示什麼意思，是難為情還是在沈思？「不時地搖搖頭」是表示懺悔、委屈還是否定？由於沒有有聲語言的配合，其語義很模糊，很難確定。可見，體態語一般都要依附有聲語言，表意才明確。

㈡直觀性

　　體態語傳遞訊息不靠聲音，也不靠文字，只靠其立體的、動態的情態、形態、姿態，構成一定的人體圖像來傳情達意，直接訴諸人的

視覺，因而它具有直觀、立體的特點。直觀、立體的體態語在傳遞訊息上的最優之處是可感、可視，它蘊含的意思高度概括在一舉手、一提足、一顰一笑、一蹙一展的動態、形態、情態之中，並且迅速為對方所感受。例如兩人在談著話，一方的臉突然一紅、一白或一青、一冷，對方馬上便會感受到這個訊息，並明白對方紅、白、青、冷的意思指向。如前面所說淄博華聯商廈每天早晨開門營業時，十四名身著乳白色禮服、斜披紅色綬帶的禮儀小姐，分別站在大門兩側面，面帶笑容向著走進商廈的顧客行舉手禮。這裏的「面帶笑容」和「行舉手禮」表示歡迎都是以直觀的、立體的形象體現出華聯商廈「顧客如賓」、「服務至上」的經營宗旨，給顧客留下良好的印象。常言道：「察言觀色」、「聞名不如見面」，就因為體態語能給人以直觀感。

㈢民族性

體態語具有鮮明的民族性，這主要是由民族的文化因素構成的。不同文化的民族有不同的體態語，同一體態語在不同的民族、不同的國家，可能表達不同的語意。例如，手心朝下伸出向人招手這一手勢語，在中國是表示「請人過來」的涵義，在英國是表示「再見」，而在日本則是以此召喚狗的；踩腳，在中國人看來是生氣的表示，法國人表示叫好；翹起大拇指，在中國表示「讚揚」，在希臘表示「滾蛋」，在日本表示「老爺子」，在英國、澳大利亞、紐西蘭等國家既有「搭車」之意，也可作為一種侮辱人的信號。同一意思在不同的民族、不同的國家用以表達的體態語形式往往不同。例如，見面打招呼表示問好，不同的民族就用不同的體態語來表示：中國人見面打招呼是雙方點頭問好，日本人盛行鞠躬，歐美人常用擁抱和接吻方式表示，庫伯愛斯基摩人喜歡用拳頭捶打對方的腦袋和肩，瑞典的拉普人互擦鼻子，拉丁美洲有些地方是以拍背為禮，太平洋群島上的波利亞人見面時邊擁抱邊撫摸對方的背後。又如贊成、同意，中國人以點頭表示，保加利亞人、尼泊爾人、佤族人則以搖頭表示，美國人用拇指和食指組成圓圈並伸開另外三個指頭表示。誠然，隨著國與國、民族

與民族的頻繁交往、文化的交流，隨著形聲訊息的傳播技術的進步（如電影電視）很多態勢語是超越了國界、民族界限而成為世界通用語，例如微笑語就具有很多相通的含義。

三 商業體態語的功用

體態語在商業言語的口頭交際中用得非常廣泛，無論是配合或者替代有聲語言傳遞訊息、表達情感，還是通過它把握顧客的內心世界，選擇語言展開商業服務，都能顯示出獨特的作用，具體表現在：

㈠達意傳情

體態語言達意傳情的方式是單獨用或結合有聲語言而用，這兩種方式在商業口頭交際活動中都經常使用。體態語言達意傳情往往比有聲語言更為準確、深刻而形象，有時甚至為有聲語言所無法替代。我們在《公關語言學》中引用了這樣一個語例：

> 上海某工廠舉行一次「振興中華讀書演講會」，演講員方婷婷一出場就說：「我給大家演講的題目是〈論堅守崗位〉。」報完題目，她突然走下講臺，逕直朝會場外走去。台下聽眾面面相覷，疑惑不解，大聲議論，繼而喧聲四起，乃至怒不可遏……難堪的五分鐘過去了，方婷婷才慢騰騰地回到講臺上。面對激怒的聽眾，充滿激情地說：「如果我在演講時離開講臺是不能容忍的話，那麼，工作時間紀律鬆散，玩忽職守，擅離工作崗位，難道不應該譴責嗎？我的演講完了。」聽眾沈默了片刻，隨即爆發出雷鳴般的掌聲。

這裏方婷婷在報完題目之後，巧妙地運用「走下講臺，逕直朝會場外面走去」的體態動作進行「玩忽職守，擅離工作崗位」的現場表演，這樣，不僅十分生動形象地輔助有聲語言傳遞訊息，起到有聲語言所不能起到的直觀、立體作用，而且利於有聲語言的準確表達和感情的強烈抒發，收到以少概多、以少勝多的表達功效。

在商業言語口頭交際活動中，有時候有些無法或不適宜於以言辭

表達的訊息，常常用體態語來含蓄表達。例如前面列舉《公關小姐》中某酒店公關部經理周穎向動物園黃主任借老虎，黃主任不同意，爾後望了她一眼：「……對不起，你們的要求我們實在無法滿足！」站了起來，以示送客。這裏黃主任並沒有說「請回去吧」之類的話。而「站了起來，以示送客」這表情、動作便暗含了「請離去」之意，周穎也就馬上意識到這一語意而自覺告辭。又如，某交電公司經理有一次接待一位「關係戶」介紹來的客人，這位客人送上近千元的禮品請經理調撥幾台「協作價」的彩電。經理聽客人的一番恭維話後，連連發出幾聲笑聲，笑聲使客人困惑不解，漸漸又似乎意識到經理是以笑婉拒。然後，經理配以語重心長的話語說服了客人。這種以笑聲來表示一種委婉拒絕的方法，確是一般言辭難以取得的功效。

在商業交際中，有時單獨用體態語達意傳情，往往能收到「無聲勝有聲」的效果。例如，顧客光臨後，售貨員由於接待其他顧客而不能馬上應暇或無法用聲音打招呼，便可用體態語打招呼，比如用眼睛看一看顧客點點頭，或微微一笑，這就等於打了招呼，好像在說：「我知道您來了，」「歡迎您來！」「請稍候片刻，我馬上會過來。」顧客就會覺得受到了尊重，如果「沈默」以對，毫無反應，顧客心裏就會不滿。

有句詩曰：「度盡劫波今猶在，相逢一笑泯恩仇。」笑語在商業言語活動中常常有潤滑作用。例如，顧客挑剔指責，營業員微微一笑；顧客怒氣沖沖，營業員含蓄一笑；顧客當面表揚，營業員莞爾一笑等等，都只用了情態語「笑」，沒有用言語表示自己的意見，交際都得以進行，就是笑語起到了潤滑的作用。此外，如沈默、熱情的目光、謙恭的手勢等都具有很好的潤滑作用。

(二)體現熱忱的服務態度

熱心服務是商業道德的要求，是贏得經濟效益的重要策略。體態語言的得體運用，很能體現熱心的服務態度。例如：

廣州南方大廈每天上午九時開門營業時，均組織身穿綠色工

作服的部分員工，恭候在大廳正門兩側，臉帶微笑向第一批顧客
熱烈鼓掌。

這裏以微笑、熱烈鼓掌表示歡迎，體現了南方大廈「顧客如賓」、
「服務至上」的經營宗旨，以及熱心服務的態度。

體現熱心服務態度的體態語很多。例如，酒店、賓館的公關人員
穿著得體大方整潔的服裝，站在大堂門口微笑、點頭伴隨有聲語言
「歡迎光臨」；熱情帶領顧客到預訂的廂房，並打開房門伸出右手，
手心向上，手指朝著房內，說：「請進！」都是熱忱服務的體現。營
業員在服務過程中的一切舉止動作、情態都能體現服務態度。比如，
顧客來了馬上站起身來，用熱情的話語和目光微笑，表示歡迎；顧客
談話時，熱切地看著，認真傾聽，對聽到的內容用微笑、點頭等作出
反應；顧客叫取出某商品來看時，微笑、點頭、迅速彎腰或轉身將商
品取出，並雙手遞給顧客；顧客選商品時看著顧客手的動作；顧客選
定商品時，注目一笑，以示讚許；收找貨款唱付唱收，逐一清點；送
客時，主動將顧客所購貨物雙手遞奉；對顧客感謝；用點頭、微笑送
行等等，都是熱情服務態度的具體體現。顧客也會從這些體態語上，
認識到營業員的熱忱服務的態度。

㈢塑造美好形象

企業形象是消費公眾對一個企業的整體信念。形象美好就能贏得
消費公眾，贏得朋友，贏得經濟效益；形象不好就要失去顧客，失去
朋友，失去經濟效益。商業人員，不管是企業領導，企業公關人員、
職員、購銷員，都是企業組織的化身，都代表企業而工作、行事。商
業人員的形象是企業形象的一部分，商業人員要為企業塑造形象，首
先得注意自己的形象。

形象包括外表形象與綜合形象，外表形象主要指身材、容貌、姿
態、舉止、衣著、裝飾等各方面，綜合形象則指外表形象與態度、精
神面貌、表情、言談話語等的綜合。商業工作人員應在公眾中樹立一
個良好的綜合形象，其具體內涵包括外表端莊、衣冠整潔、精神飽

滿、真誠謙遜、熱情有禮、機智敏捷、言談舉止文雅得體等。體態語言在塑造形象方面具有十分重要的作用，得體地使用表情語言、手勢語言和體姿語言是社會禮貌、禮節和禮儀的要求，是人的美好思想行為、精神境界、道德規範和文化素養的外現，是體現美好形象的重要手段。1990 年 8 月 14 日《報刊文摘》刊登了這樣一個小故事：

> 　　兩個金髮碧眼的外國女郎登上上海至廣州的班機，就橫挑鼻子豎挑眼，一會兒說機艙空氣不好，一會兒說座位太髒，一會兒又說飲料有怪味，還口出粗言，甚至將飲料故意灑在空姐的身上。面對她們無稽之談，無禮之舉，空姐不予計較，時而微笑著遞過香水，時而微笑著換過坐墊，甚至微笑著換過飲料，始終堅持微笑服務。兩個異國女郎終於被感動了，臨別時，她們留下了一封信，責備自己太苛刻，太過分，大力讚揚中國空姐的微笑服務是世界一流的。　　　　（見黎運漢編《公關語言學》增訂本第290頁）

空姐們面對兩個外國女郎的無稽之談、無禮之舉不予計較，始終堅持微笑服務。微笑是文明禮貌的行為，空姐堅持微笑待人，這是她們美好的心靈、熱情的性格、高度的涵養的外現，從而美化了她們自身的形象，美化了中國民航的形象。一個商業工作人員運用體態語正確與否，或者嚴肅與否，都直接影響著形象的好與不好。例如，站在大堂門口的迎賓小姐儀態自然得體，服飾協調和諧，精神飽滿，兩眼平視，嘴微閉，面帶笑容，腰直，雙肩舒展，雙臂自然下垂，站得亭立端莊、平衡，秀麗俊美，彬彬有禮，就表現為美的形象。如果打扮嬌野，奇妝異服；或者無精打采，或者眼睛瞟來瞟去，神情無定；站立時東歪西側，聳肩勾背，或者懶洋洋地依靠物體等等，都會破壞自己的形象。又如參加洽談業務、磋商交易、貿易談判的男士，服飾莊嚴、端正整潔、合適，神采奕奕，精力充沛，自信而富有活力，微笑自然、得體；走姿步伐矯健，從容平衡；坐姿端莊，大方，自然，舒適；立姿莊重，平穩，自信而有力度；談吐禮貌文雅，如此等等都表現為好的形象。如果服飾怪異；站無站相，坐無坐相；說話粗野，不注意衛生，嘴角發白，唾沫四濺，或者滿口腥味蒜臭；聽話時交叉雙

臂，或者鼻朝天，頭入地，或者仰著頭大口噴吐煙霧；高興時大笑，狂笑，嘻笑等等表現，不但有損個人形象，而且敗壞了企業形象。再如售貨員，精神飽滿，儀表端莊，服飾整潔，舉止文雅是美的形象；面容敦實溫厚，顧客來到櫃檯前，售貨員以笑容可掬的表情，明亮清晰的聲音，適宜敬重的語言，略微前傾的身姿熱情主動招呼顧客；顧客買了商品離去，售貨員以目語笑語伴以有聲語言表示感謝光顧等等，都會給顧客留下美好的印象。相反，顧客到來，營業員不理不睬，冷冷淡淡，身體疲勞時，抿唇，眨眼，或者以手撐腰，打哈欠伸懶腰，或者俯在桌椅櫃檯上，或者挖耳，揉鼻，剔牙，摳指甲等等，都表現為不好的形象，是缺乏基本教養的反映。

形象是通過人的音容、笑貌、言談舉止和服飾打扮等外在形式表現出來。但「誠於中而形於外」，「行為舉止是心靈的外衣」，形象不僅僅是一個人的外表體現，而是人的品格和精神氣質的外現，因此商業人員要塑造好的形象，固然要學習和掌握使用體態語的策略，更關鍵的是要陶冶精神境界，遵守道德規範，提高文化素養和培養優雅的才情趣味。

㈣洞察顧客的深層心理

體態語言對於商業工作人員不僅在達意傳情、體現熱忱服務態度和塑造形象方面具有很大作用，而且有助於洞察顧客公眾的深層心理，瞭解顧客消費需要，摸準顧客意圖，爾後，選擇言語策略展開銷售服務。優秀的營業員大都善於「察言觀色」，「看客下面」，顧客一進門來，他們就注意從顧客的臉部表情、身體動作、儀表舉止和言談話語等方面揣摸和判斷顧客購物時的心理活動，然後因客制宜，投顧客所好。武漢商場的全國十佳優秀業務員之一的劉莉小姐，是一位非常善於借助體態語開展商品銷售活動的營業員。一次，一位歸國老華僑來到櫃檯前，劉莉注視著老人有禮貌地說：「老先生，您是想看看這杯子嗎？」老華僑說：「你怎麼知道？」劉小姐說：「您的眼神告訴了我。」接著她熱情地向老華僑介紹這種商品，「這杯子具有濃

郁的中華民族特色，要是帶到海外去，準會時常牽動您對祖國的思念之情。」老華僑被劉莉的微笑面容、親切的話語感動了，滿意地買下了杯子。又有一次，一位顧客來到商店挑選象徵長壽的手繡被面，售貨員拿出一條繡有松鶴圖的被面給他看，他看了很喜歡，正要掏錢，忽又目光集中到松樹旁邊的一朵梅花上，覺得有點不吉利，因為梅花的諧音是「霉」。售貨員從他的眼神表情中理解到這一點，於是微笑地解釋說：「這朵梅花也是吉利的象徵，不是有句話叫『梅開五福』嗎？」顧客聽了覺得有道理，高高興興地買了這條被面。這位售貨員也正是因為善於察言觀色，善解人意，所以做成了買賣。推銷商品時也可從反饋的體態語中，體察到其是否購買的心理狀態。比如向顧客推銷某產品時，顧客鼻孔朝天，大多是心理拒絕；眼睛直視著你，便會提出問題；傾過身來面帶淺淺的微笑，就有購買的動機和欲望。

體態語能直接反映個人的性格。文學家描寫人物時都十分強調動作表情的描寫。托爾斯泰說：「當您描寫一個人的時候，要努力找到能夠概括他內心狀態的手勢。」老舍說：「每個小的動作都能暴露出個性的一部分，這是應該注意的。」魯迅叫人們注意描寫人物的眼睛，高爾基告誡青年如何應用好每一個動詞……。以步姿對個性的反映為例：豪獷的步伐矯健、穩重、剛毅、灑脫，體現陽剛之美；溫柔的人，步伐輕盈、柔軟、玲瓏、輕巧，體現陰柔之美；活潑的人，步姿敏捷、輕快，有跳躍感；溫文的人，步姿沈實平穩；抑鬱的人步姿沈重、緩慢。再如表情：沈默者，性格內向；愛笑者，性格外傾；與上司交談表情輕鬆者，性格獨立；與陌生人交談先臉紅者，性格順從。可以說，一舉一動，一顰一笑，一蹙一展都能反映出一個人的個性來。商業服務人員，必須注意捕捉顧客的每一個表情動作，以瞭解其性格，便於言語交際在理解的氣氛中進行。

總之，體態語言在商業言語的口頭交際中，無論是達意傳情，體現服務態度和塑造形象，還是洞察和瞭解顧客公眾的心理狀態都有很大作用，所以著名人類學家霍爾教授告誡人們：「一個成功的交際者不但需要理解他人的有聲語言，更重要的是能夠觀察他人的無聲信

號，並且能在不同場合正確使用這種信號。」

四 體態語在商業言語交際中的應用

體態語在商業言語口頭交際中被廣泛運用，下面就四類體態語在商業交際中的運用，作概括的論析。

㈠首語在商業言語交際中的應用

首語是通過頭部活動傳遞訊息的體態語。它包括點首語和搖首語。

點首語最常見的是表示贊成、肯定或同意。兩人交談時，贊成對方的觀點，便可以點頭表示，使對方理解。古人很重視這種交流思想的特殊語言，稱為「首語」。兩個見面時，點點頭，既表示招呼，也表示致意、問候。

搖頭語最常見的是以搖頭表示反對，不同意、不贊成、不願走、不去做等等都可用搖頭表示。搖頭也常用以表示方位，搖頭方位和所指人物、方位一致，別人即可理解。

首語在商業活動中經常使用。如顧客要買什麼商品或還價，營業員同意可以點頭表示，如不同意，也可以搖頭表示。

㈡表情語在商業言語交際中的應用

表情語是以面部表情、動作為主要手段來傳遞訊息、交流感情的語言。表情語是體態中非常重要的成員，在七十萬種人體語言中，表情語就有二十五萬種，占人體語言的 35.7%。表情語非常豐富多變。例如，眉毛的動作就有二十多種：皺眉表示為難，橫眉表示輕蔑，擠眉表示戲謔，揚眉表示暢快，低眉表示順從，鎖眉表示憂愁，喜眉表示愉悅，飛眉表示興奮，豎眉表示憤怒等等。又如，嘴的開合，也可以顯示出多種語義：努嘴表示願意，撇嘴表示不願意，撅嘴表示不快，抿嘴表示害臊，舒嘴表示放鬆，咧嘴表示高興，歪嘴表示不服等等。而其中表現力較強而又與商業關係最密切的是目光語和微笑語。

1. 目光語

目光語是通過眼神同視線達意傳情的語言。人們稱目光語為傳遞心靈訊息的語言。達文西說：「眼睛是心靈的窗子。」黑格爾認為：「不但是身體的形態、面容、姿態和姿勢，就是行動和事蹟，語言和聲音以及它們在不同生活情況中的千變萬化，全部要藝術化成眼睛。人們從這眼睛裏就可以認識到內在的無限的自由心靈。」目光語除了傳遞感情之外，還能暴露一個人的內心世界。人們也可以透過眼睛這個窗子認識到對方心靈深處的東西。人們的心靈是最複雜多變的，因而目光語是最複雜、最微妙、最富有表現力的體態語。正如前蘇聯作家費定在《初歡》中描寫的那樣：「眼睛會放光，會發火花，會變得像霧一樣暗淡，會變成模糊的乳狀，會展開無底的深淵，會像火花和槍彈一樣投射，會質問，會拒絕，會取，會予，會表示戀戀之意……啊！眼睛的表情，遠比人類繁瑣不足道的語言來得豐富。」

目光語不同，蘊含的感情、傳遞的訊息就不同：目光明澈，坦蕩，表現為人正直，心胸寬廣；目光執著，表現勇敢堅定、奮發向上；目光溫和，表示理解、信任和同情；目光敏銳，表現敏捷、深沈；目光呆滯、無神是不求上進、無能為力的表現；目光漂浮、游移、狡黠、阻詐是為人輕浮淺薄或不誠實的表現。商業言語的活動必須善於根據不同的語境、不同的表達內容，選用不同的目光語。例如，商貿談判，用明澈、坦蕩、執著的目光與之交談就容易獲得對方的信任或促進談判成功；如用呆板無神的眼光與之交談，就會使對方覺得你無能為力，難於開拓；如用漂浮游移的目光，就會使對方覺得你心神不寧，心不在焉，從而拉大雙方心理距離，使談判失敗。談判中爭論問題，用溫和的目光表示理解；也可針對焦點所在運用目光語消除對抗，造成良好的心理氛圍，獲得對方的理解和信任，使對方折服；還可用目光洞察對方的隱秘，隨時調整言語策略，使自己處於有利地位。又如營業員正在與顧客交談時，又有顧客到來，就可用眼神示意，消除他們的冷落感；客人離去，應用眼神示意歡送。營業員最

宜用社交注視。這種注視，視線停留在雙眼與嘴部之間，有利於傳遞禮貌、友好的訊息；社交注視的時間一般為一至二秒，超出這個時間會引起對方的反感；目光注視的方式以正視和環視為宜，個別交談時正視表示尊重、坦率、友好，與廣大公眾交談時用環視，可以使各個位置上的公眾不至於產生冷落之感，有利於營造整體和諧友好氣氛。在商業活動中，目光注視顧客，不可上下打量橫掃，也不能目不轉睛看著一個地方，眼瞼不能隨意上翻或下拉。一般不宜用斜視、窺視、掃視。因為斜視表示輕蔑，窺視表示鄙夷，掃視顯得不尊重。

2. 微笑語

微笑語是通過不出聲音的微弱笑容來傳遞訊息的體態語。微笑在商務言語活動中具有特殊的意義。微笑是友好的使者。在商業活動中，當你走進某個辦公室聯繫商務的時候，當你坐到談判桌前的時候，當你會見商場朋友的時候，當你作商業演講或致賀辭的時候，當你接見企業內部員工的時候……能首先給公眾一個微笑，就表示你歡迎態度和高興的心情，使公眾感到你的友好或期待，從而縮短與公眾的距離，有利於商業活動的開展。商業服務的宗旨是「服務至上，顧客第一。」特別是作為精神文明窗口的營業員，服務員的笑臉相迎，能給顧客一種賓至如歸的感覺。例如，顧客到來，售貨員對他們微笑，就表示出「歡迎光臨」、「樂意服務」的誠意；顧客對服務不滿意、有意見，售貨員對他們微笑，表示誠懇的歉意，就可以化解矛盾，獲得諒解；顧客買到商品離開時，售貨員微笑就表示感謝、歡迎再來惠顧的意願。微笑是一種經營藝術。俗語說：「笑口開，財源來。」「微笑服務」已成為現代化企業經營的訣竅，甚至是使企業發財之寶。美國大旅館家康德拉‧希爾頓就是靠「微笑服務」發家致富的。希爾頓自定的經營的信條就是微笑，他特別向員工強調「無論如何辛苦也必須對旅客保持微笑。」他每天到自己的旅館視察業務，向各級人員問得最多的一句話就是「你今天對客人微笑了沒有？」在美國經濟危機時期，美國旅館業倒閉 38%，希爾頓也面臨破產，但他們請員工記住：「萬萬不可把我們心裏的愁雲擺到臉上，無論旅館本身

遭受的困難如何，希爾頓旅館服務員臉上的笑永遠是屬於旅客的陽光。」美國經濟蕭條剛過，希爾頓旅館系統靠它的「微笑服務」很快進入了新的繁榮時期，跨入了經營的黃金時代。多年來，希爾頓的資產從五千一百萬美元發展到數十億美元，從一家擴展到七十家，遍佈五大洲各大城市，旅館規模居全球之首，其成功秘訣之一，得力於服務人員「微笑的影響力」。美國的雜貨分銷商威爾騰成為十億富翁，他的成功秘訣也是微笑待客。在日本，營業員能否笑臉待客，是保住飯碗的關鍵所在。中國有句俗語：「人無笑臉莫開店」。外國有一位著名的政治家說過：「一個人的微笑價值百萬美元。」可見笑之價值。笑是給人留下良好的印象，留下溫暖的最簡單、最方便的語言，也是商業活動中常常影響到經濟效益的語言，所以任何一位商業服務人員都務必把笑掛在臉上，毫不吝嗇地送給來惠顧的每一位客人。

商業工作人員對消費公眾的笑是個微笑，而不是輕聲的笑和大笑。微笑是一種會心的笑容，是隨由衷的喜悅的心理自然生發出來的笑容。日本帝國飯店客房部服務員竹谷年子，微笑服務五十五年，她說：「平靜的心情產生和藹可親的笑容。」電影《滿意不滿意》中不安心服務工作的小楊師傅那種無笑裝笑，皮笑肉不笑不會贏得公眾。

㈢手勢語在商業言語交際中的應用

手勢語是利用人體上肢的動作變化傳情達意的語言。手是最能靈活地表情達意的工具。手指、手掌和雙手都能發出傳遞交際訊息的各種動作，手的變化的動作表達的訊息是相當豐富的。例如，招手表示呼喚；搖手表示反對、否定；舉手表示贊成；搓手表示為難；叉手表示自信；攤開雙手表示真誠坦然；拱手表示禮節；五指伸展，手臂伸開，表示請；兩手外攤，表示無可奈何；甩手表示後悔；手在臉上揉搓，表示困倦、煩悶；用手支著頭，表示不耐煩、厭倦；手放在大腿上，表示鎮定；雙手抱拳，表示憤怒；雙手掌額或雙手架額，表示思考；拍手稱快等等。手勢語中以手指語、握手語、鼓掌語的交際功能最強，在商業活動中最常用。

1. 手指語

手指語是通過手指的動作來傳遞訊息的體態語，這種體態語在商業交際中經常使用，無論是商業談判、辯論、演講、接待，還是銷售商品等都常用手指來示意，如以大拇指表贊許，以食指、中指表示好，以小指表示不好，捏弄拇指是顯示心中緊張缺乏自信等。也常用手指來計數或指示人物、方向等。運用手指語要講究得體、恰當：在談到自己時，不要用食指指自己的鼻頭，也不要用拇指指胸口，這樣顯得對對方不尊重。使用手指時，手指擺動的幅度、姿態以及頻率都要講究分寸，適可而止。

2. 握手語

握手語是交際雙方互相以右手相握來傳遞訊息的體態語。這種體態語除了表示見面致意問候或道別的禮節之外，還有各種各樣的語義內涵。如與成功者握手，表示祝賀；與失敗者握手，表示理解；與歡送者握手，表示告別；與被迎接者握手，表示歡迎；與合作者握手，表示誠意和平等；與反對者握手，表示諒解與和解；與悲傷者握手，表示同情；與弱小者握手，表示關心等等。

握手語是商業活動中用得很廣泛的體態語。商業洽談、商業慶賀、商業宴請、商業慶典、接待貴賓等等都要握手。但在各種場合中能否握手，怎樣握手，握手動作的主動與被動、力量的大小、時間的長短、身體的俯仰、面部的表情以及視線的方向等等，都要講究策略。一般是：握手動作應主人為先，長者為先，上級為先。男性與女性握手，要看對方是否主動，是否有誠意；與同輩握手，先出手為敬；接待外賓，無論對方是男是女，主人都應先伸手，以示歡迎；客人辭行時，商業人員應視公眾的具體情況和自己的身分決定是否主動出手以及先與誰握。握手動作要穩重大方，態度要熱情、親切、自然。握手力度要均勻、適中，過重顯得粗魯無禮，過輕的抓指尖握手又顯得妄自尊大或敷衍了事。握手時間的長短主要因人而異，初次見面握手時間以三秒左右為宜。

3. 鼓掌語

鼓掌是通過雙手相拍發出響聲以達意傳情的體態語。鼓掌語一般表示歡迎、鼓勵、感謝、支持和回敬致意等語義。運用鼓掌語要根據需要。早上開門營業列隊向來客鼓掌是表示歡迎，舉行慶典列隊向來賓鼓掌也是表示歡迎；來賓參觀企業，致辭讚揚，員工鼓掌是表示感謝；來賓致賀辭後，企業員工們鼓掌表示感謝；請專家學者給員工們做報告或演講，開始之前，鼓掌表示歡迎，中間講到精彩之處，鼓掌是表示讚賞或鼓勵，結束時鼓掌是表示感謝。鼓掌要適時適量，應鼓掌而不鼓掌是失禮，鼓掌過多過頻會令人感到厭煩。

㈣體姿語在商業交際中的應用

體姿語是通過身體在某一情境中的姿勢來傳遞訊息的體態語。身體的各種不同的姿勢都能表達一定的訊息，無論是坐姿、立姿、步姿，還是蹲姿、俯姿、臥姿都能表達人的內心情感與體現人的文化修養。俗語說：「站有站相、坐有坐相」、「坐如鐘，站如松，行如風」，體現了漢文化對交際時體姿的基本要求。與商業公關活動關係最密切的是坐姿、立姿和步姿。商業人員基本的坐、立、行的體姿動作都應走向規範。

1. 坐姿

坐姿是通過各種坐勢傳遞訊息的體態語。不同的坐姿傳遞的訊息不同。例如，男性足踝交叉而坐，是在心理上壓抑自己的表面情緒的表示，是一種警惕、防範性的心理暗示；微微張開雙腿而坐，是穩重、自信、豁達的表示；將小腿加在另一腿上，有節奏地抖動腳踝，是輕鬆、得意的表現。女性膝蓋併攏而坐，是莊重、優雅的坐姿；雙腳交叉而又結合交臂的坐姿，是一種自衛、防範的表示。坐的姿勢的變更也體現語意的變化。例如，面對對方挺腰筆直坐，是對對方談話感興趣的表現，也是一種對對方尊敬的表示；側身坐則是不僅表示不感興趣，而且表示對方不值得敬重；本是面對面端坐，後改斜坐，則表示對方談話內容前重後輕；本是斜坐，後改端正面對，則表示對方談話已引起自己的興趣；爬伏下來，表示不聽；仰起身來，表示蔑

視;斜轉身軀,表示不滿。

在商業活動中,商業人員的坐姿應視語境而定。如是涉外經貿談判、會議上講話等時間短暫的莊重場合,一般宜用嚴肅坐姿,這種坐姿上身自然挺直,雙腳併攏或略為分開,臀部坐在椅子中央,腰部靠好,兩手自然放在雙膝上,胸微挺,腰伸正,眼平視,嘴微閉,面帶笑容,這樣,顯得莊重和尊重公眾;如是交談、接待、慶典、聯誼等場合,一般宜用半隨意坐姿,這種坐姿比嚴肅坐姿較為隨意一些,如頭部可以微微後仰,身子可以斜靠椅背,一隻腳可以加在另一隻腳上,胸、腰、眼都可以自然、舒展,不必那麼直、正、平,這樣易於造就和諧融洽的氣氛,縮短心理距離;如是售貨等一般場合,可用隨意坐姿,如側坐等。但在商業活動中無論是在哪種場合都不可坐得七歪八斜,頭上仰或低俯,不可前仰後合,不可縮脖聳肩,不可手抱住後腦勺兒,不要翹起二郎腿,兩腳不要顫抖,更不可像個簸箕似地伸直夯開。

2. 立姿語

立姿語是通過站立的姿態來傳遞訊息的體姿語。不同的立姿,傳遞的訊息也不同。例如,站立時脊背直立,胸部提起雙目平視,是愉悅、自信的表示,站立時彎腰曲背,則是精神不振,缺少自信的表現。同是兩腳挺立,男性兩腳中間呈一線,兩足拼攏成六十度夾角,自然透露出幹練剛勁的氣質;女性兩足呈前後斜線,站穩,重心在後,便有莊重、含蓄、矜持的風韻。

在商業活動中,公關大使們迎送賓客的立姿應該是「站如松」,體現出挺拔、優美、典雅的風度,具體體現為:站正,身體重心放在兩腳中間,胸微挺,腹微收,腰直肩平,兩眼平視,嘴微閉,面帶笑容,雙肩舒展,雙臂自然下垂,兩腿膝關節與髖關節展直。站累了可作些變換,身體重心移到左腳或右腳上,另一條腿微微前屈,腳部放鬆。但切忌彎著身子,和客人談話三條彎,還抖動著一隻腳,這是一種極端的輕率蔑視。

3. 步姿語

步姿語是通過行走的步態傳情達意的體姿語。步姿語分為(1)自然型。行走時，步伐穩健，步幅不大不小，步速不快不慢，上身直立，兩眼平視，手呈自然擺動，顯得輕鬆平衡。(2)禮儀型。行走時步伐矯健，兩膝彎曲度小，步幅、步速適中，步伐和手的擺動有節奏感，眼睛正視或斜視前方，表現為莊重、禮貌。(3)高昂型。行走時，步態輕盈昂首挺胸，高視闊步，這是愉悅、自信、傲慢的體現。(4)思索型。行走時，速度有快有慢，或踱來踱去，或低視地面，步伐遲緩，意為心事重重，焦急，一籌莫展。(5)沈鬱型。行走時，步伐沈重，步幅小而慢，眼睛低垂，其語義是沮喪、痛苦。

在商業活動中，商業人員應根據具體語境選用步姿。如在接待、講話、訪問、會見等場合，宜用自然步姿，以顯得輕鬆、自然、和諧；在隆重場合，宜用禮節型步姿，以顯示出威武莊重，彬彬有禮；在慰問不幸者或追悼死者的場合，應用沈鬱型步姿，以傳送同情、哀悼和痛苦的訊息。

第二節 商業禮儀語言

一 禮儀與禮儀語言

禮儀起源於古代的祭神活動，主要是祭神儀式。許慎《說文·示部》解釋：「禮，履也，所以事神致福也。」從字的形體來看，「禮」字的右邊是器具中盛滿祭物，簡體字「礼」是古代「 」的楷化，是一個人蹲在神（示）面前進行祈禱。這裏明白地向人們展示了它最早的內涵——履、禮物、禮儀①，即用禮物禮儀敬神。爾後，泛指奴隸社會或封建社會貴族等級制度的社會規範和道德規範。如《論語·為政》：「齊之以禮。」朱熹注：「禮，謂制度品節也。」《禮記·禮運》篇說：「夫禮者，卑己而尊人。」這裏的「卑己尊人」也是把「禮」看作社會道德規範。進入文明社會以後，「禮」引申為表示敬意的通稱。由於禮的活動都有一定的規矩、儀式，於是就有了禮

節、禮貌、儀式、儀表這類概念，其總稱為禮儀。禮儀，斯賓塞從社會學的角度把它看作是一種「管理的形式」，是「約束」、「控制」、「調節」②。石川榮吉從文化學的角度說：「禮儀是在文化上被加以形式化了的行為的實際表演，在特定的場合，一般反覆地重複同一作法。」③中國學者如高長江在《文化語言學》中說：「禮儀是一種風俗、習慣、傳統。」熊經浴主編的《現代商務禮儀》中說：「禮儀就是指人們在各種社會交往中，用以美化自身，敬重他人的約定俗成的行為規範和程序。它是禮節和儀式的總稱，具體表現為禮貌、禮節、儀表、儀式等。」禮貌、禮節是待人接物的行為規範，儀表是人的外表，儀式是表禮的形式。

比較來看，熊經浴的說法似為可取，禮儀應是指人們在社會交往中，用文明的舉止言行對交往對象表示尊敬與友好的行為規範，這就是通常所說的社交禮儀，其具體表現形式是禮貌、禮節、儀表、儀式等。

商業禮儀是社交禮儀在商業活動中的應用和體現，是商業人員在商業活動中，用以樹立和維護企業形象，對交往對象表示尊敬和友好的行為規範。商業禮儀是社交禮儀的重要組成部分，但由於商業活動是通過提供商品和勞務來滿足消費公眾要求的，因而比社交禮儀的內容更為豐富，它既表示對顧客的尊重與友好，更以提供質優價廉的商品和熱情周到的服務來體現這種尊重與友好，它與企業的經濟效益密切相關，因而比社交禮儀更加講求規範性④。

禮儀的主要表現工具是語言。有聲語言中表謙表敬的謙詞、敬語，親切柔和的語調，溫和委婉的口氣，文雅莊重的措辭等都是禮貌的體現。無聲語言中的體態語大都與禮儀密切相關，例如握手是表示友好的迎接和送別的禮節語言，舉手致意、揮手致意、點頭致意、微笑致意都是致意的禮節語言，鞠躬、作揖也是禮節語言。

二　商業禮儀語言的特徵

商業禮儀語言的基本特徵主要是：

㈠莊重文雅

禮儀的實質是恭敬，恭敬是高尚的道德、修養的體現，道德是做人的行為準則和規範。這就決定了禮儀具有莊重文雅的特徵。美國社會學家 Ｅ・Ａ・羅斯説過：「禮儀是莊重的，這不是為了銘記，而是為了留下一記道德的印痕。加冕典禮和封授爵位是打算對主角和觀眾的情感產生一種影響的袖珍劇。任何當場的節略、騷亂、中斷或突變都將削弱吸引力和摧毀整體的價值。因此，各種禮儀應該謹防分散視聽，各個部分必須事先準備好安排，各個細節都必須講究精確，甚至各個小節也必須是古風的，以致成為非難的批判和理性主義的禁忌。」⑤卓別林在談到幽默，使人發笑時候説，假如一位總統的就職宣誓儀式，總統發表演説，你從後臺上去，對準他的屁股踢上兩腳，那整個莊重的氣氛就會變得十分滑稽⑥。這也正證明了禮儀的莊重文雅是何等的重要。禮儀是莊重文雅的，禮儀的語言也就必然具有莊重文雅性。

在商業交際活動的各種場合中的禮儀語言都明顯表現出莊重文雅性。例如，商業交際中見面時的稱呼、握手、鞠躬、點頭致意，以及遞接名片、拜訪與迎訪、贈禮與受禮，商業宴請的禮貌用語；商品銷售中的微笑服務和文明用語，商品洽談中的禮貌語言以及商業文書中的禮貌用語等等，都是端莊、穩重、文明、雅致的規範語言。

㈡模式化

禮儀是約定俗成的，它是人們在社會交往中必須遵行的、對交往對象表示尊敬與友好的規範與慣例，其構成要素禮貌、禮儀、儀表、儀式等都有規範模式或有慣用「套路」與固定套語或格式語言。

模式化特徵在各種商業禮儀語言中都有體現。前面講過商業體態語的運用大都體現出文明禮貌性，而且一般都有規範模式，例如「坐有坐相」、「站有站相」、「坐如鐘」、「站如松」、「行如風」，就是説坐、站、行都各有規範模式，任意逾越，就會顯得不禮貌。又

如目光注視的部位、注視的時間、注視的方式都有習用性。微笑服務也有規範與慣用要求。商業禮貌中的自然語言如哪些詞語表敬，哪些詞語表謙，在什麼場合對誰用什麼敬語，對誰用什麼謙詞等，都是長期習用、約定俗成的。再如商業文書中的禮貌用語都是有一定規定性的。

㈢可操作性

禮儀語言的可操作性與模式化密切相關。禮儀既有規範模式與慣用套語，也就有可操作的表意手段。例如握手就是傳遞歡迎、祝賀、感謝、敬重、致歉等禮儀訊息的物質手段。前面說握手的程序、握手的方法、握手的力度、握手的時間等等都有規範標準，握手時用什麼話語致意，也有固定套語，因而握手禮就是可以把握的了。又如，在商業交往活動中，表現禮貌的問候語「您好！」、「早上好」、「新年好」；表現尊重、仰慕、熱情的寒暄語「我可久仰大名了！」「您的大作、我已拜讀，得益匪淺！」「您也精神多了！」「小姐，您的氣質真好，幹什麼工作的？」；贈送禮物的表達的方式，如當面贈送，應起身，雙手捧送，雙目注視對方，邊送邊說祝福與問候的客套話「祝您生日快樂」、「感謝您幫了我的忙」、「區區薄禮，不成敬意，敬請笑納」等；商品銷售禮儀中的櫃檯守則，服務的文明用語與服務忌語；商業服務人員的儀表儀容、禮貌用語、文明舉止等等都是有具體的物質表現手段，可見可聽，可以認識，可以把握的。

禮儀語言可認識，可操作，也就可控制。具有公關意識的商業人員由於功利目的和職業道德的驅使，大都具有濃厚的禮儀意識，努力學習和把握商業禮儀語言策略並控制使用，嚴格按照禮儀準則，規範自己的言行舉止，既尊敬客人又自尊自愛，表達的感情適度，談吐舉止得體。

三　商業禮儀語言的功用

孔子說：「質勝文則野，文勝質則史，文質彬彬，然後君子。」

《禮記》說：「鸚鵡能言，不離飛鳥。猩猩能言，不離禽獸。今人而無禮，雖能言，不亦禽獸之心乎？」又說：「凡人之所以為人者，禮儀也。」講禮循禮是人區別於禽獸的本質特徵所在。中國是禮儀之邦，是講究文明之國，向來提倡「禮多人不怪」，這是因為禮儀在社會交往中有重要功用。

㈠禮儀語言是商德的外現

英國哲學家約翰·洛克說：「禮儀是在他的一切別種美德之上加上的一層薄飾，使它們對它具有效用，去為他獲得一切和他接近的人的尊敬的好感。沒有良好的禮儀，其餘一切成就會被人看成驕誇、自負、無用和愚蠢。」「美德是精神上的一種寶藏，但是使它們生出光彩的則是良好的禮儀；凡是一個能夠受到人家歡迎的人，他的動作不獨要具有力量，而且要優美。……無論辦什麼事情，必須具有優雅的方法和態度，才能顯得漂亮，得到別人的喜悅。」⑦主要意思是，良好的禮儀能體現人的高尚的道德修養，使他獲得人們的尊敬和好感。

禮儀是一種修養，是人必須具備的多種道德行為中的一種基本美德和言行規範。諸如舉止文雅，談吐謙和，禮貌待人，與人為善，誠實守信，孝敬父母，尊敬師長，遵守公共秩序，維護社會公益，尊重別人的人格和勞動成果等等，既是禮儀規範和社會主義精神文明的要求，又是中華民族的傳統美德。「誠於中則形於外，慧於心則秀於言。」交際主體用語文明禮貌，敞開自己美好心靈的窗口，顯示出自身的道德、情操和文化教養，就能適應人們普遍存在的親合要求，增進與交際客體的瞭解和感情，為交流合作營造和諧融洽的氣氛，為以後的交往打下良好的基礎。

恩格斯說：「每一個行業，都各有各的道德。」做官要有「官德」，治學要有「學德」，行醫要有「醫德」，從藝要有「藝德」，經商要有「商德」。商業禮儀語言是商德的一個重要方面。

㈡禮儀語言是商業交際的潤滑劑

　　法國啟蒙思想家孟德斯鳩說:「禮貌和必要的禮節是人際關係的潤滑劑和人際矛盾的緩衝器。」孔子說:「兄弟禮之用,和為貴」,「君子敬而無失,與人恭而有禮。四海之內皆兄弟也。」孟德斯鳩和孔子的基本意思是相通的,禮儀可以潤滑人際關係,可以緩和氣氛,化解矛盾,獲得對方諒解和好感,從而增進友誼。

　　公共關係學認為,公眾是上帝,公眾永遠是對的。商業主體對待公眾的任何言行都必須合乎社會規範的文明禮貌性,即使是對商業主體組織懷有惡意的公眾,或者是與商業主體在價值觀念上具有衝突關係的公眾,或者是因個人利益而無理取鬧的公眾也不例外。這些主客之間的衝突、矛盾,有輕有重,有的可以化解,有的可以削減,而且處理矛盾關係並不僅僅是主體與當事公眾的事,還有對其他社會公眾、旁觀者的影響問題。因此,在解決與公眾的矛盾或分歧時,也要講究文明禮貌的言語策略:擺事實,講道理,不胡攪蠻纏,不侮辱謾罵,適當禮讓,講服務文明用語、不講服務忌語,即使是拒絕也是禮貌拒絕,指責也是委婉指責。這樣就有利於解決問題。例如:

　　　　1986 年 7 月的一天傍晚,金陵飯店總經理接到報告,說由於管道工粗心,忘了關上管徑門,結果老鼠跑出來,把 35 樓 12 號房間一位英國客人的皮包咬破了,裏面一些吃的東西也咬壞了。客人大發雷霆,揚言回國後要向新聞界透露此事,要告訴別人以後再也別住金陵飯店。此事有關飯店的聲譽和形象。總經理親自處理此事,我們看總經理對怒氣沖沖的英國客人說的一席話:「今天所發生的事,我們感到非常對不起您。讓您受驚了。」講到這裏一位服務員手端一盆新鮮水果進房,以示歉意。總經理接著說:「我們店開業不久,管理上還存在不少問題,先生您走南闖北見識多,在服務上、管理上歡迎您多提寶貴意見。先生今天的損失,按國際慣例,我們立即為您調換房間,房價對折,皮包壞了我們應照價賠償,請先生開個價。」一席話說得客

人氣消了一半。隨後總經理又與英國客人聊家庭、妻子、孩子、天氣，氣氛越來越融洽。第二天當客人準備離店時，總經理已帶上贈送給英國客人的小禮物等候在大門口。臨上車前，那位英國人一再說「以後還要來住金陵飯店」。

（引自方世南等主編《公共關係學》，第 216 頁）

面對怒氣沖沖的英國客人，總經理不強調任何客觀原因，沒有半點辯解語，而是直率承認錯誤，誠懇致歉，稱讚對方，滿足對方自尊心；提出「按國際慣例」賠償損失，語調親切、口氣溫和、敬語謙詞得體，話語有禮有節、有根有據，使得對方火氣全消，彼此竟聊起了個人私事，感情達到相當融洽的地步，為以後的來往打下了良好的基礎，充分體現出禮貌語言潤滑人際關係、化解矛盾的功用。

協調內外各種關係，解決各類矛盾，說服各種消費者公眾是商業人員的經常性工作之一。櫃檯是一個開放的窗口，營業員整天與各種人打交道，難免碰到與公眾矛盾的事，營業員如善於運用禮貌語言，常可化解矛盾。有一篇介紹優秀營業員處理矛盾經驗的文章說，某毛巾櫃前營業員正在招呼買賣，突然傳來一聲大喝：「你瞎眼了？我站半天了，你睬都不睬，你這是什麼意思？」面對這位火氣沖天的顧客，營業員微笑著說：「對不起，我沒注意，讓您久等了。我這邊收完錢，就給您拿。」得體的微笑，溫和的態度，禮貌的語言反使顧客感到不好意思了，買完東西，那位顧客主動道歉說：「對不起，剛才真不好意思，你多擔代」，顧客滿意地走了，營業員的美好形象、商店的美好形象也隨之樹立起來。又如一位顧客在某食品店買了一盒蛋糕，可後來又發現另一家食品店比自己買的更便宜，於是立即返回要求退貨，並說：「我愛人已經買了，不需要兩盒。」營業員微笑說：「實在對不起，吃的東西出門不能退，這是商店的規定，也是對所有顧客負責，請您諒解。」態度和氣，語意真誠有禮，這位顧客也就不堅持退換，也沒不滿或鬧矛盾。

㈢商業禮儀語言是實現經濟效益的手段

商諺説：「信是搖錢樹，禮是聚寶盆。」錢從信中來，寶自禮中出，經商要賺錢，關鍵靠商業職業道德。商德是服務質量的基礎，是取得經濟效益的法寶。而誠實守信，禮貌待客是商德的核心。我國古今都有不少商人深諳文明經營、禮貌待客之重要，規範商業禮儀的《生意經》對此作了精當的概述：

> 生意經，仔細聽，早早起，開店門。
> 顧客到，笑臉迎，送煙茶，獻殷勤。
> 待顧客，要恭敬，顧客問，快答應。
> 貨與價，記得清，從不煩，總耐心。
> 講禮儀，重信任，保質量，客盈門。
> 對老幼，要攙送，多推銷，盈萬金。

北京模範商業工作者穆載生曾就禮貌語言藝術與商品銷售關係作過一些試驗：使用平淡的櫃檯用語，日銷售額為五百元；使用較禮貌的櫃檯用語，日銷售額提高至七百元；使用熱情洋溢、文明禮貌的櫃檯用語，日銷售額可提高至一千元。

隨著市場經濟的發展，現代善於營商者大都意識到禮儀語言在商業競爭中的經濟效用，努力掌握和運用禮儀語言藝術，以之作為創造最佳經濟效益的手段。有人説，禮儀及其用語是通向現代市場經濟的「通行證」，這話概括了禮儀及其用語的經濟價值，揭示了經商致富的文明手段。

四　商業禮儀語言的運用

現代社會，商業活動異常複雜，各種商業活動都要運用禮儀語言。商業禮儀語言豐富多彩，各種商業語言都有一定的社會約定俗成的行為規範與模式。下面分別論述商業社交和商品銷售中的禮儀語言運用問題。

㈠商業社交中的禮儀語言運用

社交是指人們在社會生活中為滿足某種需要而進行的資訊交際或聯繫，是社會生活的重要內容，也是維持人們正常生活的基本條件。任何人都不能缺少社交，商業人員進行社交活動是其商業活動的經常性工作，它直接關係到商業企業的生存和發展。商業人員進行商業社交除了與人為善、講信重義以外，講究社交禮儀語言的運用是其順利進行社會交往、促進商業成功的重要條件。商業社交禮儀語言最常見的是介紹與稱呼、握手、致意、名片的遞接、寒暄、拜訪與迎訪、贈禮與受禮中的語言。

1. 介紹與稱呼

⑴介紹。商業介紹主要是自我介紹和為他人介紹。

自我介紹。在商業交際場合中，由於人際溝通的需要或業務上的需要，常常要主動地向別人介紹自己。自我介紹的禮儀語言在國內和國外有所不同，在國內可先向對方點頭致意，得到回應後，再客氣地問對方：「請問您尊姓大名？」對方感到你對他的尊敬，估計你要和他相識，他便會向您通報姓名，這時，你應跟著對方所報姓名稱呼對方，表示問候，並自我介紹說「×××先生（小姐），您好，我叫×××……」並送上自己的名片，在西方，上述方式就會顯得對對方不尊重，不禮貌，因為按西方習俗，應是先自我介紹，表示出一種尊敬和謙遜的態度，然後才探問別人的姓名。例如，走上前去，向要認識的人伸出手來，說：「我是×××，您好！」對方一般會邊與你握手邊回答：「您好，我叫×××。」介紹時，表情要坦然、親切，注視對方，舉止莊重、大方，態度鎮定而充滿信心，表現出渴望認識對方的熱情。自我介紹的方法應視不同的對象而異。如果把自己介紹給領導、長輩、名人時尤其要謙恭有禮，但不要點頭哈腰，也不要自卑地貶低自己，比如可以說：「請讓我自我介紹一下，我的姓名是×××」，如果對方年齡、地位差距不大，可以說：「您好，我名叫×××。」或者說：「您好！咱們認識一下，好嗎？我叫×××。」如果

是在外地甚至國外，還可以報上自己的家鄉和祖國。自我介紹的方式應根據具體情況而定。一位供銷科長在一次社交集會上這樣自我介紹：「我是××公司跑供銷的，我叫王××，今後希望各位經理多加指教。」話畢面帶微笑，向周圍的人雙手送上自己的名片。這番自我介紹，自然語言與體態語巧妙結合，口頭上非常謙虛地說自己是跑供銷的，具體職務、官銜讓名片替自己補充，言語簡潔、得體，合乎禮儀。如參加宴會，因為遲到，宴會已經開始，而主人又未能把你介紹給來賓，在這種場合，你就應該走到賓客面前，這樣作自我介紹：「各位好！很抱歉，來遲了，我叫××，在××公司做公關工作。」這樣，可便於別人與你交談。如參加會議，沒他人介紹，你想結識某人，可走到他面前，主動自我介紹：「您好！我叫×××，見到您很高興。」邊說邊送上自己的名片，以引起對方的回應，也可先婉轉地詢問對方：「先生您好！請問我該怎樣稱呼您呢？」等對方自我介紹後再順勢介紹自己。

為他人介紹。為他人介紹就是給不相識的人作介紹或者把一個人引薦給其他人相識。為他人作介紹一般是由單位領導、東道主、公關禮儀人員或與被介紹人雙方都相識的人承擔。介紹的內容一般包括雙方姓名、工作單位和職務等。例如：

我來介紹一下，這位是××先生，目前任職於××廣告公司，美學愛好者，這位是××公司總經理××博士。

為他人介紹，一般要堅持受到尊重的一方有瞭解對方的優先權的原則，把職位低的先介紹給職位高者，把年輕的先介紹給長者，把男士介紹給女士，把客人介紹給主人，把本企業職位低的人介紹給職務高的客戶。如果雙方年齡、身分、性別相當的，則應把自己較熟悉的先介紹給對方。違反這一順序則有失禮儀。作為仲介人在為他人做介紹時，必須遵循禮貌、合作的交際原則，態度要熱情友好，語言要清晰明快、文雅有禮。例如可以說：「尊敬的××教授，請允許我向您介紹一下……」「張董事長，請允許我將我的秘書×小姐，介紹給您。」作介紹時應配以適當的體態語：介紹時一般起立，面帶微笑，

掌心向上，胳膊略向外伸，指向被介紹者，邊說邊示意。

(2)稱謂。稱謂是人們用來表示彼此關係的稱呼。稱謂分親屬稱謂和社交稱謂兩種，與商業社交禮儀關係最密切的是社交稱謂。

社交稱謂是社交大門的通行證，是溝通人際關係的第一座橋梁，它強烈地反映出交際雙方的角色關係和個人的社會價值，同時表示一方對另一方的敬意，是文明禮貌的重要內容，因而選用什麼稱呼語指稱交際對象要十分慎重。一聲充滿情感而得體的稱謂不僅體現出一個人待人禮貌誠懇的美德，而且使對方感到愉快、親切，易於建立、增進交際雙方的感情，《演講與口才》雜誌有這樣一例：某人曾在部隊當過幾年兵以後復員到地方一家商業公司工作。一次與某單位打交道時產生衝突，雙方僵持不下。後來他得知對方單位有一領導幹部曾在他當兵的那個團任團長，雖然不怎麼記得他，可是他找到那位領導同志，口口聲聲地稱對方「老團長」，而不稱對方現時的領導職務。「老團長」的稱呼語調動了雙方特有的上下級感情，在那位昔日團長的促進下，衝突在互諒互讓中順利地得到解決。

在商業交際中稱謂語使用是否得當，有時會直接影響到經濟效益。有一次一個五十歲模樣的女士到石牌商場想買衣服，售貨員問：「亞婆你要中號的還是要大號的？」這位女士瞪眼看著售貨員說：「你才是亞婆！」說完便很不高興地轉身走了。可見，在商業交際中，稱謂語的選擇，很有講究，必須慎重對待；選用時尤其要注意如下三點：

第一，準確、得體。社會是由性別、年齡、職業和文化程度不同的人組成的，對社交稱謂語的選擇，要視交際對象、身分、雙方關係和場合等而定，做到準確得體，才合乎禮儀。有一個時期，「老闆」、「師傅」這兩個稱呼用得很普遍，不少青年人很喜歡用以稱呼人，顯然，稱營商者為「老闆」，呼工人、廚師、理髮師做師傅，都恰當，而且，顯得親熱，有禮，但用來稱呼幹部、教師、醫生，甚至有的地方研究生稱自己的老師為「老闆」都很不得體、不禮貌。有一次到市場買菜，一個賣菜青年問我：「師傅，你要什麼菜？」稱我為

師傅，我心裏很不舒服，也就不跟他買，就走開了。使用稱呼語也要注意雙方之間的關係，比如師生關係，是永遠不變的，我的學生稱我為「老師」，我覺得很親切，稱我為「教授」，我就覺得不舒服，因為太莊重了，而不大相熟的人，稱我為「教授」，我倒覺得是他對我的敬重。我的一位老師送給我一幅墨寶，上寫「運漢學弟雅屬」我覺得很親切，而我的另一位老師送給我一本他的著述，在書的扉頁寫「運漢教授教正」我就覺得生疏了。稱謂語的使用也要看場合，在嚴肅或莊重的場合一般稱職銜，如「董事長、總經理、廠長、主任、書記」，或使用一些表示尊重的或客套的稱謂，如「太太」，「小姐」、「女士」、「先生」、「同志」等；在非正式場合，就可以視親疏關係而定。一位總經理正在與幾位客人洽談業務之事，其屬下的一位職員進來說：「哥哥，有電話找你。」這是很不得體的，難怪事後總經理批評他：「一點禮貌都不懂，在家可以叫我哥哥，在公司一定要叫我總經理」。

　　第二，體現對他人的尊重。前面說過獲得尊重是人的七種基本需要中的一種心理需要。對他人的合乎禮節的稱呼，正是表示稱呼者對被稱呼者尊重的一種方式。為了體現尊重，除了稱謂準確得體之外，稱呼對方還要用尊稱。漢語辭彙中有很多尊稱詞語。自古至今，在社會交往中稱呼他人時，多冠以尊詞，如「尊、貴、令、高、雅、臺、老、大、閣、鈞、玉、惠、芳」等，正如《顏氏家訓》所說：「凡與人言，稱彼祖父母，世父母、父母及長姑，皆加尊字、令字，自叔父母以下，則加賢字。」現在進行社會交際與商業交際的稱呼中仍遵守中華民族這一傳統美德。常用的如，對姓的尊稱：貴姓、尊姓、高姓；對名字、單位的尊稱：尊名、雅號、芳名（女性）、貴公司、貴廠、貴店、貴會、貴方……；對人年齡的尊稱：貴庚、高壽、高齡（對年長者）、尊壽（對成年人）、芳齡（對女性）……；對人祖父母及父母雙親的尊稱：尊祖父、尊祖母、令祖父、令祖母、尊祖、令祖、尊親、尊大人……；尊稱對方的妻子：令妻、夫人、令夫人、尊夫人、嫂夫人、賢內助……；尊稱對方的言論、觀點、意見：尊論、

高論、宏論、尊意、雅意、鈞意、高見、尊見、芳意（女）等等。在社交場合對任何交際對象都忌叫小名、綽名，私下裏朋友之間互稱小名、綽名，可以表達一種親昵的感情，但在大庭廣眾之下相稱則容易損害對方的自尊。

第三，入鄉隨俗。不同民族、不同地區的社交稱謂具有一定的民族、地區性特徵。例如，內地表示對人的尊重，習慣抬高其輩份，而港澳地區受歐美風俗的影響總喜歡以低一輩的稱謂相稱。東莞售貨人員常稱年輕的女顧客為「靚女」，廣州常稱老闆為「老細」，而在東北西北地區就沒有這樣的稱謂。上海人慣稱老師或師傅的配偶為「師母」，北京人都習慣稱她們為「嫂子」、「大嫂」。在北京，對老年男子，城區稱「老同志」、「老先生」，郊區稱「老大爺」；對老年女子，城區稱「老太太」、「老大媽」、「老大娘」，郊區稱「大媽」、「大嬸兒」。在廣州常稱老年男子為「亞伯」，稱老年女子為「亞婆」。在涉外活動中，按照國際通行的稱呼慣例，對已婚婦女稱夫人、未婚女子為小姐，一般稱婚姻不明的女子為女士。在日本對婦女一般不稱小姐、女士，而稱先生。因此，在交際活動中運用稱謂語，要入鄉隨俗，適應稱謂的民族性、地域性特點；否則，就不合禮儀。

2. 握手與致意

(1)握手

握手是人際交往與商業活動最為常用的見面禮，它可以表示歡迎、友好、祝賀、感謝、敬重、致歉、慰問、惜別等各種感情。但不同的握手動作表示出不同的感情和不同的態度，正如美國女作家海倫・凱勒的親身體會：我接受過的手雖然無言卻極有表現力。有的人握手拒人千里……或握著他們冷冰冰的指尖，就像和凜冽的北方握手一樣，也有些人的手充滿陽光，他們握住你的手，使你感到溫暖。可見，用握手表達感情是大有講究的。如何運用握手策略，表示不同的感情以及握手的程序、握手的方法等，前面談握手語時已有論述，這裏補充論述如何體現禮節的問題。

①握手語與有聲語言並用。為了表示尊敬，應邊握手邊開口致意，例如說：「您好！」「見到您很高興！」「歡迎您！」「恭喜您！」「辛苦啦！」「給您添麻煩了！」「打擾您了」「謝謝您的盛情款待」等等。

②握手語與其他體態語並用。為了表示敬意，握手時應上身下彎十五度角左右，頭微低，面帶笑容，眼睛注視著對方，而不要左顧右盼，如與尊者握手，也可雙手齊握對方一隻手，即右手緊握對方右手時，再用左手加握對方的手背和前臂，以示敬意。

③注意場合與時機。握手是人際交際與商業交際的基本禮儀，在必須握手的場合，如果拒絕忽視別人伸過來的手，就意味著自己的失禮。比如與友人久別重逢時，社交場合突遇熟人時，迎客與送客時，拜託時，與客戶交易成功時，勸慰友人時等都是應該握手的場合，都應該把握時機與人握手，以示自己識禮重禮與對對方的尊重。

④注意異域習俗。每一個國家和民族都有自己的文化和習俗，握手語也因文化與習俗而異。在中國，握手是最常見、使用範圍十分廣泛的見面禮，但某些閉塞的地區，握手仍是相當令人難為情的舉動，尤其是異性之間，一般要女性主動伸出手來，男性才敢握她的手，如果是男性主動握女性的手，很可能使她產生不悅和誤解。在外國，如日本一般不跟別人握手，只是行鞠躬禮，男人往往一邊握手一邊鞠躬。菲律賓有些地方，人們握過手往往轉身向後退幾步，表示身後沒有藏刀，是真誠的握手。義大利人一般不喜歡對方主動握手，只有他主動伸出手來，對方才可以相握。坦桑尼亞人在見面時先拍拍自己的肚子，然後鼓掌，再互相握手。現代美國人第一次見面笑一笑，說聲「嘿」或「哈囉」，並不握手。

⑤力避握手的不禮貌行為。不注意先後順序搶先伸手，手不乾淨或不脫手套；一邊握手，一邊扭頭與別人說話；男士與女士握手，掌心對掌心；用力過度或敷衍；左手相握等等都是不禮貌的行為。

(2)致意。

致意是用體態語言表示友好與尊重的一種問候禮節。這種禮節是日常人際交往和商業交往使用頻率最高的見面禮。

致意的禮節大都在交際場合遇到相識的朋友，在距離較遠或不宜多談的情況下使用，有時對不相識者也可使用，在送別客人和朋友時也常使用。

致意的基本要求是誠心誠意，表情和藹可親。致意的基本原則是晚輩先向長輩致意，職位低者向職位高者致意，學生先向老師致意，男士先向女士致意，女士遇到長輩、上司、老師和特別敬慕的人以及一群朋友先致意。長輩、老師、職務高者為了展示自己平易、隨和，也常會主動向晚輩、學生和職務低者致意。

致意主要工具是體態語。例如，在公共場合遠距離遇到相識的人時，一般是舉手致意；在不宜交談的場合大都是點頭致意；在同一交際場合，向不相識者或同一場合反覆見面的老朋友打招呼，可用點頭或微笑致意；在站著或坐著可點頭致意或目視致意；男士戴著帽子遇到友人特別是遇到女士時應摘帽欠身致意；在送別客人或朋友時可舉手或揮手致意，也可揮動手帕或揮動帽子致意；有時相遇者側身而過時，在使用體態語致意的同時，也可使用有聲的問候語，如「您好」、「節日好」等，使致意增加親密感。

3. 遞接名片

名片是社會交往中用來自我介紹的溝通媒介，它是交際生活中的一種文化現象，在現代社會人際交往和商業交往中使用越來越普遍。商業人員使用名片，除了起到交際溝通作用之外，還能產生公關效應，能輔助樹立組織或企業及其產品的良好形象，增加社會效益和經濟效益。因此，商業人員交換名片，應十分重視禮儀效應。

遞送名片時，應目光和藹正視對方，面帶笑容，恭敬地用雙手的拇指和食指輕輕捏住名片的兩角，送到對方的胸前，並伴用禮貌語言誠懇地表白：「我叫×××，這是我的名片，請多關照」，或「請多指教」、「請多聯繫」之類，以贏取對方的好感。如與外賓交換名片，要依從對方遞交名片的習慣，例如，日本人喜歡用右手送名片，

左手接名片，歐美人、印度人習慣於單手與人交換名片。

接受他人名片時應起立或欠身，面帶笑容，用雙手的拇指和食指捏住名片下方兩角，並伴以有聲語言傳情：「謝謝！」「能得到您的名片十分榮幸。」或者說：「哦，您就是×××公司的總經理×先生呀，久仰大名」之類。接過名片後應認真地看一遍，並把它慎重地放入上衣口袋。如果接過他人的名片後一眼不看，或匆匆看過一眼後就漫不經心地往褲子口袋裏一塞了事，這是失禮失敬的舉動。

4. 寒暄

寒暄或曰攀談，是接近對方的一種常用手段，是社交和商業活動中的重要內容。得當的攀談可以很快打破陌生的界限，縮短雙方的感情距離，創造和諧的氣氛，導出談話的正題。但是要使攀談取得成效，就必須遵循一定的禮節。

攀談最常見的方式有三種：

　　(1)問候式。問候就是詢問安好，表示關切，有禮貌。例如，表現關懷的問候語：「最近身體好嗎？」「很忙嗎？」「最近生意如何？」表現禮貌的問候語，現在喜歡用「您好」「您早」「新年好」，表現思念之情的問候語：「很久不見，你近來怎樣？」「多日不見，很為想念。」

　　(2)攀認式。攀認就是在介紹過程中尋找到需要接近的對象，記住對方的有關資訊，然後以攀認「親」、「友」關係為契機，讓對方打開話匣子，達到與其接近、建立交往的目的。例如，「您是廣東人？我也出生在廣東，我們是同鄉了。」「您是部隊轉業的？我也在部隊工作過好幾年，我們算是戰友了。」「您是暨大畢業的？說起來我們還是校友呢，……。」這樣發掘雙方的共同點，從感情上靠攏對方，很有助於建立交往，發展友誼。

　　(3)敬慕式。敬慕式攀談是對初次見面者尊重、仰慕、熱情有禮的表現。例如，「幸會幸會，久聞芳名了！」「我拜讀過您的大作，受益良多！」「我曾聽過您的學術報告，令人耳目一新，今日有幸當面請教，機會難得。」

攀談語的禮儀體現:

(1)態度要真誠,語言要文明得體。通過攀談力求使對方對你所代表的企業有良好印象,也力求使你本人給對方留下謙恭得體、文明有禮的好印象,這就需要態度真誠,言必由衷,內容健康有益,選用得體的攀談語來打動對方,實現溝通。要適當使用自謙語,例如,「豈敢」、「過獎」、「多指教」、「多關照」等。運用的謙語必須恰到好處,不亢不卑,不能給人以虛偽、不真實的感覺,攀談中使用的讚美語要得當,既要充分滿足對方的自尊心,又要適可而止,把握分寸,要莊重文雅,要避免粗俗和過頭的恭維話,如「您學貫北斗,舉世聞名」、「今日得見,三生有幸」之類都顯得不自然。

(2)使用攀談語要看對象。敬慕式最適合用於與名人接近,與同行的經理、董事長攀談時說:「請多關照」也很得體。攀談對象如果是西方小姐,你讚美說:「小姐,你真是太漂亮了」,「看上去真迷人」,她會很高興,並會很禮貌地說:「謝謝」!如果是有文化的中國姑娘聽了這樣的話,也許不會有什麼反感,如果是文化水平不高的聽了,也許會罵「流氓!」。

(3)攀談語要簡潔。不要高談闊論,別人回話時,要耐心傾聽,不要東張西望;攀談要把握時機,別人在說話時,不要插話攀談。

5. 拜訪與迎訪

(1)拜訪。拜訪就是親自或派代表到某人的家裏或工作單位去拜見訪問某人,這是人際交往和商業交往中不可缺少的一種禮儀活動,這種禮儀活動對於建立聯繫、交流訊息、聯絡感情、發展友誼,有著其他禮儀活動難以替代的效用。拜訪也有相應的禮儀語言規範和模式,最主要的是:

第一,選好時機,事先約定,依約而至。無論是私人拜訪,還是代表組織拜訪;無論是禮儀性拜訪,還是事務性拜訪;無論是拜訪熟人,還是拜訪未曾相識的人,都必須事先打電話或寫信或托人聯繫約定合適的時間、地點,並把拜訪的意圖告訴對方。預約的語言必須懇切、有禮,必須是用請求、商量的口氣,切勿用強求命令式。雙方

約定了會面的時間，作為訪問者就要依約按時而至，如因故遲到就向主人道歉，這是訪問的第一禮儀，它體現了對被訪者的尊重。

第二，恭敬有禮，舉止文雅，言語得體。到受訪者寓所拜訪，輕敲門或按門鈴，待有回應或有人開門相讓，方可進入。見到主人，應熱情問好，當主人介紹來訪者與其妻子或丈夫或家中其他成員相識時，來訪者應熱情點頭致意問好。當主人請坐時，應說「謝謝」，坐時要有「坐相」；當主人上茶時，要起立雙手接迎，並熱情道謝。同主人談話，態度要誠懇自然，言語要文雅得體。

第三，適時告別，告別語要得體。拜訪的目的如已達到，固然要適時告別，如有事請求，即使未能如願，停留的時間也不宜過長，一般以半小時左右為宜。強求別人如你所願，硬消磨時光是不禮貌的。決定辭別，要向主人示意，辭別時，要感謝主人的熱情接待。出門後要請主人就此留步，並舉手或揮手致意，以表達再三感謝之情。

(2)迎訪

迎訪就是迎接到來訪問的客人，這也是社交和商業活動中不可缺少的禮儀活動。客人來訪，不管是事務性的，還是禮節性的，或者是私人性的，作為迎訪的主人都應遵守特定的禮儀語言規範。主要是：

第一，熱情迎接。一般來說對前來參加商業活動或地位較為尊貴的外地客人，主人應親自或派代表按事先約定的時間，到機場、車站、碼頭迎接；對近道初次來訪的，也應到寓所或企業單位的門口迎接。迎接時，一見到客人前來就應招手示意歡迎，並上前主動與客人握手並熱情地致歡迎語、問候語：「歡迎歡迎」、「稀客稀客」、「路上可好？」、「辛苦啦！」，如客人手提重物，應主動幫助接提，並走在前面帶領客人乘車或步行至寓所或企業單位的接待廳。

第二，禮節周全。客人進入客廳後，應請客人坐比較舒適的座位。如果客人未經事先約好，突然到來，無論多忙，也應停止工作，熱情接待。客人坐落後就應熱情地給客人敬茶或送上飲料、糖果，並陪伴客人，不應藉故隨意離開客人，與客人談話態度要誠懇熱情、精

神飽滿，不要暴露出疲倦或不耐煩的神態。如客人有事要幫忙，應盡可能滿足要求，如有困難，也應委婉地說明，儘量使客人滿意。如客人送上禮品主人應雙手捧接，並致謝說：「太讓你破費了，真不好意思。」「您太客氣了，給我買這麼多珍貴的禮物。」

　　　　第三，禮貌送客。客人告別要走，應婉言挽留，若執意要走，並起身告辭，主人便應起身道別。送別客人是客人在前，主人在後，一般送出門外，待客人伸出手來，主人方可伸手相握，目送客人遠去，可揮手致意，並道：「再見，一路平安！」「歡迎再來。」

㈡商品銷售中的禮儀語言運用

商品銷售中的禮儀語言運用，主要表現在：

1. **接待語言熱情有禮。**接待是營業員出售商品和提供服務的過程，在這個過程中，顧客通過貨幣與商品及服務的交換，不僅要得到物質上的滿足，而且要從營業員的服務中獲得精神文明的享受。為此，在整個售貨過程中都要視顧客如貴賓，積極主動熱情有禮地為顧客服務。這表現在語言上，主要是：

⑴主動送給顧客一份得體的見面禮。給顧客打招呼是商品銷售語言的「先鋒官」，它對創造相互尊重、和諧友好的銷售氣氛，樹立企業和售貨人員的良好形象，滿足顧客的心理需求，有著「開路」、「搭橋」的重大作用，是營業員送給顧客的一份得體的「見面禮」。曾被《商業中心界》稱為美國「銷售的秘密武器」的蘇珊小姐，就非常善於通過打招呼給顧客留下良好的第一印象，但她並不像一般營業員那樣，開口就說：「我能為您做點什麼？」「您想買點什麼？」之類，而代之以「您好！」「早晨好！」「您的身體太棒了！」等話語，既縮短了與顧客的心理距離，又不會給顧客造成一種「催買」的感受。當然，也不一定對每一個進門顧客都熱情打招呼。大體說來，對那些有定向購物意圖，進商店就直奔貨架上尋找自己所需的商品的顧客，售貨員就應立即上前主動打招呼：「您好，請問要我幫忙嗎？」「您好，請問您需要些什麼？」這樣招呼，態度友好、熱情，

語言簡潔、明快，很能適應顧客急於找到購買目標的心理需求。對那些進商店後邊走邊看，或者走走停停的顧客，售貨員可以用眼光跟隨他們，不必立即主動打招呼。如果他停住腳步仔細觀察某種商品，表現出購買的欲望和在權衡價格與品質的神情時，售貨員則應熱情打招呼：「您好，您喜歡什麼」，或說：「您好，有您感興趣的東西嗎？」如果不打招呼顧客感到受怠慢，就是失禮。但是對那些進商店後漫無目的地逛來逛去，意不在購物，而在消磨時間或參觀瀏覽看熱鬧的顧客，售貨員就不要打招呼，讓他們自由溜達。若冒失地問一句：「您要什麼？」對方聽來可能誤解為「不買東西就別在這裏閒逛。」認為售貨員沒禮貌，趕他走。優秀的營業員都很注意掌握向顧客打招呼的時機。日本有位經驗很豐富的營業員曾歸納了向顧客打招呼的六個時機，即顧客凝視某種商品的時候；顧客細摸細看某種商品的時候；顧客抬頭將視線從商品轉向售貨員的時候；顧客停住腳步仔細察看商品的時候；顧客尋找商品的時候；顧客與售貨員目光相遇的時候。多次位居大陸十大商場營業額之冠的廣州南方大廈在其〈文明禮貌服務規範條例〉中，對售貨員應該在什麼時候主動向顧客打招呼作了明文規定，如「當顧客在櫃檯邊停留時；當顧客在櫃檯前漫步尋找商品時；當顧客撫摸商品時；當售貨員與顧客目光相遇時；當顧客之間在議論商品時……」這種規定與上面說的那位日本售貨員總結的六點大體相同，都是售貨員與顧客打招呼的適當時機。向顧客主動適時打招呼正是「以顧客為中心」、「禮貌迎客」的一種體現。

(2)介紹商品實事求是。實事求是就是對不同品質、品種、等級、型號、色澤、款式的商品，根據顧客各種不同的需求與愛好作恰如其分的介紹，不胡亂瞎吹，矇騙顧客。這是商業職業道德的基本要求，也是對顧客的一種尊重，尊重就是禮儀。一位顧客進商店買密碼鎖，營業員熱情地介紹說：「現在有兩種貨。一種是日本進口的，款式新、質地好，但價錢較貴。一種是國產的，雖說用料差些，但款式、做工都不錯，而且價格比較便宜。」營業員實事求是地介紹了兩種密碼鎖各自的優點和不足，毫不隱瞞，顧客聽了感到可信，毫不猶

豫地買了國產貨。可是有些奸商或心術不正的售貨員慣用坑、蒙、拐、騙的手段去愚弄顧客，或者像老王賣瓜，儘量往好裏說，甚至譁眾取寵，誇大其辭，標榜產品「優質耐用、世界第一」，胡亂堆砌諸如「最佳」、「超級的」、「絕無僅有」一類令人難以置信的美辭溢語。列寧說：「在市場上常常看到一種情況：那個叫喊得最凶和發誓發得最厲害的人，正是希望把最壞的貨物推銷出去的人。」（《列寧全集》第 20 卷第 294 頁）商品介紹脫離了商品的優點和價值，過分誇大和渲染，是違反商德的、不禮貌的行為，它只能增加顧客與客户的不信任感，甚至引起反感。

　　(3)服務語言文明禮貌。商品銷售服務離不開資訊的傳遞交流。資訊傳遞交流的主要工具是語言。商品銷售運用的語言文明禮貌與否，不僅反映商業服務人員的思想覺悟、品格道德和文化禮儀素養，而且關係到商業服務品質、商業企業的形象和經濟效益。《廣州日報》一篇題為〈店員出惡語「上帝」反被辱〉的短文說了這樣一件事：

　　……何伯從幾百里的鄉下來廣州，旅途中衣衫弄了污泥。一出了車站，便直奔一間夏裝商店準備買件新衣換上。走到夏裝櫃檯，他發現有件淺灰色的短袖衫挺適合自己，便請售貨員拿到櫃檯上來仔細挑選一下。接連叫了四聲「同志」，卻無人理睬，一旁的售貨員向他瞟了兩眼無動於衷。沒辦法，何伯只得又大聲喊了兩次，不想此刻卻惹惱了旁邊的女售貨員，她氣沖沖過來斥責道：「瞎嚷什麼？沒看見那麼多人嗎！」何伯說：「對不起，請您拿那件灰的給我看。」女售貨員漫不經心且覺厭煩地把衣服扔到櫃檯上。

　　何伯為了弄清質地，用手捻了一下，沒想到這下卻惹得女售貨員大發雷霆，板著臉孔說：「幹嘛呢，老頭，髒兮兮的手瞎摸什麼！」何伯再也按不住火了，回敬道：「你這個女同志怎麼不留點口德，不讓摸沒關係，怎麼出言不遜呢？」「什麼遜不遜，瞧你那副髒樣，衣服弄髒了，我還能賣嗎？」「伶牙俐齒」的女

售貨員對著何老伯又是一陣子惡心數落，何伯被氣得渾身直打哆嗦。這時引來了不少圍觀的群眾，紛紛指責女售貨員的言行。後來，有人請來了商店負責人，負責人當即對售貨員進行了批評，並立即向何伯道歉，同時親自為何伯挑選了一件稱心的衣服，然後以七折的價格賣給了何伯，藉此作為對何伯的賠償。

那位商店負責人的行為是及時且有效的，也是合乎《消費者權益保護法》的。但何伯的精神上所受的傷害是那七折的減價所能彌補的嗎？

何伯對售貨員說的話是文明禮貌的，他挑選商品也無可非議，而售貨員給他的卻是如此的「禮遇」，使他遭受侮辱、咒罵，精神上受到傷害，這是售貨員極其不文明禮貌的行為所帶來的後果，這後果也帶來了商店形象的損害和經濟的損失。

櫃檯服務人員的語言是溝通企業組織與消費公眾關係的橋梁，是維繫營業員與顧客關係的紐帶，是關係著買賣能否成功的重要因素，文明禮貌顯得尤為重要。櫃檯服務人員的文明禮貌語言，概括來說就是舉止文雅，談吐謙和得體，不強詞奪理，不蠻行無理，不講粗話、髒話，具體表現為：

首先是語調親切柔和。語調是指貫穿整個句子的抑揚頓挫的調子，它對於傳情達意，有重要作用。不同的語調是表達者的不同感情的自然流露，同一句話常因語調不同，產生的效果也不同。調子太高太強，會使人感到生硬無禮；調子太低太弱，會使人感到態度冷漠；調子太短促或拖長，則顯得不耐煩。例如前例中那位女售貨員板著臉孔說：「幹嘛呢，老頭，髒兮兮的瞎摸什麼！」「什麼遜不遜，瞧你那副髒樣。衣服弄髒了，我還能賣嗎？」這樣對顧客高聲喝斥，就是粗野無禮的表現，一般來說，不高不低、不強不弱、不短不長的調子，才顯得親切柔和。例如：「小朋友，喜歡捉迷藏吧，黑貓警長逮老鼠系列玩具，好玩極啦！」「這位大哥，兒女身上該花錢，來台智力遊戲機，孩子玩耍時，還能鍛鍊智力呢。」這位營業員的話語語調高低適中，語氣自然柔和，語速快慢適當，表現出他對顧客的誠心和

敬意，使顧客感到懇切熱情、温暖愉快，從而縮短相互之間的心理距離，溝通感情，促進交易成功。

其次是委婉中聽。委婉是指不直說本意，而用迂迴曲折或者迴避比較敏感的貶義字眼的言語來烘托或暗示出來，使人聽來覺得得體、文雅。營業員與顧客打交道常常會遇到不能或不宜於直接說出的話，這樣的話必須說得委婉含蓄，讓顧客在比較舒坦的氣氛中接受訊息。例如，顧客試衣的時候，覺得身體過胖，穿起來不好看，售貨員應使用「富態」、「豐滿」，避免說：「太胖」、「太肥」。由於年紀關係，有些顧客會自嘲式地說衣服色澤「太豔」，穿上後「太刺眼」，「會被人笑話」，售貨員稱對方「不像上年紀的人，穿上這種顏色會更加精神」，必然會使對方堅定購買的信心。有些顧客相中了貨物，但又嫌價格偏高，營業員如說：「換件便宜的怎樣？」或許會傷害對方的自尊心，如果婉言說：「如果價錢不能使您感到滿意的話，咱們是不是再看看別的？」這樣就會使顧客有心理上或精神上的滿足愉悅。《人民日報》曾介紹優秀營業員李盼盼，她在賣菜時，對公德觀念不強的顧客說：「同志，請您當心一點，別把菜葉碰下來。」這樣用含蓄的話語替代「剝菜葉是不好的」，就顯得巧妙、文雅。

第三是多用服務文明用語，不說服務忌語。商業服務文明用語是營業員對顧客尊敬和文明禮貌的體現，更是營業員與顧客建立良好關係所不可少的言語手段。

服務文明用語是多種多樣的，營業員要根據不同的場合、不同的內容、時間來選用，才能得體。例如：

●早上，顧客走近櫃檯時，應說：

　①早晨好！

　②您好！

　③歡迎您光臨！

　④您想看點什麼？

　⑤我們這兒經營××商品，歡迎您參觀選購……

●向顧客介紹商品時，應說：

①您想看的是這個商品嗎？

②這種商品雖然價格偏高一些，但美觀實用，很有特色，您買回去用用看。

③您穿上這套服裝更顯得成熟、老練。

④對不起，您要的商品暫時無貨，××商品的價格、質量、性能和它相仿，您看能否代用？

⑤您還看看別的商品嗎？

……

● 顧客挑選商品時應說：

①您想看看這個嗎？需要什麼花型我給您拿。

②您仔細看，不合適的話就再給您拿。

③對不起，今天人多，營業員少，拿太多商品出來一時照看不過來，先給您這件看看，不行我就再給您換，好嗎？

④別著急，您慢慢選吧！

⑤對不起，這次沒能使您滿意，歡迎再來。

● 業務忙時，應說：

①請您稍等，我馬上給您拿。

②您別著急，請按順序來，很快就能買到。

③您先別急，我先照顧一下這位外地顧客，馬上就來，多謝合作。

④敲櫃檯的顧客，我知道您急，馬上來。

⑤對不起，讓您久等了，您需要什麼？

……

● 收找款時應說：

①請您儘量準備零款。

②貨款是×元×角，請您核對付款。

③您的錢正好。

④請您再點一下，看看是否對？

⑤這是您的錢和東西，您還需要些別的什麼？

- 對退換貨的顧客說：
    - ①對不起，讓您又跑了一趟。
    - ②請稍等一下，我馬上給您辦退（換）貨手續。
    - ③對不起，您這個問題我們解決有困難，需請示領導，請稍等。
    - ④實在對不起，您這件商品已經使用過了，又不屬品質問題，不好再賣給其他顧客了，實在不好給您退換。
    - ⑤實在對不起，您的商品按規定不能退換，請諒解。
- 對顧客表示歉意時應說：
    - ①對不起，讓您久等了。
    - ②對不起，今天人多，我一時忙不過來，沒能及時接待您，您需要什麼？
    - ③對不起，這是我的過錯。
    - ④對不起，出售的時候，我沒注意，請原諒！
    - ⑤非常抱歉，剛才我說錯了話，請原諒！
- 送別顧客時應說：
    - ①謝謝！歡迎您下次再來，再見！
    - ②請拿好，慢走。
    - ③不客氣，這是我應該做的。
    - ④謝謝您對我的鼓勵。
    - ⑤祝您萬事如意！
- 接待外賓用語：
    - ①您好！
    - ②您好，歡迎光顧本店。
    - ③您好，我能為您服務些什麼？
    - ④請隨意參觀，留下寶貴意見。
    - ⑤您好，很榮幸又見到您。
    - ⑥先生，您好！
    - ⑦太太，您好！您想購點什麼？

⑧這位女士，您好！您想看看中國的繡品嗎？

⑨再見，歡迎您再來中國。

⑩祝您旅途愉快，再見！

　　服務忌語就是不文明禮貌的語言，營業員、服務員對顧客說話不文明沒禮貌，就是對顧客不尊重，就會失去顧客，也會使企業形象和經濟效益蒙受損失，甚至會帶來不良後果，有位六十多歲的老知識份子到一家民航售票廳買飛機票，沒帶筆，沒法填寫買票單據。他看到櫃檯的服務員有筆，就客氣地向服務員借用，而服務員的回答是：「你沒看見我在用嗎？」老人再三懇求，服務員居然說：「我要是不借給您呢？」服務員的惡劣言語令老人覺得受到很大的侮辱，便投訴民航局。經過調查屬實，這位出口不遜的服務員被開除了。可見不禮貌的服務用語會帶來多麼大的壞影響。為了提高服務員營業員的素質和服務品質，近幾年來，許多商業企業和商業服務業除了制定營業員服務員服務文明用語之外，還制定了服務忌語。對此，《光明日報》1995 年 7 月 4 日在第一版發表的〈服務：不應講什麼話〉的前面加了這樣的文字：「誰都免不了逛商店、去醫院、坐汽車、進銀行、到郵局……但在很多時候，服務人員隨口而出的那些不中聽的話，真能讓您半天透不過氣來。……看來，我們不僅要在服務行業提倡「您好」、「謝謝您」、「歡迎您」等文明用語，也應告訴服務人員在工作中別講服務忌語，這對提高服務人員素質，促進良好社會風氣的形成很有必要。」北京百貨大樓、大連百貨大樓、廣州南方大廈等商業企業都已制定了服務忌語，中央有關部委和《光明日報》聯合推出了「50 句服務忌語」，其中關於營業員的，如顧客臨櫃時，忌說：「哎，買什麼？」「你不會自己看嗎？」「不買就別問」。向顧客介紹商品時，忌說：「有說明書，自己看。」「你問我，我問誰？」「我不懂」。顧客挑選商品時，忌說：「哎，快點挑。都一樣，沒什麼可挑的。「這麼多全拿給您呀！」業務忙時，忌說：「喊什麼，等一會。沒看見我正忙著嗎?」「急什麼，慢慢來。」收找款時，忌說：「交錢，快點！」「這錢太破，不收。」「沒錢找，等著。」退

換商品時，忌說：「剛買的怎麼又要換。」「這不是我賣的，誰賣的您找誰。」「不能換，就這規矩。」答詢時，忌說：「沒有」、「不知道」、「你的話我聽不懂。」接待外賓時，忌說：「老外，你需要什麼？」「老同志，您好！」「老先生（或老太太）您要點什麼？」等。對顧客不說「服務忌語」也體現了營業員對顧客的真誠和尊重，對精神文明語言建設和提高服務品質起了積極作用。

第四是微笑服務。「面帶三分笑，禮數已先到。」微笑是對人表示尊敬、友好的表情語言，是禮儀的基本因素，它能使人相悅、相親、相近。日本 IEC 東京法思株式會社編的《怎樣進行積極的商務交際》一書中，對「笑容的重要」作了這樣的描述：

它（微笑）不費什麼，但產生很多。

它使得到者滿足，贈送者無損。

它發生在瞬間，卻留下永久的記憶。

再有錢的人也少不了它，再貧窮的人也會擁有它。

它給家庭帶來幸福，給生意帶來興隆，給朋友帶來友情。

它使疲倦者得到休息；失意者得到安慰；悲傷者見到太陽；對苦惱的人則是天然的解愁藥。

它不能買、不能要、不能借、不能盜。因為無償的奉送才有價值。

給人送上笑容，有時也能得到迄今為止未曾有過的喜悅。無論何人，都會以微笑報答發自內心的微笑。

這裏對微笑的作用作了生動的概括。微笑在人際關係中是微笑者送給他人的最好的禮貌；微笑，在商業交際中具有特殊的意義，它是優質服務的重要內容，是商業人員職業道德和禮儀修養的展現，是對顧客表示尊敬、友善，乃至歉意、諒解的具體體現，也是一種經營藝術。「人無笑臉休開店，禮貌待客客如雲。」「笑口開，財源來。」「微笑服務」已成為現代商業企業的「生意經」，前面說過，美國康德拉・希爾頓就靠「微笑服務」發了財。很多營業員、服務員都自覺將微笑運用於銷售服務中，在銷售服務過程的各個環節，都保持笑口常

開，禮貌周全，而且是發自內心的真誠微笑，使顧客感到愉悅、溫馨，通過貨幣與商品的交換既得到了物質需要的滿足，又得到了精神需要的享受。營業人員、服務人員如何微笑才合乎禮儀規範，上面已有論述，這裏不再重述了。

商業禮儀語言，除了上述的商業交際禮儀語言和商品銷售禮儀語言之外，還有商業談判禮儀語言和商業接待禮儀語言等。這些禮儀語言的運用原則和要求與上面所述的，大同小異，這裏不再單獨展開論述了。

上面談的是商業口頭交際中的禮儀語言運用問題，商業書面交際中的禮儀語言運用在商業文書中將有論述。

註 釋

① 參見楊汝福《中國禮儀史話》，廣西民族出版社 1991 年版。
② [美]斯賓塞《社會學原理》，第 2 卷〈禮儀的制度〉。
③ [日]石川榮吉《現代文化人類學》（中譯本），第 157 頁。
④ 參見熊經浴主編《現代商務禮儀》，金盾出版社 1997 年版 第 5 頁。
⑤ 參見[美]羅斯《社會控制》（中譯本），第 195 頁。
⑥ 轉引自高長江《文化語言學》，遼寧教育出版社 1992 年版，第 138 頁。
⑦ 轉引自熊經浴主編《現代商務禮儀》，第 14 頁。

第七章／營銷語言策略

第一節　營銷簡介

一　營銷的含義

　　營銷，顧名思義，就是把產品或服務推銷給消費者。但隨著經濟與社會的發展，營銷的含義、特質與方式也在不斷地發生變化。在早期，由於社會生產力還不夠高，產品供不應求，企業以生產為中心，採取的是「以產定銷」的方針，營銷的實質是「能生產什麼，就賣什麼；能生產多少，就賣多少」。如福特汽車公司的創始人亨利·福特就宣稱：「不管顧客需要什麼顏色，我的汽車就是黑色的。」這時的營銷在商業活動中並不佔據重要地位。二十世紀五、六十年代，由於社會經濟的迅猛發展，營銷的觀念產生了巨大的變化。營銷已不再是能生產什麼就賣什麼，而是發現顧客的需要，根據顧客的需要來組織生產，兼顧生產者和顧客雙方的利益。1956 年溫德爾·斯密提出的市場細分概念①，就認為一個市場的顧客存在著差異，他們有著不同的需要，尋求不同的利益，生產者應考慮選擇哪部分顧客作為生產定向目標，考慮如何滿足其需要。1957 年，美國通用電氣公司的約翰·麥克金特力克闡述了他的「市場營銷概念」②，認為一個組織要腳踏實地地發現顧客的需要，給予各種服務，使顧客得到滿足，這樣該組織便以最佳方式滿足了自身的目標。市場營銷的重點也從「以產定銷」轉到了「以銷定產」上。1963 年，威廉·萊澤提出了「生活方式」的思想③，要求按照某一特定生活方式生活的群體的需要來設計產品。1967 年，約翰·霍華德和傑迪什·謝斯成熟了他們的「買方

行為理論」④。這些營銷觀念的變化，克服了以前的「營銷近視症」，從重視產品轉到了重視顧客的需要，豐富了營銷的含義。到了七、八十年代，營銷的觀念又有了新的發展，提出了「人道營銷」、「社會責任營銷」、「宏觀營銷」、「全球營銷」等概念，要求企業不僅要考慮消費者的需要和公司的目標，還要考慮消費者和全社會的長遠利益，如環境保護等等，要打破國家與區域界限，建立全球銷售觀念。

隨著經濟的全球化和跨國公司的活躍，當代大市場營銷的思想突顯了出來。大市場營銷的含義，按菲利普‧科特勒教授的解釋⑤，就是為了成功地進入特定市場，並在那裏從事業務經營，在戰略上協調運用經濟的、心理的、政治的和公共關係等手段，以博得外國或地方的各有關方面的合作與支持，從而達到預期目的的營銷活動。大市場營銷觀念與傳統營銷觀念具有很大的不同。傳統的市場營銷理論是在五十年代「買方市場」的條件下形成的，其指導思想是企業只要善於發現和瞭解顧客的需要，更好地滿足顧客的需要，就可以實現企業的經營目標。在市場營銷目標上，傳統市場營銷理論是滿足消費者需求，大市場營銷不只是滿足消費者的需求，更強調通過宣傳教育開發新需求和改變消費者原來的消費習慣，從而爭取進入目標市場。在營銷手段上，傳統市場營銷理論只考慮四個可控因素：產品、價格、地點和促銷。而大市場營銷除此之外，還要加進權力和公共關係。在營銷涉及的對象方面，傳統營銷只與顧客、經銷人、商人、廣告代理商、市場調研公司等打交道，基本上是在商業領域。大市場營銷涉及的社會層面要寬廣得多，它要廣泛爭取立法機構、政府部門、公眾團體、宗教機構等的支持，協調各方利益。在誘導方式上，傳統營銷採取積極的方式，說服各有關方面進行合作，鼓勵自願交換。大市場營銷除此之外還可以採取消極的方式，如威脅等等。

總之，營銷的含義從注重生產到重視消費者的需要，從滿足消費的物質享受到滿足其精神享受，從滿足公司自身的經濟目標到關注整個社會的利益，從傳統的常規營銷到跨國、跨地區的大市場營銷，其

本質與涉及的要素都有了很大的變化，內容也日益豐富。相應地，營銷對語言策略的重視也更為突出。

二 產品的含義

　　產品是銷售的對象，是指「能提供給市場，用於滿足人們某種欲望和需要的任何事物，包括實物、服務、場所、組織、思想、主意等」[6]。這種定義不僅包括了傳統的有形實物，也包括了思想、策劃、主意等，它們也能賣錢，也是重要的產品。在現代營銷理論看來，產品是一個整體概念，包括核心產品、有形產品和附加產品三個組成層次。按 MBA《市場營銷》教材的解釋[7]，核心產品是指消費者購買產品時所追求的利益，是顧客真正要買的東西，也是產品整體概念中最基本、最主要的部分。如顧客購買服裝是為了滿足其求舒適、求風度和求美感的要求，購買電子遊戲機是為了娛樂和訓練靈敏反應能力等。顧客的利益追求可以大致劃分成功能性的和非功能性的兩個方面，前者是出於實際使用的需要，後者則往往基於社會心理動機，如滿足身分要求，在群體中滿足平衡心理等。有形產品是核心產品藉以實現的形式，即向市場提供的產品實體和服務等，包括實體物品的質量水平、外觀特色、式樣、品牌名稱和包裝等。附加產品是顧客購買有形產品時所獲得的全部附加服務和利益，如提供信貸、免費送貨、保證、安裝、售後服務等，它是對市場深層認識的結果。這種產品整體概念將產品的效用和顧客的利益放在了中心位置，強調顧客對產品的購買不是為了佔有或獲得該產品本身，而是獲得滿足某種需要的效用或利益，獲得物質上和精神上的享受。市場營銷者的首要任務應著眼於顧客購買產品時所追求的利益，力求更完美地滿足顧客的需要，從而以此出發去尋找利益得以實現的形式，去進行產品設計。營銷者只有將三者統一起來，創造最完美的整體效果，才能提高產品的競爭力，使自己處於不敗之地。商業銷售也應著重於推銷產品的效用與附加服務，突出產品帶給顧客的滿足，而不僅僅是宣傳商品本身，抓住顧客的需要和產品的功效來宣傳會取得更好的效果。

產品還可以通過類別組合、品牌決策和包裝策略等來增加產品市場定位的準確度，來提升產品的名氣和競爭力，從而創造最好的市場營銷效果。

　　相應地，在營銷活動中，營銷者應對自己產品的主要用途，按要求規定的產品理想形態，產品的優點、弱點有清晰的瞭解；對產品品類的市場規模，市場份額，消費者特點等有足夠的認識，才能在營銷活動中成功運用語言促銷策略，促進產品的銷售。

第二節　營銷的原則

一　誠信原則

　　商業營銷活動要誠實講信用，這是商業營銷的首要原則，也是企業建立其良好形象、維護其良好信譽的重要手段，對企業的生存至關重要。企業在營銷活動中，應該以與顧客建立長期的合作關係為目標，誠實待客，信守諾言，以增加顧客對企業和產品的信任，從而吸引住顧客，提高產品再銷機率和新客戶的增長率，而絕不可短視，只追求目前的短期利益而欺瞞甚至坑害顧客。目前，相當多的商業活動不講信譽，能騙則騙，能糊弄則糊弄，追求一時的暴發利益，這是違反置企業於長期穩定發展的誠信原則的。比如這幾年來，有不少酒類等生產廠家相繼不惜花費鉅資在中央電視臺黃金時段大作廣告，靠一時的轟動效應吸引顧客，賺取了鉅額的暴發利潤，而不是靠過硬的質量、完善的服務、雄厚的實力和良好的信譽，來樹立自己穩定不倒的企業與產品形象，因而只能是過眼煙雲。這種只憑廣告來產生轟動效應、賺了錢就走的經商之道與誠信實在、穩扎穩打、以品質和服務取勝的商業原則背道而馳。還有第五章所列舉的那些違反誠信要求的營銷例子都充分說明講求營銷誠信原則的迫切和必要。誠信的營銷要求包括產品質量完美可靠，產品數量與價格符合要求，產品與服務等的商業宣傳實事求是，供貨與合同相符，業務承諾一字千金等內容。遵

守了這些誠信要求就能樹立企業的良好聲譽，使企業永獲生機。國際商用機器公司就是以信譽取勝的典範。

　　國際商用機器公司（IBM）舉世聞名，其產品在世界電腦市場佔有 80% 的份額。其成功的秘訣就是誠信，靠誠懇周到的服務來贏得企業的聲譽。IBM 的座右銘是「誠實」。 IBM 總裁小托馬斯‧沃森就總結說：「隨時間累積，良好的服務幾乎成了國際商用機器公司的象徵……多年以前，我們登了一則廣告，用了一目瞭然的粗筆字體寫道『國際商用機器公司就是最佳服務的象徵』。我始終認為，這是我們有史以來最好的廣告。因為它很清楚地表達出了 IBM 公司真正的經營信念──我們要提供世界上最好的服務。和國際商用機器公司所簽的契約中，不只是出售機器，更包括所有的服務項目。」為了信守自己的諾言，IBM 公司制定了嚴格的制度，IBM 的高級主管也必須經常拜訪客戶，公司每個月定期評估顧客的滿意程度，並且將評估結果與當事人獎金報酬的多少聯繫起來。公司每隔九十天就作一次職工服務態度調查⑧。正是幾十年如一日視顧客為上帝，從而樹立起了 IBM 守信譽、重服務的公司形象，也使企業獲得了巨大的發展。

　　可見，商業營銷活動只有將誠信作為宗旨，才能贏得顧客，使自己的營銷活動立於不敗之地。

二　利益滿足原則

　　商業營銷活動應以滿足顧客的需要為宗旨，讓顧客滿足其對產品實際功用上的和心理享受上的渴求。顧客的利益滿足包括如下幾個方面：物質需求上的滿足、精神渴求上的滿足和價格與服務上的稱心等等。物質需求上的滿足要求產品的性能與功效能滿足顧客的使用要求，方便好用。精神渴求上的滿足是指在滿足顧客實際使用上的要求之外，還能滿足顧客的審美追求和心理平衡上的要求，給顧客帶來精神上的愉悅和心理上的滿足，如購買的摩托車能體現顧客的欣賞眼光、身分感覺和攀比祈求。價格與服務利益上的滿足指顧客能花費較小的代價獲得較多的利益，能夠得到營銷者較完善的銷售服務。商業

營銷活動只有將顧客利益的滿足作為自己活動的指導性原則，才能贏得顧客，取得營銷活動的成功。

三　感情融通原則

這是又一條帶根本性意義的商業營銷原則。商業營銷活動要融入感情，熱忱友好，力圖與顧客建立起長期的夥伴關係。情感是商業營銷活動的潤滑劑，絕大部分的商業營銷活動都是情感促成的，推銷大師原一平就說：「有人認為推銷工作與『人情味』完全無關，這是錯誤的看法。在這個機械化的社會裏，人人最需要的是富於人情味的氣息的『滋潤』。此種『滋潤』來自於至誠。中國亞聖孟子說：『至誠而不能動人者，未之有也』。」⑨情感融通的關鍵在於拉近銷售雙方之間的心理與情感距離，克服隔膜，喚起認同，增強友誼。

增強情感融通的方法多種多樣。例如可以運用寒暄、幽默等營造良好的開場氣氛，形成良好的第一印象，從而贏得顧客的認同。原一平就善於運用幽默法來消融隔膜，他說：「設法逗準客戶笑。只要你能夠創造出與準客戶一起笑的場面，就突破了第一道難關，並且拉近了彼此間的距離。」⑩比如有一次原一平去拜訪一個從未謀面的準客戶：

「您好！我是明治保險公司的原一平。」

「喔——」

對方端詳我的名片有一陣子後，慢條斯理抬頭說：

「兩三天前曾來過一個某某保險公司的推銷員，他話還沒說完，就被我趕走了。我是不會投保的，所以你多說無益，我看你還是快走吧，以免浪費你的時間。」

此人既乾脆又夠意思，他考慮真周到，還替我節省時間。

「謝謝你的關心，您聽完我的介紹後，如果不滿意的話，我當場切腹。無論如何，請您撥點時間給我吧！」

我一臉正經，甚至還裝著有點生氣的樣子。對方聽了忍不住哈哈大笑說：

「哈哈哈，你真的要切腹嗎？」

「不錯，就像這樣一刀刺下去⋯⋯」

我一邊回答，一邊用手比劃。

「你等著瞧吧！我非要你切腹不可。」

「來啊！既然怕切腹，我非要用心介紹不可啦！」

話說到此，我臉上的表情突然從「正經」變為「鬼臉」，於是，準客戶和我不由自主地一起大笑起來⑪。

機巧地運用幽默，創造了良好的商談氣氛，為推銷奠定了基礎。

運用讚美來獲得顧客的好感，也是融通雙方感情的有效手段。人們內心都希望得到別人的褒揚，尤其是對自己感到驕傲的事情。觸及要點的讚美能滿足顧客的這種要求，從而獲得對方的認同和好感。如：

「先生，您好！」

「您是誰啊？」

「我是明治保險的原一平，今天我到貴寶地，有兩件事專程來請教您這位附近最有名的老闆。」

「附近最有名的老闆？」

「是啊！根據我打聽的結果，大夥都說這個問題最好請教您。」

「哦！大夥都說我啊！真不敢當，到底什麼問題呢？」

「實不相瞞，是⋯⋯」

「站著不方便，請進來說話吧？」⑫

以讚美獲得了對方的接受，以談對方自己的事情來建立人際關係，為以後的交往與商業推銷營造了氣氛。

融通感情還可以通過與顧客建立良好的長期關係來得到落實。很多成功的商業營銷都運用了這一策略。如三菱電梯剛來到上海，不為公眾所認識。在公司成立一周年的紀念會上，三菱公司宣佈「凡是出生於1987年1月1日的上海市區嬰兒，都是『三菱電梯』的同齡人。公司將向他們每人贈送一份精美的禮物！」這種充滿人情味的活動贏

得了公眾的積極反應。幾乎全上海都在議論「三菱娃娃」，三菱也為大眾所熟悉。第二年又將「三菱娃娃」全部請來舉行慶祝，並為每個「三菱娃娃」建立檔案，保持聯繫，為他們中的優秀者提供獎學金等⑬。這種長期的聯繫，連繫了公眾的感情，也一次次擴大了三菱電梯的影響。

此外，營銷活動也可以運用親近、熟識的稱呼，提供熱情周到的服務等來融通與顧客的情感。

第三節　購買實現過程與語言運用

成功推銷與顧客購買的心理過程，美國著名的推銷專家海因茲·姆·戈德曼總結為四個階段，即引起顧客注意（Attention），誘發顧客興趣（Interest），激發顧客購買欲望（Desire）和促成顧客購買（Action），這就是影響深遠的 AIDA 公式。這四個階段是一個連續的整體，既有一定的區別，又難以截然分開，有時還可能相互交融。吸引顧客注意，注重從感知覺的角度分析，要求利用各種刺激性強的手段去影響接受者的感官，引起他的注意。吸引注意的作用在於拉近接受者同營銷產品和營銷者的關係，使之成為現實的或可能的顧客。誘發興趣側重從心理迎合與趨近的角度立論，要求營銷活動能引起顧客對產品的好奇和迷戀，進一步強化顧客對產品的心理認同。激發欲望側重從顧客生理或心理的需求強度方面立論，要求營銷者發現和擴大顧客在需求滿足上的不平衡，激發和強化顧客要求滿足自己需求的心理衝動。促成購買主要從促使顧客採取實際的購買行動方面來講，進入了行動決策與實施層次。這每一個階段都與語言策略的運用有關係。

一　吸引注意

吸引注意是戈德曼推銷過程的第一階段，以引發顧客對營銷產品的注意為目的。注意的產生受到兩個因素的影響。一是刺激的強度。

明顯的、新穎的、強烈的刺激容易引起顧客的注意。因此，在營銷活動中要將產品的外觀、包裝、商標、廣告、陳列、介紹、演示等朝新穎、活潑、多彩及對比鮮明的方向發展。例如，我們可以採用示範演示與解說代替靜止的陳列，用變動的光色與畫面代替靜止的文字與圖畫等，增強變動性，以克服人們的心理惰性，引起注意；可以用醒目的文字、色彩、圖畫等增加刺激的強烈程度；也可以用別出心裁的介紹、巧妙的語言組織及懸念等來強化刺激，如巧用成語、安排文字辭趣就可以加強刺激的新穎性。在營銷產品進行換代改造時，還應利用人們感知的差別閾限，提高顧客對差別特徵的感受。

二是需要的驅動。注意在很大程度上受到心理因素的影響，符合顧客需求的東西容易引起顧客的注意。因此營銷活動應在設計與語言宣傳等各個方面突出產品的功能和美感效果，以吸引有需要的顧客的注意。也可以利用降價讓利等手段來抓住顧客的求利需要，引發顧客的注意。

二　誘發興趣

誘發興趣是推銷過程的第二階段。所謂興趣是人們對事物抱有的喜愛與探究態度。吸引了顧客的注意之後，營銷人員就要善於探詢顧客的興趣，熟悉什麼商品適合於什麼人的興趣，並在營銷活動中想方設法誘發與提高相關顧客的興趣，使營銷活動朝顧客採取購買行動的方向發展。要誘發顧客的興趣，其一是要增加產品的新奇、實用程度，在營銷宣傳與推銷上強調產品的實際功效，使之符合顧客的心理要求及期望。一位推銷家說：「若要顧客對您的商品發生興趣，就必須使他們清楚地意識到在獲得您的商品之後將能得到的好處。」[14]其二是千方百計增加顧客的參與意識，精心設計出各種方式，引導顧客積極參與到有關的活動或效果體驗之中去，從而借助親身實踐來引發與強化顧客對產品的興趣。引導顧客參與的方法多種多樣，它們吸引顧客的效果也很明顯。如亞都加濕器打進天津就主要依賴了這種方法。亞都加濕器是北京亞都環境科技公司的產品，在北京銷售情況很

好，但在與北京相同地理條件的天津，儘管營銷者也在傳媒上作了大量的宣傳，但銷售情況卻不及北京的百分之一。營銷人員經過反覆的調查研究，決定採用顧客參與法，發動一個全市範圍內的有獎「請教」活動，以增強公眾對亞都加濕器的興趣。他們以充滿人情味、知識性的語言熱情誠懇地寫道：

「儘管亞都加濕器的特殊功能滿足了現代完美生活的新需求，

儘管亞都加濕器在與洋貨競爭中市場佔有率高達 93%，

儘管亞都加濕器銷售已突破小家電市場零售總額的 38%，

儘管亞都加濕器的熱銷被商業部部長稱為「亞都現象」，並引起國內各大新聞單位數十次重點報導，

總之，儘管亞都加濕器順天時地利人和已成熱銷定勢，但奇怪的是在天津的購銷情況卻不盡理想。

……

是天津市冬季室內氣候不乾燥嗎？不，不是！t

是天津市的老年人不瞭解濕度對益壽延年的重要性嗎？不，不是！

是天津市的女士不懂得濕度是美容駐顏的第一要素嗎？不，不是！

是天津市的嬰幼兒不需要更接近母體溫度的環境嗎？不，更不是！

是天津市民情願自家樂器、家具、字畫等名貴物品在冬季乾裂變形嗎？不，也不是！

面對上述困惑，國內規模最大、專業性最強的人工環境科研開發高科技機構——北京亞都人工環境科技公司在百思不得其解後，特決定向聰慧的天津公眾虛心請教，請熱情的天津市民為北京的高科技企業指點迷津。

來函賜教，或宏論，或短論，均請注明詳細通訊處，亞都人將以禮相謝。」[15]

亞都營銷者誠請廣大市民獻計獻策，激發了廣大市民的熱情與興趣，不僅有一千多名市民寫了建議信，提出了幾千條意見，而且更使亞都成了整個城市議論的話題，使人們都想見識、體驗一下亞都的獨特。隨後亞都又給建議者發出感恩卡，優惠提供加濕器，在報上公佈建議者的名字等，進一步擴大了市民的興趣。因而，這一年亞都加濕器的銷量超過了此前三年銷量總和的十倍。

再如「神州」熱水器採用有獎知識競賽，宣傳「神州」的優點，以「亞運燃聖火聖火出神州神州燃遍聖火」徵集對聯等，也都是吸引公眾參與，增強興趣的有效方法。

其三是示範法，即用現場示範的方式展示產品的奇妙與獨到，激發顧客的興趣。如香港有家經營強力膠水的店鋪為了展示強力膠水的功效，將一塊金幣用膠水貼在牆上，宣告說：「這塊金幣是本店特意定製的，價值四千五百美元，現在已用本店出售的強力膠水黏在牆上，如有哪位先生用手把它揭下來，這塊金幣就歸他所有了！」⑯展示活動吸引了很多人參加，但無一人能夠揭下來。這家店鋪也因此門庭若市。

此外，商業營銷活動還可以利用隱藏法，即故意將最關鍵的內容隱藏起來，含而不露，以引發顧客探究的欲望等多種手段來激發顧客的興趣。

三　激發購買欲望

激發購買欲望是成功推銷的第三個階段。欲望的產生與強化是與人們需要的不平衡密切相關的，可以說，所謂欲望就是對需要滿足的渴望。營銷活動要激發顧客的購買欲望，就是要發現與強化顧客在需要滿足上的不平衡，並激發顧客產生填補這種不平衡的衝動，從而採取購買行動。為此，營銷人員必須首先瞭解顧客需要的構成及特點，並針對性地制定營銷策略。馬斯洛的需要層級理論為顧客需要的構成劃分出了一個層次輪廓。馬斯洛將人類的需要劃分成生理需要、安全需要、愛的需要、尊重需要和自我實現的需要五個層級，並且認為這

五種基本需要是相互聯繫著的，由低級向高級順序發展，只有下一層級的需要得到了滿足，才產生上一層級的需要。生理需要是人最基本、最優先的生存需要，包括對衣食住行等基本生理要求的滿足，在人的生理需要未滿足之前，人類難以產生更高層級的需求。正如馬斯洛所說：「對於一位處於極端饑餓狀態的人來說，除了食物，沒有別的興趣。」⑰安全需要是人對穩定、次序、保險的要求和迴避侵害、專制、失業等危險的需要。它是在人的生理需要相對得到滿足後，驅使個體行動的動力。愛的需要是人對愛、情感及歸屬等的需要。人們希望同他人友好交往，渴望在群體中與他人建立深厚的感情，能夠接受到他人的愛同時也能給予別人愛。尊重的需要是要求能夠保持自尊與受到別人尊重，它包括獨立與自由的要求，以及對名譽、威信與賞識等的需求。自我實現的需要是人們希望自己的潛能得以發揮，成為自己所期望的人，完成與自己能力相稱的事情的要求。五種需要相互聯繫，構成了個體的需求系統。

在營銷活動中，有效利用人類的這種需要結構理論可以有針對性地激發顧客的購買欲望，創造好的營銷效果，避免推銷不符合顧客的需要而多走彎路。例如，在現代社會，不少地區或階層，人們的生理等需要基本得到了保證，營銷活動就應該抓住人們要求受尊重等高層次的精神方面的需要來推銷產品，如提高食物、衣服、住房、車輛等生活用品的檔次和品位，宣傳這些產品的獨特設計、包裝等給顧客帶來的身分地位上的滿足、審美及藝術品位要求上的滿足，以及溝通與他人的感情等愛的需要方面的滿足，等等。比如現在許多食品、服裝已不再是強調其溫飽功能，而是強化「送禮佳品」、「愛心奉獻」等情感與社會交往方面的主題，以此來提高產品的需要滿足檔次，從而激發顧客濃厚的購買欲望。「愛妻號」洗衣機，「金利來，男人的象徵」等宣傳語就是具有說服力的例子。而在農村等貧困地區，營銷宣傳則應注重於產品很好地解決顧客的基本需要方面的功能，如強調產品的耐用、結實、保溫等，以激發人們的購買欲望。

同時人的需要還呈現出多元性、主導性與動態性的特點⑱。多元

性是指消費者的需要是多方面的，消費者購買某種商品不會只追求某一方面的滿足，同時會涉及多個方面的需要。如購買衣服就有美觀、舒適、質優、價格適宜等方面的需求。因此營銷活動應兼顧考慮顧客在多方面的要求，爭取各方面都能合格，避免存在某方面的重大缺陷。主導性是指在多元的需要中存在著優勢需要，這種優勢需要是顧客選擇商品的首要關心點。如買酒，有人會著重關心酒的度數，有人則關心酒的味道，還有人關心酒的品牌等等。掌握和滿足顧客的優勢需要，能夠準確確定營銷宣傳與勸誘的定位，突出產品的主要功能，以更有效地促進產品的銷售。例如有家鞋商起初將顧客的優勢需要確定在式樣好看上，為此大肆進行商業宣傳，但銷售效果並不理想。後來營銷者實地進行了大量的問卷調查，發現 42 ％的消費者將穿著舒適作為首選需要，32 ％著重耐穿，而選式樣好看的只有 16 ％。由此營銷商將產品宣傳突出在舒適耐用之上，銷售業績很快有了大的改變⑲。動態性是指顧客需要會隨時間的推移與社會的發展而改變。從前流行單槽洗衣機，後來是雙槽，現在則是滾筒式的。營銷活動必須迎合社會的發展和消費需求的變化，適時改變自己的產品設計和宣傳的內容。

其次要推銷產品功效對顧客需要滿足所產生的作用及帶來的美好前景。營銷人員要激發與強化顧客渴望填補需要空缺的心理力量，從而產生購買的強烈欲望，最好的方法之一就是渲染產品的獨特功效和不可言喻的好處，引發顧客的憧憬和強烈的擁有心理。韋勒曾告誡「要推銷那種呷摸的滋味，不是牛排本身。」⑳哈佛商學院教授西奧多・萊維特也說：「人們購買希望的前景，而不是實物。我們對一輛車的感受比這輛車本身重要得多。」㉑顧客關心的不是你的產品是什麼，而是你的產品能幹什麼，能給顧客帶來什麼好處。這些功效包括實際享受上的好處，如推銷住房強調其帶給顧客的舒適、健康、家庭快樂，推銷化妝品突出它創造的漂亮、高雅效果等。包括身分地位上的榮耀，如高檔衣服、轎車、別墅等都是強調它們帶給顧客的身分地位氣派上的滿足。可口可樂公司反擊百事可樂公司以廉價發起的進

攻，運用的也是身分象徵手段，它將百事可樂稱為「窮人的可樂」、「廉價的仿效者」，使不少消費者不敢用它來招待客人，而只能在廚房偷飲，從而擊垮了百事可樂的進攻，維護了自己的領先地位。功效宣傳還包括產品給顧客帶來的經濟效益上的好處，如強調產品的實惠，產品節省消費者時間、精力所帶來的好處等。格力冰箱宣傳「省電看得見，噪音聽不見」（中央電視臺廣告語），強調的就是冰箱在經濟上和在享受上產生的好處。瞭解顧客希望產品帶給他的結果，有針對性地強化產品產生的這種獨特結果，就可以敲開成功推銷的大門。例如顧客需要購買睡覺用的電風扇，我們就可以抓住顧客的實際需要，從風的柔和、環繞、間歇及定時開關上來強調該品牌風扇帶給顧客的舒適、方便和保健作用，喚起顧客的擁有欲望。某風扇廣告「甜甜的風，柔柔的夢」，著眼的就是風扇的獨特效果。「美的」空調廣告——「美的空調，原來生活可以更美的」，強調的也是空調帶來的美好享受。「戴『博士倫』，舒服極了」，「如果每天能喝上 XO 干邑，那該是多麼好啊」，「有了可口可樂便有了微笑」都側重在突出產品的獨特效果。

這種效用渲染還可以採取多層次、多角度延伸產品帶來的好處的方式，以抓住顧客的心。這就是美國推銷專家史耐德提出了「延伸效益推銷」理論。他要求推銷時強調產品的特色與效益，並且延伸到產品的最終效果，強調「別停留在那兒，再向前延伸」[22]。這種從各種可能的方面充分展示產品特點帶來的美好感受、連鎖效應與美好前景的方法，可以最大限度地渲染產品的效能，激發顧客的購買欲望。如安利公司的傳銷宣傳就是成功的例子，安利傳銷不僅以現場的對比演示與解說，強調產品的獨特效果和環保追求，吸引消費者購買，還強調加入安利直銷行列所得到的豐厚收益，如銷售提成，在規定時間內完成相應任務量的旅遊獎賞，達到直系直銷商、翡翠、鑽石等不同級別所得到的享受，以及客戶關係的繼承等，多角度地強化了從事安利直銷的好處。這種效益宣傳使安利公司在全世界得到了迅速的發展。

再次可以對比揭示顧客現有用品在需求滿足上的不足，讓顧客在

對比中產生心理上的不平衡，形成改用新產品的欲望。如速溶咖啡就是通過與舊式煮咖啡方式的比較，突出速溶咖啡快捷省事、味道鮮美的特點，讓顧客產生了新的需求欲望。當代迅速發展的大營銷思想就是強調在產品打進新的國家與地區時要引導消費者改變舊的消費習慣，因而通過比較來激發消費者購買欲望的方法得到了日益廣泛的應用。如「海飛絲」洗髮精暗中對比當時大多數中國消費者習慣使用劣質洗髮水導致頭屑滿身的事實，大肆宣揚「海飛絲」去除頭皮屑的美好，使不少消費者改變了以前對頭皮屑不以為是的觀念，接受了去除頭皮屑的「海飛絲」，「海飛絲」也因此在中國名聲大振，銷售大增。

四　促成購買行動

採取購買行動是一項複雜的行為決策過程，受著各種因素的影響。營銷人員及旁人的言行，顧客自身的性格、購買經驗與思維心理，市場行情的狀況等都可能會影響到顧客的購買決策。因此營銷人員必須善於臨場應變，敏銳捕捉交易良機，真誠為顧客權衡利弊，恰當提醒顧客注意機會的寶貴，適當作出可能的小讓步等等來促成購買行為的實現。要促使顧客採取購買行動，營銷人員應作好如下幾點：

第一，營銷者必須對自己推銷的產品非常熟悉，並且絕對自信，這樣才能給顧客以信賴，才能讓顧客大膽採取購買行動。國外流行的推銷三角形理論就特別強調推銷員對自己、對所屬公司和所推銷產品的絕對自信。如果營銷人員自身都對產品缺乏信心，就很難有力量去說服別人，影響別人，當然也很難有好的營銷效果。

第二，營銷員要善於化解異議，排除顧客的疑慮，打消顧客的顧慮。顧客在購買過程中對商品效益的真實性和價格的合理性會存在疑問，對購買會存在惜失與上當受損的矛盾心理。營銷人員在說服顧客採取購買行動的時候就應善於說理明利，消除顧客的疑慮，促使顧客迅速作出購買決定。營銷人員消除顧客疑慮，增強顧客購買信心的最有力的手段就是利用與產品特點、功效有關的權威證據，如品質認證

權威部門的鑒定、證書、獎狀，驗證産品的各有關數據、資料，各種傳媒的評論、報導，産品的市場佔有率及行情統計，各類顧客的來函評價，有關使用效果的典型用例，以及專家與名人的推薦與參與等。臺灣郭昆漠提出的「費比」（FABE）公式，就以析理明利見長而受人推崇，營銷人員可以借鑒這個公式來消除顧客的疑慮。「費比」公式以特徵（Feature）、優點（Advantage）、利益（Benefit）、證據（Evidence）為橫標，以産品的性能、外型、構造、質料、方便程度、耐久性、用途、價格等為縱標，列成表格，要求推銷人員將縱橫標每一交叉點的內容填進表格，並熟練掌握。這樣推銷員就能對産品每一項指標的特點、優點、給顧客帶來的利益及相應證據等了然於心，介紹與解答起來條理清楚，準確細緻，邏輯嚴密，證據充足，能給顧客以高度的信心，具有很強的説服力。而且此公式的設計是站在顧客的立場上來進行的，能夠適應顧客的需要，排除顧客的疑慮，親切可信。

第三，增加利益刺激，從利益滿足上促使顧客採取行動。顧客在購買過程中普遍存在著求利心理，營銷人員有意讓給顧客某些好處，可以有效抓住顧客的求利欲望，讓顧客儘快購買。營銷人員增加利益刺激的方法有：附加利益，即在顧客採取購買行動時，額外送給顧客一些好處，如贈送禮品、抽獎、附加服務等。讓利折扣，即給符合要求的顧客以價格等優惠，如購買額超過多少有多少優惠，什麼時候買有優惠等。有許多購買行為並不完全是出於物質欲望，而是追求某種精神利益上的滿足，如從眾平衡，追求時髦，追求好兆頭等，營銷人員適當地在這些方面滿足顧客的求利要求，也可以促使顧客儘早行動。

第四，營銷人員還可以運用惜失手段，強調機會難得，並限定供貨或優惠等的期限，打破顧客的僥倖心理，促使其按營銷者的要求儘快決策。因為人對於要失去的東西才懂得珍惜，對於要失去的利益才會盡力去挽回，在營銷活動中巧妙利用顧客的這種惜失心理，可以促使不少久拖不決的生意成交。

第五，採取步步推進策略，催使顧客按照營銷人員的安排一步步接近交易目標，最後順理成章地完成購買行動。這種步步推進的策略可以採用邀請顧客親身體驗的方式和預設承諾的方式。邀請顧客親自體驗，在體驗中不失時機地借境逐步誘導與說服顧客，逐漸接近推銷目的是一種有用的營銷方法。時下許多藥店、時裝店等多採用這種現場體驗的誘導方式。如廣州某大藥店門口現場推銷酸疼靈，先是大肆宣傳免費試用，幾分鐘見效。待顧客坐下體驗時，營銷人員邊操作邊詢問效果如何，待顧客說有感覺，營銷人員就努力鼓吹其功效，詢問顧客有何病痛，用此種藥如何如何管用，有多少人用了有效果，並進而延伸其效果，如藥還可以給家裏人用等等。顧客還在猶豫，營銷人員又再運用惜失勸誘，買一瓶試試，不久展銷將會結束，展銷期間給予多少優惠等等。顧客已經接受了營銷人員的治療，不買已不好意思，加之營銷人員的步步誘導，大多數的顧客都會在這種殷勤誘導之下買上一瓶。

　　預設承諾是又一種營銷推進策略。預設是語用學深入探討的一個課題，它是一個話語所包含的前提。在商業營銷活動中，營銷人員推定顧客已經贊同了某些條件，直接說出包含了這種贊同的下一步結論，從而快速促使交易行為實現。如某顧客詢問訂做漢白玉臺面的情況，營銷者說：「這種漢白玉質地很好，您是做一米以內的還是長點的？」話中已經預設顧客已經同意訂做了，只是長度選擇的問題，顧客往往會回答其具體的提問，這樣營銷人員就為後續的推銷打下了很好的基礎。臺灣某保險公司推銷員江某的例子也能很好地說明這一點。有次江先生向李老闆推銷保險，雙方展開了對話：

李：保險是很好的，只要我的合會儲蓄期滿即可投保。十萬、二
　　十萬是沒有問題的。

江：李先生的合會儲蓄期什麼時候到期？

李：明年二月。

江：雖說好像還有幾個月，那也是一眨眼的工夫，很快就會到期
　　的。我們相信，到時候您一定會投保的。既然這樣，我們不

妳現在就開始準備。（說完，拿出投保申請書來，邊讀著李先生的名片邊把有關內容填入。李先生雖一度想制止，但江不停筆，還說）反正是明年的事，現在寫上又何妨。

江（寫完後）：李先生，您的身分證可以借給我抄一下號碼嗎？來，麻煩一下，反正是早晚都得辦的事。您是大忙人，找您不易，過多打擾您也不好意思。（李先生無奈，只好掏出身分證）

江：李老闆，保險金您是喜歡按月繳呢，還是按季繳？

李：（想了一下）還是按季繳比較好。（江填上）

江：那麼受益人該怎麼填寫呢？除了您本人之外，要指定另外一個人，是公子呢，還是太太？

李：太太。

江：李先生剛才好像說是二十萬？（作出要填表的樣子）

李：不、不、不能那麼多。

江：以李先生的財力，本可投保一百萬……現在只照您的意思二十萬……

李：一萬好了。

江：三個月後，我們派人到府上收第二季度的保險費。

李：喔，那不是今天就要交第一次嗎？

江：是的，李先生辦事真利索！㉓

在這次營銷活動中，本來李先生最開始的表白只是應付式的，是一種托詞，但江先生以此為基礎，預定李先生已經同意投保，只是時間先後不同而已，其後一連串的活動，如填寫號碼、交費時間、受益人名字等都在此基礎上進行。不僅如此，後面還進行了一些的小預設，如按月還是按季，預設李老闆已經同意繳交保險費；「三個月後，我們派人到府上收第二季度的保險費。」預設了李先生已經準備交第一季的保險費。

利用預設承諾的營銷方法來促使顧客採取最終的購買行動，要以顧客已有購買的傾向為前提，同時要及時抓住時機，提供具體的選擇

來達成最後的交易。

第六，以情感溝通來促使顧客採取最終的購買行動。不少推銷專家認為，顧客的購買欲望更多地來自情感的支配而不是理智的選擇，這話不假。人是情感的高級動物，在營銷活動中以誠懇打動人，以情緒感染人，以友誼聯絡人，建立感情，可以取得顧客的好感，產生心靈的溝通，讓對方在盛情難卻中採取購買行動。

第七，敏銳撲捉與牢牢把握交易實現的良機，迅速促成顧客作出購買行動。在商業營銷活動中，顧客被產品或營銷人員的推銷所打動時，往往會在其神情、言語或肢體動作上有表示，營銷人員應敏銳地撲捉這種良好的交易時機，趁熱打鐵地抓緊時機促成交易。那些能夠流露顧客心動訊息的情況有：顧客表達了肯定的訊息，或詢問價格與交貨方式等；顧客眼睛開始發光或專心致志地查看貨品或閱讀材料；顧客有親近與熱情的表現等。

所有這些策略運用的宗旨應是為顧客好，因為顧客認知的局限，看待事物的角度不同，價值觀不同，認識方法有偏等，因而產生了不同的看法和疑慮，營銷者誘導、促使其採取購買行動是正當的，未違反消費者利益原則。如果營銷者背離了消費者利益原則，則策略就變成了騙人之道。

第四節　消費者類型與營銷語言策略

消費者依據不同的標準可以劃分成不同的類型，每一種類型都有其自身不同的購買特點，營銷人員需要根據不同類型消費者的特點，採取不盡相同的營銷策略，增加營銷活動的針對性和適應性，促成最好營銷效果的實現。

一　消費者購買行為類型與語言策略

消費者的購買行為因準備情況與目的等的不同而形成了不同的購買模式，不同的模式類型對營銷員的要求不同，相應採取的營銷手段

也不同。按照不同的分類標準,購買行為類型可以作不同的區分,我們從顧客購買目標明確程度和身心捲入程度兩個方面進行分析。

㈠購買目標的明確程度與營銷

顧客在進入商店時,購買目標的確定情況存在很大的差別,因而購買行動也呈現出很大的不同。

1. 全確定型

消費者在進入商店時已有明確的購買目標,建立了明確的模式,對欲購產品的類型、商標、規格、樣式、顏色等等已作出了明確的選擇。對於這類目標明確的購買行動,營銷人員應儘量滿足顧客的要求,儘可能出示詳盡的資料,並進行必要的解釋,以幫助顧客確認所購商品。同時,提供良好的信譽保證和售後服務,促使顧客儘快購買。如果顧客的尋求模式太嚴格具體,商店沒有符合條件的商品,或者顧客的購買模式不合理,營銷人員可以設法鬆動顧客已建立的尋求模式,使之朝向營銷人員所希望的方向發展。例如詢問顧客確定已有模式的理由,為什麼要那種商品而不要類似的商品,根據回答尋找並提出其模式的不當或可以進一步考慮的地方,引導顧客考慮得更全面或更合理,以鬆動其尋求模式。也可以就營銷人員希望提供的商品與顧客的尋求目標作出比較,從各種有利於顧客的角度強調推薦商品的特點與功效,這既可以是突出推薦模式與顧客原有模式的吻合,也可以是強調所推薦商品更有利於顧客,還可以是所推薦商品在信譽與服務等方面更具有優勢,等等。例如有位顧客想買輛載重為兩噸的卡車,營銷人員卻希望給他載重四噸的卡車,因此需要鬆動顧客的模式,讓其接受新的模式。營銷人員步步誘導,闡明四噸卡車更符合顧客的需要,達到了推銷的目的。其對話過程是:

營銷員:你們運的貨平均每次重量多少?

顧　客:很難說,大概是兩噸吧。

營銷員:時多時少,對嗎?

顧　客:對。

營銷員：究竟需要哪種規格的車，一方面主要看你運什麼貨，另
　　　　一方面要看在什麼路上行駛，你說對嗎？

顧　客：對，不過……

營銷員：你們那裏是丘陵地區，冬季又長，這時汽車的機器和本
　　　　身所承受的壓力是不是比正常情況要大一些？

顧　客：是的。

營銷員：你們冬天出車的次數比夏天多吧？

顧　客：多得多，我們夏天生意不太好。

營銷員：有時貨太多，又在冬天的丘陵地區行駛，你的車不是處
　　　　於超負荷狀態嗎？

顧　客：有這樣的現象。

營銷員：那麼這會不會大大影響車的壽命？

顧　客：那當然。

營銷員：你覺得現在買車是否必須考慮車的壽命？

顧　客：看來要考慮。

營銷員：一輛兩噸車常常滿載或超載，而另一輛四噸車負荷正
　　　　常，你覺得哪輛車壽命長？

顧　客：看來應當是馬力大、載量重的那一輛了[24]。

這裏通過不斷的發問誘導，使顧客認識到原來模式的不盡合理，轉而
接受營銷人員所推薦的模式。

　　在營銷活動中，如果推薦不成，營銷人員應熱情建議顧客去可能
的地方選購，並力圖保持可能的長期關係。

　　2. 半確定型

　　顧客在進入商店之前已有大致的購買目標，但具體要求還不甚明
白，無法清晰地說明自己的購買要求，需要進行較長時間的比較和鑒
別。對於這種類型的顧客，營銷員應充分發揮自己對商品瞭解的優
勢，在尊重顧客自尊要求的前提下，提供建議意見，當好參謀，給顧
客以幫助，協助其確定購買目標。在營銷方法上，可以利用比較突出
法，即通過比較突出介紹某類商品對顧客的適用情況及其效用，讓顧

客儘快瞭解此商品的特點與價值，儘早進入角色，採取購買行動。還可以採用讓利法等，即以讓利來吸引顧客，促使顧客作出最終選擇。

3. 不確定型

此類顧客在進入商店之前沒有明確的購買目標，是漫無目的地逛商店，但發現感興趣的商品，也可能會買一些。營銷人員對這類顧客應該讓其輕鬆地瀏覽商品，不要過早地打擾他們，但要隨時準備與其接觸，如發現顧客對某商品產生了興趣或者似乎在尋找某種商品的時候，應不失時機地與之接近，主動詢問顧客是否需要幫忙，而不應漠不關心地不理顧客，例如說「您看看有沒有中意的商品」、「您想看看什麼」等等。通過搭話營銷人員可以瞭解顧客是否有尋找的目標或目標已經具體到了什麼程度。瞭解了顧客的尋求目標之後，如果商店有合適的商品，營銷人員應該熱情地向顧客展示並詳細介紹；如果顧客態度猶豫，可以進一步採用說服策略。如果顧客尋求模式不具體，營銷員應通過商品的介紹，使顧客尋求模式具體化，並力圖使之與商店具有的商品聯繫起來。但要注意，與顧客答話與接近要講究時機與藝術，太早，或者帶有催促購買意思的話語，如「您買些啥」、「買東西嗎」等，則會給顧客造成壓力，產生快速離開的思想。而說「你隨便看看」等含有歡迎瀏覽意思的話語，顧客會感到輕鬆。另一方面，如果營銷人員始終不與顧客接觸，尤其是在顧客集中注意某項商品的時候，則會使顧客產生受冷落的感覺，影響其購買情緒。

㈡購買的身心捲入程度與營銷

捲入是指顧客對產品與自己關係及重要性的體驗狀態，這包括顧客購買的產品符合自身的需要與價值觀，產品購買引起的經濟上和社會心理上的風險知覺，如經濟損失、心理上的不平衡等[25]。不同的捲入對營銷活動具有不同的要求。

1. 高捲入型

高捲入型顧客對購買行為抱有很高的熱情和興趣，他們會主動搜尋有關商品的資訊，詳細閱讀其資料，詢問有關情況，細心比較不同

品牌商品的差異，慎之又慎。購買是形成了對該產品的態度，然後才產生購買行動的，其購買行動經過了信念——態度——行為這麼一個完整的過程。 對於複雜性購買，高價值、高風險商品的購買，對與自身健康、形象、聲譽密切相關的商品的購買等，顧客往往表現出高捲入狀態。

對於高捲入購買行為，由於顧客的高度投入，營銷策略應以理性訴求為主，需要制定各種策略以幫助購買者掌握產品的屬性、各屬性的相對重要性以及廠牌的重要性等等，儘可能闡明產品的規格、性能、用途和信譽保證等，消除顧客的疑慮，信賴營銷者的產品。也可以利用理性訴求與情感訴求相結合的方式，用情感，用美好的享受來打動顧客。如勝風空調以蔚藍的海浪來襯托「勝風空調——一部真正美的空調」的廣告詞，渲染了美的享受。在營銷宣傳上，要運用印刷媒體和詳細的廣告文稿來描述產品的規格和特性，提供能有助於購買者在購買後對其選擇感到心安理得的信念和評價等。因為只有詳細說明產品的規格和功能等等，才能滿足顧客理性探求的目的。

2. 低捲入型

低捲入型顧客對購買行為不會傾注很大努力和熱情，不會主動搜集與評價可供選擇的產品資訊，對廣告等資訊的接受和加工也是被動的，膚淺的，對產品缺乏足夠的認識。顧客對該產品與該商標的態度產生在購買行動之後，是使用了該產品之後依據自己的體驗才形成的，其態度的持久性也比不上高捲入購買類型。其典型的表現形式是衝動性購買，簡單日常用品的習慣性購買等。

由於低捲入顧客對購買沒有太大的興趣，不會付出多大的努力，在銷售上要利用與強化能引起顧客不隨意注意的一切刺激手段，如突出的廣告與包裝設計，別致新穎的名稱、名人介紹、背景音樂等。採用形式簡短，內容簡潔有力的廣告形式反覆播送，讓消費者能從眾多的同類產品中認出該種產品。利用情感訴求，從情感上打動人，因為低捲入購買，顧客不太願意投入較多的理性分析，情感訴求較之理性訴求更有作用。如對於要求消除不快的否定性消費動機，營銷者可以

利用不快與苦惱的難堪，喚起顧客要求解除的願望，或者利用好壞的對比，喚起顧客對美好的嚮往。如去痘廣告用「朋友你是喜歡哭來還是喜歡笑」（中央電視臺廣告語）來喚起顧客對健康面龐和美好希望的憧憬，引發顧客的購買欲望。對於追求享受和更高心理滿足的肯定性消費動機，如求知欲、自尊、交往、成就等所產生的購買動機，可以用美好的前景來激勵顧客選擇所推銷的商品。

在營銷策略上，營銷者還可以設法將低捲入方式轉變為高捲入方式。其策略一是將低捲入商品與顧客要解決的問題聯繫起來，因為問題能引起顧客的關注和思考。如把牙膏與牙科疾患聯繫起來。二是在某種不重要的產品中添加某種重要的屬性，如在普通葡萄糖加進維生素，變成多維葡萄糖，強化與人健康的聯繫，還有去掉自來水中的雜物的過濾龍頭、磁化杯等都是採用此種方式。三是把產品同個人的相關活動聯繫起來，增強產品對顧客的聯繫程度與消費吸引力。如將消除睡意與濃濃的咖啡聯繫起來，將登山鞋與人們的旅遊活動聯繫起來等等。但是，一般來說，這些策略只能將消費者的介入從低度提高到中度。

二　性格類型與語言策略

營銷活動應根據顧客不同的性格類型採用不同的語言策略。顧客的性格類型是多樣而複雜的，大致來說，可以分成如下一些類型：

㈠沈穩慎重型

這類顧客情感沈穩，行動謹慎，他們較多注重理性的分析，不輕信他人的宣傳。消費以理智為主，感情為輔，喜歡收集產品的有關資訊，瞭解市場行情，希望經過周密的分析和思考，做到對產品的特性心中有數。購買時高度投入，而且十分警覺，不願別人介入，受廣告及售貨員的介紹影響甚少，不願與營銷員談些離開產品內容的話題，對商品要經過細緻的檢查、比較，反覆權衡各種利弊得失後，才做購買的決定。

針對這類顧客，在營銷策略上，要滿足對方慎重細緻的心理要求，要用客觀實在的語言耐心介紹商品，歡迎顧客自己作挑選、比較，多出示有關商品品質及功用的證據，多讚揚對方的購買經驗並適當給予提示，但注意不要強求，把主動權留給對方。

㈡疑慮挑剔型

此類顧客性格內向，善於觀察細小事物，但疑心較大。行動謹慎、遲緩而挑剔。購買行動細緻而多疑，聽取營銷員介紹時喜歡提問，好找一些與營銷員介紹不相符合的地方。檢查產品時小心翼翼，疑慮重重，喜歡挑毛病。挑選行動更是緩慢，費時較多，常常還會因猶豫不決而中斷購買，購買後也仍放心不下，發現不妥便會更換。

營銷人員對待疑慮挑剔型顧客應儘量讓顧客自己去觀察和驗定商品，商品有哪些特點與不適應要提前和他講清楚。心胸要開闊，能聽得進顧客的意見與抱怨，並鼓勵顧客說出心中的疑點，對顧客的疑問與挑剔要有理有據地耐心解答，並因勢利導，對顧客正確的意見給予褒揚，從而用真情去感染與打動對方。介紹商品時著重以事實說話，多以其他用戶的反映及示範表演向他作證，增強顧客對產品與營銷人員的信賴。

㈢溫順依賴型

這類顧客依賴性較強，缺乏主見，意志力較弱，容易接受他人的影響。他們在選購商品時往往尊重營銷員的介紹和意見，容易被營銷員的熱情所感染，願意接受營銷人員的推薦，缺乏獨立的思考，作出購買決定較快，對營銷員的服務也比較放心，因而較少親自去重複檢查商品的品質。相對於產品本身來說，這類顧客更注重於營銷人員的服務態度與服務品質。

對於溫順依賴型顧客，營銷人員要利用其對營銷人員的信賴，深入瞭解其購買需求，熱情地向他們介紹商品，主動為他們選擇合適的商品，用熱情的服務和合情合理的分析增強他們對商品和營銷人員的

信任。同時要利用顧客重感情的特點，與顧客建立友誼，使之成為長期的客戶。

㈣衝動多變型

此類顧客心理反應敏捷，好衝動，做事喜歡情緒化。其購買活動易受產品外觀和廣告宣傳的影響，對新產品、時尚產品容易產生興趣。同時購買情緒化，能快速作出購買決定，但也易於反悔。營銷人員在對待衝動多變型顧客時，可以利用其接受事物快的特點，向其推薦具有新創意但又合用的產品。努力闡明產品的功能和特點，引導顧客認真選擇，避免其馬虎大意，反覆更換所購商品。

㈤傲慢抗拒型

此類顧客盛氣凌人，看不起別人，容不得反對意見，態度急躁，性情怪癖，對營銷人員抱有不信任的態度，對商品的品質和營銷人員的服務要求很高，稍不如意就可能發脾氣。

營銷人員接待這類顧客要牢記一個「忍」字，儘量以溫和、熱情的態度創造出輕鬆、友好的氣氛，交往中保持謙虛恭敬、不卑不亢的態度，對其正確意見要加以恭維，以滿足其虛榮與驕傲心理，使其對營銷活動產生好感。對其不恰當的要求，不能無原則地讓步，但也要避免以硬碰硬，而應婉言相勸，耐心解釋，達到以柔制剛的效果。

有時，對傲慢抗拒型顧客，適當地運用一下刺激也有效果。例如原一平曾拜訪了一位個性孤傲的 H 先生，見了三次，並不斷地更換話題，可是 H 先生總是毫無興趣，反應冷冰冰。第三次原一平有點不耐煩了，講話速度變快了，H 先生大概沒聽清楚。

他問道：「你說什麼。」

我回了一句：「您好粗心。」

H 先生本來臉對著牆，聽到這一句之後，立即轉回來，面對著我。

「什麼！你說我粗心，那你來拜訪我這位粗心的人幹什麼

呢？」

　　「別生氣！我只不過跟您開個玩笑罷了，千萬不能當真啊！」

　　「我並沒有生氣，但是你竟然罵我是個傻瓜。」

　　「唉，我怎麼敢罵您是傻瓜呢！只因為你一直不理我，所以才跟您開個玩笑，說您粗心而已。」

　　「伶牙俐齒，夠缺德的了。」

　　「哈哈哈！」㉖

利用刺激手段引起了對方的注意與反應，為進一步的商業活動打開了局面。

三　性別類型與語言策略

　　男女在消費需求與消費行為方式上存在著差別，商業營銷行為應注意男女性別在消費方面的差異，有效利用不同性別在消費上的不同特點來促進銷售。

　　男女在購買心理、審美傾向、選擇重點及購買分工上都有不同。從角色分工上來說，在中國，一般由婦女掌管經濟大權，操持家務，家庭生活中大部分的生活必需品習慣由主婦們購買。商業營銷活動可在眾多家庭用品的宣傳及產品設計與包裝定位上迎合女性的購買心理，突出吸引女顧客。如「立白」洗衣粉強調產品的不傷手，迎合了女性美容的要求。男士是家庭的支柱和重體力勞動的承擔者，行動理智而堅定，家庭高檔耐用消費品的選購更多地由男性拿主意，笨重商品要由男性購買。在這類產品的營銷上就應注意用品質性能和事實根據來說服理性的男顧客。

　　男女還具有各自特殊的消費市場。女性的化妝品、生活用品等為女性專有，應突出女性化的特點。「太太口服液，作好女人」、「安爾樂的呵護」等宣傳詞溫柔甜美，符合女性的要求。男性的刮鬍刀、領帶等是男性的專用商品，在營銷宣傳上要突出宣傳男性的需要和特點。如吉列刀片強調快捷，易於使用，金利來強調「男人身分的象

徵」，都是很好的例子。

在審美與價值選擇方面，女性注重花色、款式與價格，挑選仔細；男性注重莊重與舒適。在思維與個性方面，女性聯想豐富，直覺思維與模仿力強，接受新生事物快，往往是消費潮流的推動者。性情溫柔，情感豐富，易受感染，情感化推銷對其能產生作用。喜歡孩子和小動物，與此相關的商品銷售活動能對其產生影響。但她們挑剔、固執，對利害得失非常敏感，氣量較窄，喜怒形於色，主意變化快，營銷活動應特別耐心，善於開導與直觀展示，並適當增加利益刺激。男性則獨立性強，意志堅定，性格直率，不喜歡別人囉嗦和指派，商業營銷應避免強買強賣。男性善於分析與推理，傾向於信服證據與理論，銷售活動可側重展示實際的數據與原理，從事實與理論根據上來打動人。

四　社會文化類型與語言策略

商業營銷活動應根據不同的文化要求、價值觀念等來制定與運用不同的促銷策略，因人而宜，投其所好，避其所忌。史達林說：「每個民族，不論其大小，都有它自己的本質上的特點，都有只屬於該民族為其他民族所沒有的東西。」[20]消費習慣的形成與民族和地區的文化傳統有著密切的關係，不同的民族與地區往往有著各不相同的生活方式和消費習慣，它們影響著顧客對商品的選購與接受的態度。

消費習慣與民族或地區的文化習慣有密切的聯繫。民族文化習慣是一定範圍內的行動規範，對人們的消費購買行為具有較大的約束力。瞭解民族與地區文化習慣，對於開闢地域市場具有重要的意義。不符合人們文化習慣的產品即使性能再好，價格再合理，也難以打開銷路。例如飲食習慣，中國素有「南甜、北鹹、東辣、西酸」的區別。熱帶地方的人愛吃清淡食物，寒帶地方的人愛吃味道濃重、刺激性強的食物。南方人愛吃米食，北方人愛吃麵食，山西人愛吃醋，山東人愛吃蒜，廣東人愛吃甜食，湖南、四川等喜歡吃辣椒。佛教徒吃素不吃葷，回族愛吃羊肉，不吃豬肉。藏族喇嘛不吃魚，鄂倫春人敬

熊為祖先，吃熊肉要先舉行禱告儀式。對於數字，西方國家不喜歡13，日本、韓國忌諱4。歐美人喜歡成打，中國喜歡成雙，並特別喜歡8，因為「8」與「發」同音，預示發富與發達，日本人則習慣5和3。對於顏色，中國人以紅色象徵吉慶，故禮品與節日用品的外觀與包裝喜用紅色。瑞典與德國有將紅色當成不祥之兆的傾向，日常用品，尤其是喜慶用品不宜用紅色。商業銷售中的許多例子都很好地說明了營銷活動必須切合民族或地區的這些習慣要求。如紅色裝飾的中國爆竹，不符合西方一些國家的文化習慣，難以打開銷路，後改為灰色，符合其喜慶的心理，銷售見好。印度曾有「天星」牌襯衫，品質不錯，投放歐美市場卻無法打開銷路，原因是其商標上有十三個星飾。後改為「麗人」重新投放，效果很好。中國「山羊」牌鬧鐘、「山羊」牌男式圍巾在英國銷售也不受歡迎，原因在於「山羊」在英國文化中有被喻為「不正經的男子」的含義，受到了主婦們的拒絕。烏龜在日本是長壽的象徵，烏龜牌的老年人用品在日本很暢銷，而在中國，烏龜則帶有貶義色彩，不適合於作商品名稱。龍在中國是輝煌與吉祥的象徵，在英語國家則是兇惡、貪婪的怪獸。「白象」是穩重、吉祥的形象，在印度等國家也是聖物，「白象」牌電池在中國很走俏，但出口西方國家卻無人買，因為「白象」一詞在英語裏的寓意是「花了力氣，耗費了金錢，但無價值」[28]。印度、巴基斯坦、尼泊爾等國家婦女有披「沙麗」的習慣，從不穿西服，因而對這些國家的消費者推銷西服難有好效果。

宗教信仰也明顯地會對商業營銷活動產生影響，營銷宣傳應符合民族宗教信仰的要求。例如回族與維吾爾族信奉伊斯蘭教，禁吃豬肉，帶有豬的形象的任何商品都在禁止之列，老一輩的人還大多不用帶有動物圖案的布匹、服裝及其他用品，否則便認為是對宗教信仰的不尊重[29]。雲南一些少數民族認為狗是自己的祖先，至今有不吃狗肉的習慣。各個民族的很多節日也與宗教信仰有關，如伊斯蘭教的開齋節，基督教的耶誕節，傣族的潑水節，白族的三月街等，營銷活動可以利用節日大肆進行與宗教習慣和節日有關的商業促銷活動。

商業營銷活動還應符合民族的價值觀念、審美心理與欣賞習慣。如對待時間，西方人士惜時如金，時間就是金錢，時間觀念強，而有些國家尊崇舒適、鬆散的時間觀，如阿拉伯國家時間觀念很淡薄，遲到一兩個小時不算回事。營銷宣傳與推銷活動就應區別對待，如在西方我們可以以快捷、省時等來作為推銷宣傳的重點，速溶咖啡就是成功的例子。而在時間觀念淡泊的國家以節約時間來作為營銷宣傳的重點就難以取得好的推銷效果。中華民族勤勞、儉樸，消費上重計劃，較追求商品的實用與耐用，在審美情趣上，注意含蓄，喜歡柔和的色調。營銷活動就應抓住這些特點來做文章。美國人喜新奇，重實利，營銷活動也應注意這些特點。

思維傾向也是影響人們購買行動的一個重要因素，營銷活動也應利用不同民族的思維特點。中國人擅長直覺思維，重視總體印象，然後再從細節上尋找支持總體印象的依據。西方人習慣用分析、推理的思維方式，先分析商品各項性能的好壞，然後得出總體印象。因而，在購買活動中，中國人特別重視名牌，注重名氣，營銷活動應在名牌宣傳中尋找機會。還有，中國人注重別人對自己的評價和看法，習慣與周圍環境保持一致，購買商品注意傾聽他人的意見。因而合乎時尚的、大眾化的商品具有市場，營銷宣傳也可以從旁人的身上著力，讓旁人來施加影響，同時也可以營造氣氛和情感環境，以感染和影響購買者。

第五節　消費心理與誘導策略

消費者的心理傾向對消費者購買行為的影響非常明顯，因為心理能夠支配人的行為，營銷活動必須高度重視對消費者心理的迎合，有針對性地組織營銷推廣策略。

一　求利心理

追求儘可能多的利益是人們普遍的心理傾向，在營銷活動中充分

利用顧客的求利心理，可以吸引住顧客，促使其積極採取購買行動，提高營銷效果。利用求利心理，在策略上可以採取如下一些方法：

1. **讓利優惠**。顧客在購買活動中，總是希望所購商品物美價廉，營銷者利用價格讓利策略，在實際上或者僅僅是在宣傳上折扣優惠，降低產品的價格，以滿足顧客的求利要求。如：「看在老顧客份上，再便宜十塊錢。」「換季大降價，大甩賣。」「國慶期間，所有商品一律七折。」「特價商品，十元一件。」等等。要注意的是，有時顧客要求的價格優惠，並不一定是要純粹的廉價商品，而是追求一種較好的信價比，即商品信能、質量等與價格的最惠比率，要求以儘量少的代價買到自己所喜歡的最好商品。商家可以在信價比上大做文章，如「大眾化的消費，大賓館的享受」，「大眾眼鏡，不租旺地，以不足人家三分之一的成本給您最理想的選擇」。

2. **附加優惠**。即在推銷商品的同時額外附加一些好處，刺激顧客積極購買，如贈送小禮品、優待券，或舉辦抽獎等。目前許多飲料都在包裝上寫上宣傳詞：集齊多少個瓶蓋或封口上的圖案，就可以得到多少多少的獎勵，運用的就是這種方法。消費者為了收集所要求數量的圖案等，就需要大量購買其商品。也有很多商場打出「購滿一千元，送運動衫一件」、「前五百名，有機會抽大獎」、「第一萬名顧客，將有幸獲得本公司獎勵的原裝進口機」等等促銷標語。還有些營銷活動在交通要道或商店門口派發各種憑證，告訴顧客去某某商店將會獲得什麼禮品等等。這些都是附加優惠促銷方式的運用。

3. **利益推延**。根據顧客的求利心理，極力宣傳與強調購買行為所產生的直接利益及其間接的、長遠的利益，從而從購買利益上刺激顧客採取行動。如某推銷員向某旅遊用品商店推銷滑雪用品，起初不成功，後來改變策略，轉而從購買旅遊用品的商業利益上打動商店經理：「假如你開設一個滑雪用品部，你們的商店就會成為本市旅遊用品最齊備的唯一商店，名氣就會大得多，並由此吸引更多的旅遊者慕名而至；另外銷售旺季也會延長。冬天是旅遊比較蕭條的季節，如果你開始銷售冬季體育用品，就會把那些想安排冬季滑雪度假的人吸引

到你的商店來。他們光臨貴店之後，不但對滑雪用品感興趣，可能對其他一些旅遊用品也發生興趣。我替你算了一個帳：在此地滑雪度假的人每年大約是二十萬，如果有百分之五的人買你的滑雪用品，就有一萬顧客，以每套滑雪用具可賺五元計算，你就可多收五萬元。何況其他旅遊用品的銷售量還要隨之增加呢！所以開設滑雪用品部是合算的，何樂而不為呢？」㉚商店經理經推銷員這麼一推算，確實感到有利可圖，與推銷員作成了交易。

4. **巧用惜失**。人們對自己已經擁有的東西並不怎樣在乎，而對於要失去的利益卻往往戀戀不捨，這就是惜失心理。在營銷活動中，有效利用人們的惜失心理，可以籌劃很多營銷策略，敦促顧客當機立斷，達成交易。例如可以利用市場行情的火爆和商品的搶手，提醒顧客商品很快會脫銷，應抓緊機會。可以利用價格因素，提醒顧客該商品即將漲價，或別的地方已經漲價，應趕緊決定。也利用換季停產或商品生產的改換，促使顧客抓緊時間。還可以利用期限限定的方法，設置最後優惠或成交期限，截斷顧客的退路，促使其採取行動，例如「元旦三天，本店電器九折酬賓」，「九月十號是該條款的終止期，您必須在此日期前交款，延後將按新條例辦理」。

5. **預兆顯利**。各個地區都有追求好預兆、好口彩的習慣，希望營銷語言及商品能預兆自己大吉大利，能夠給自己帶來好處與好運。商業營銷活動應充分利用顧客這種講求預兆、追求好運的心理，巧妙運用語言手段及象徵手法等千方百計去滿足顧客祈求吉利與利益的要求。如商品的取名、編號、定價等都可以利用好預兆來刺激人們的購買熱情。「青春寶」藥片，「萬家樂」電器，「蓋世寶」鈣片，「百事可樂」飲料，「樂口福」麥乳精等都是預兆很好的名字。除命名等之外，營銷活動還可以隨時運用象徵等手段對商品的標誌、特徵等巧加解釋，引申出商品所包含的美好用意，迎合顧客的求利心理，促成顧客購買。上海某綢緞店的營銷故事就是很好的例子。有天，一對白頭鳥的被面吸引了位北方客人，但仔細看後顧客認為鳥的嘴巴太尖了，怕是以後夫妻要吵架。商店營業員笑咪咪地給他解釋：「您看見

了嗎？這鳥的頭上發白，表明以後夫妻白頭偕老，他們的嘴巴伸得長，是在說悄悄話，是相親相愛的表示。」北方客人聽了忙說有理。還有一次，顧客希望挑選象徵長壽的手繡被面送給客人，營業員拿了一條繡有松鶴圖案的被面給他，顧客覺得很好，但發現松樹旁邊有一朵梅花，覺得有些不吉利，因為「梅」、「霉」諧音，怕長輩犯忌。營業員瞭解後解釋說：「這朵梅花也是吉利的象徵，您知不知道，有句老話叫『梅開五福』嗎？」這一點撥，顧客滿意了，營銷活動獲得了成功[31]。

二　從眾心理

　　人們在行為和價值取向上存在著從眾傾向，即與他人保持一致。這種從眾傾向可以表現在階層或群體行為的一致上，也可以表現在對時尚傾向的追求上，還可以表現在對眾人推崇事物的接受和順從上。共同的階層或群體具有一些共同的特點，它們會對個體的行為產生制約，形成壓力，同時個體也以階層或群體的共同傾向為追求。商業營銷活動利用顧客的階層或群體的共同傾向可以組成有效的營銷策略。例如兒童廣告就經常使用從眾勸導策略，有則推銷「人參娃娃皂」的廣播廣告詞是這樣寫的：

老　　師：白麗，你在洗臉的時候，用的是哪一種香皂啊？

小朋友：我洗臉的時候，用的是媽媽特意給我買的人參娃娃皂。

老　　師：怪不得你的皮膚那麼好。小朋友，人參娃娃皂是溫和性質的香皂。它是用人參等高級原料製成的。小朋友長期使用就會滋養皮膚，保養皮膚，使你的皮膚光潔、白嫩。

小朋友們：阿姨，我們都願意使用人參娃娃皂。

小朋友甲：阿姨，我也願意使用人參娃娃皂。

小朋友乙：阿姨，我也願意使用人參娃娃皂[32]。

在這段推銷廣告裏，老師故意將使用人參娃娃皂作為小朋友的共同追求，小朋友們的集體表態「阿姨，我們都願意使用人參娃娃皂」明確

了這種群體特點，因而屬於該群體的小朋友自然也要以此為追求。

以時尚來引起顧客的從眾追求，也是營銷宣傳的有效手段。不少商家都通曉運用「通領潮流」、「流行款式」、「××，時尚的象徵」等宣傳來吸引顧客。以時尚來引領顧客的從眾追求，一個常用的手法就是利用名人來作宣傳，以人們對名人的崇拜和對其行為的模仿，在社會上製造出仿效名人的時尚追求，引領大眾的消費。力士香皂廣告「力士香皂——國際著名影星的護膚秘訣」，運用的就是這種手段。派克鋼筆打進白宮後，立即推出一則廣告「總統用的是派克」，掀起了很多人的仿效，人們以使用與總統同樣的鋼筆為自豪。

利用他人的選擇與經驗來強調眾人的推崇，同樣是商業推銷中有效的從眾法銷售策略。如商店常說「這種牌子的貨今天已經賣出了好多了，非常受歡迎」、「貨很暢銷，你看店裏幾乎都脫銷了」。上門推銷員強調「你樓底下的某某已買了好幾個，不錯的，試一下吧」。這些都是促使顧客從眾行為的生動例子。

造勢和感染是利用從眾心理來促成銷售的又一有效方法。營銷人員運用語言策略激起周圍人的情感，形成一種商業興盛氛圍，並以此來感染和影響顧客，使其接受營銷人員的要求。那些現場演示、直銷、展銷、傳銷等大型銷售活動就很善於造勢和借勢，鼓動大眾參與，感染過往客人。「大家快來買，現場直銷，售完即止，機會難得」，這種激發和借助公眾情緒的方法可以有效地感染與促使顧客接受營銷人員的要求。原一平地毯式的銷售訪問也是造勢的運用，他要求就一特定目的對一特定地區的全部用戶鍥而不捨地挨家訪問，做到一傳十，十傳百，造成巨大的聲勢。人們相傳「隔壁的張先生已經投保啦」、「拐角那一戶幾乎全家都投保呢！那一對夫妻，對子女實在照顧得無微不至，真叫人敬佩」、「貴里的里長對這種保險讚賞備至。啊！聽他說，最近就要召開里民大會了」[33]。這些親切而富有感染力的話，口口相傳，最能打動大眾。

三　自尊心理

　　所謂自尊心理指個體需要維護自己的尊嚴和臉面，需要得到別人的尊重和褒揚，需要作為尊崇形象而存在的心理要求。人是社會的人，維護自我形象的尊崇體面是非常強烈的心理願望。營銷活動如果能充分迎合顧客的這種心理要求，就會產生意想不到的效果。對顧客尊重需要的迎合可以表現在如下一些方面。

　　一是將顧客往尊崇的位置推，對其表達出尊敬與敬仰。這可以是運用禮貌詞語與尊敬稱呼，也可以是推崇顧客的建議與看法，如「高見」、「感謝您蒞臨指導」，等等。再就是將顧客作為師長，向其請教，這能大大地增加對對方的尊崇。卡耐基就記載了一個自己教學員推銷技巧的例子：學員克納弗一直想把煤推銷給一家大的連鎖公司，但總是被拒絕，卡耐基在班上開展了一個「連鎖公司分佈各處，對國家害多於益」的辯論，讓克納弗站在否定的一邊，替連鎖公司辯護。為此克納弗去那家連鎖公司會見一位高級職員，說：「我不是來這兒推銷煤。我是來請你幫我一個大忙」，他把辯論的事告訴了職員，「我是來找你幫忙的，因為我想不出還有誰比你更能提供我所需要的資料。我非常想贏得這場辯論；你的任何幫忙，我都會非常感激」。結果這位高級職員跟克納弗談了一小時又四十七分鐘，他認為連鎖店對人類是一種真正的服務，他以能為數百個地區服務而驕傲。同時高級職員還給克納弗介紹了一個有研究的職員來提供情況。在克納弗要走時，這位高級職員祝賀克納弗辯論取得勝利，並說：「請在春末的時候再來找我，我想下一份訂單，買你的煤。」[34]由於克納弗表現出了對高級職員及其從事事業的推崇，取得了對方的好感，營銷也自然得以成功。

　　二是讚美與褒揚對方，讓顧客得到被欣賞的滿足。英國語用學家利奇曾總結了一條重要的禮貌原則，讚譽原則，即要求「儘量少貶低別人，儘量多讚譽別人」。在營銷活動中應該充分利用讚美褒揚的語言，以獲得顧客對營銷人員與營銷產品的認同。讚揚的運用可以從多

個方面進行。第一是寒暄式讚揚，即在進行正式的買賣活動之前，就與顧客有關的某些事情得體地誇讚對方，以引起對方的心理愉悦與共鳴，從而融洽氣氛，拉近雙方之間的心理距離，溝通雙方的感情。比如營銷人員可以就對方的穿戴、髮式、場所的裝飾、公司的組織等等進行誇讚。例如說「今天打扮得真漂亮」，「喲，您的辦公室設計得很大方」等。第二是就顧客的購買選擇自身進行讚美，如讚揚對方選擇商品式樣、品牌或質地的審美或行家眼光，例如說「您很會挑東西，這種款式非常雅致」，「一看您就是行家，這種質地絕對是優等品，錯不了」等。不少營銷廣告也很會運用讚賞的手法，如皇帝牌威士忌「只有内行的人才去找『皇帝』」，英格索爾工具公司「行家手裏開口就要『英格索爾』」，派費姆・科迪香水「奉獻給那些敢於與眾不同的女士」，莉莉・安公司西裝「情趣高雅的人才會喜愛我們的設計」。再就是讚揚顧客獨到的價值觀，這常常採用對比法。比如有位推銷員向一位老人推銷羊毛衫，他發現老人十分注意一件質料好但款式比較舊的老字號羊毛衫，就趁勢說：「現在一些年輕人手裏的錢來得容易，只顧趕新潮，一見是時髦玩意、名牌貨，也不管是真是假，實用與否，掏錢就買。您這樣的老前輩，講究價廉物美，樸實大方，優質耐用，這才是真正有眼光呢！」老人高興地說：「在理！在理！我可不會和那些黃毛小子一般見識。」高高興興地選購了一件樸實大方、價格便宜的老字號純羊毛衫[35]。第三是從商品對顧客所產生的效果方面進行讚美。如顧客挑選衣服可以說：「您身材很好，這套西服穿上去筆挺，架子又撐得起來，很合身。」

三是熱情細緻，關切周到，能想顧客之所想，能儘量滿足顧客的需要。如儘快應答顧客的詢問與要求，主動詢問顧客的要求，推薦有利於顧客的服務等。相反，冷淡、拖延、敷衍，不將顧客放在心上，坐視不理，冷言冷語等，則會嚴重傷害顧客的自尊要求。因為只有熱情與周到才能體現營銷人員對顧客的尊重與關切，才能顯現出顧客的優越地位與價值。

四是尊重顧客的自主選擇與願望。在有利於顧客的情況下，尊重

顧客的自主要求，而不能強買強賣，欺行霸市。如採用詢問方式，體現對顧客的尊重，例「您是要大號的還是要小號的」，「您看這雙怎麼樣」，「我再拿一件，請比較一下」，「您要的是這種嗎」，「您可以再考慮一下」，「您要的這種貨現在沒有，您同意的話，我可以幫您挑選另一種」等。採用避免強要對方採取購買行動的話語，如用「您要看些什麼」，「您隨便看看」等代替「您要買些什麼」等話語就能體現對顧客自主選擇的尊重，像「快買」、「不買就走」、「你買嗎？不買別問」、「不買拉倒」等強賣用語則應嚴格禁止使用。

五是滿足顧客的避忌要求，避免觸及顧客的短處與忌諱，維護其自尊與體面。如顧客的形體缺陷不要明說出來，像「你身體肥，要選寬鬆的」、「你這種短瘦的身材，不能穿橫條襯衫」、「喲，您都禿頂了，快買一瓶生髮靈，包管用」、「牙黃要用這種」等推銷話語最好避免使用，以免傷害到顧客的自尊。曾經就有個賣糖果的售貨員，見一腿有殘疾的顧客排在後面，想照顧他，就喊：「哎，那個瘸子，請到前邊來。」結果適得其反，引發了一起衝突㊱。

六是從反面利用顧客的自尊心理，採用激將法促成銷售。人們具有維護自尊的強烈願望，在營銷活動中，當顧客產生了購買欲望而又在某些方面猶豫時，營銷人員很委婉或者很可惜地用語言或語氣暗示顧客缺乏相應的成交條件，以激起顧客維護自己的自尊，達到以激將法促進銷售的目的。如：「貨物品質是不錯的，可惜目前您周轉資金不夠，我們只有下次再行合作。」以對方資金不足來促使對方採取維護體面的行動。發生在友誼商店的一個事例也很能說明問題：有次友誼商店來了一對頗有名望的香港夫婦，他們對一只標價九萬元的翡翠戒指很感興趣，但因價格昂貴而舉棋不定。這時在一旁察言觀色的售貨小姐走過來介紹說：「看得出二位是識貨之人。東南亞某國總統夫人來穗（廣州）時也曾光臨我店，並曾仔細鑒別過這只戒指，他們像你們一樣慧眼識珍品，還愛不釋手哩，但由於嫌價錢太貴而始終沒有買去。我們經理對此並不焦急，他說只怕沒有好貨，不怕沒有有膽有識的買主，價格不能降。所以二位不買也沒什麼，不必介意。」夫婦

二人聽了這話，對視了一下，耳語兩句，當即買下了這枚戒指㉚。這段話裏，既有恭維對方的話語，更有促使對方維護其自尊的激將意思，並且表面上還在為顧客解圍，即不要因看了很久而不好意思不買。對於激將促銷的運用，必須特別注意分寸和含蓄，尤其是在雙方並不熟悉的營銷活動中，否則會產生極其不當的負面效果。這就要求含有激將之意的話語是站在為顧客考慮，為顧客解憂，為顧客可惜等角度上說出的，而且激將的深意還必須隱含，避免特意或明確的表露出來，以避免對方抓住把柄。上例激將促銷的成功就在於售貨小姐是站在替對方解圍的角度上說那番話的。

　　但事物也是辨證的，在某些特定的情況下，尤其是針對那些傲慢抗拒或目空一切、自以為是的人，正面的、強烈的刺激也能產生激將的效果。相反，使用一般的請求話語可能永遠也達不到促銷的效果。例如原一平曾特意去拜訪某位總經理，三年多時間一共上門了七十次，但每次該家中一位清瘦的老頭都說總經理不在，實際上，這個老頭就是總經理。最後原一平知道了這個事實，第七十一次他又上門了：

　　　　「請問有人在嗎？」

　　　　「什麼事啊？」

　　　　應聲開門的又是那位老人家，他臉上一副不屑的樣子，意思就像說：「你這小鬼又來幹什麼！」

　　　　我倒是平靜地說：「您好！承蒙您一再地關照，我是明治保險的原一平，請問總經理在家嗎？」

　　　　「唔！總經理嘛？很不巧，他今天一大早去 T 國民小學演講去了。」

　　　　老人家神色自若地又說了一次謊。

　　　　我這種矮個兒，如今派上了用場。由於我身材矮小，所以雙手正好在門口的床沿上。我握緊了拳頭，猛敲床沿一下。

　　　　「哼！你自己就是總經理，為什麼要欺騙我呢？我已經來了七十一次了，難道你不知道我來訪的目的嗎？」

「誰不知道你是來推銷保險的。」

「真是活見鬼了！向你這種一隻腳已進棺材的人推銷保險的話，會有今天的原一平嗎？再說，我們明治保險公司若是有你這麼瘦弱的客戶，豈能有今天的規模。」

「好小子！你是說我沒資格投保，如果我能投保的話，你要怎麼辦？」

事情愈演愈烈，我發現已經不是在推銷保險，而是在爭吵了。既然已經騎在虎背上，我決定堅持到底。

「你一定沒資格投保。」

「你立即帶我去體檢，小鬼頭啊！要是我有資格投保的話，我看你的保險飯也就別再吃啦！」

「哼！單為你一人我不幹。如果你全公司與全家人都投保的話，我就打賭。」

「行！全家就全家，你快去帶醫生來。」

「既然說定了，我立即去安排。」

爭論到此告一段落。

我判定總經理有病，會被公司拒絕投保，所以，我覺得這場打賭贏定了㊲。

這裏儘管帶有一些負氣的因素，但原一平借機激將的銷售方法卻是非常成功的。最後的結果是除了總經理有病不能保險外，他公司的全體職員都買了原一平推銷的保險，原一平作成了從事保險推銷以來最大的一筆業務。

四　美善心理

所謂美善心理是指顧客要求商品的特性、效用、品質、外觀及售後服務等盡善盡美的心理傾向。美善要求是顧客普遍的心理願望。這就要求營銷者在所有可能的方面儘量滿足顧客的要求。一般來說，美善要求希望商品及其銷售服務在各方面都優秀，不存在缺陷，但在不同的情況下，不同的購買者會側重於不同方面的要求。總起來說，顧

客的心理愛好表現在求實、求新、求美、求名等幾個方面。

1. **求實**。即講求商品的實用、優質和可靠。實用指商品對消費者用途的合適程度，顧客要求所購買的商品能很好地滿足自己的實際需要，切實有用。越實用的商品對消費者的吸引力越大。營銷活動中，營銷人員應努力宣傳商品的實際功效與價值，發現與強調商品對顧客用途的合適程度。優質指產品的質量優良，各個方面都能過關。質量是購買者最關心、最看重的因素之一，營銷人員應提供有力的質量檢驗證明。可靠指產品的安全與信譽保證良好，營銷人員應宣傳產品的安全可靠性能，教會顧客安全操作方法，打消顧客的顧慮。

2. **求新**。指追求產品的新穎、新奇和新亮。新亮是普遍的要求，即希望產品嶄新，乾淨，亮堂，對於食用產品還要求新鮮。這就要求營銷人員在宣傳與實際方面儘量滿足顧客的這種心理要求。如風行牛奶強調「純鮮」等就是例子。目前經常在《新快報》上廣告的「大閘蟹」也以「專人精挑、每天空運、陽澄湖」為勸誘點（《新快報》，1999 年 12 月 1 日）。新穎、新奇對於富有創新和冒險精神，以及愛趕潮流的顧客具有很大的吸引力，他們對產品也充滿了這方面的期望。營銷活動應抓住顧客這方面的心理特點，注重產品的創新，生產適銷對路的產品，在產品宣傳方面突出渲染產品的「新」與「奇」。

3. **求美**。即要求產品美觀，具有較高的欣賞與藝術價值，這種美包括造型美、裝潢美、色彩美、名稱美等。美感是產品給人的第一印象，對顧客的購買產生著很大影響，對那些以美作為主要價值的商品，藝術美感則更是其生命。例如服裝、擺設用品等對美的要求程度就很高。因此，營銷人員應從產品的外觀、包裝設計以及命名等各方面努力創造美的效果，滿足人們的審美追求。例如「春蘭」空調，「海飛絲」，「紅豆」襯衫等的命名就很富有美感。

4. **求名**。顧客在購買活動中具有追求名牌產品、特色產品的強烈心理，講求名氣、名牌，要求體現自己的追求和身分，尤其是有一定社會地位或經濟實力的人士更是如此。這種普遍的求名購買心理要求營銷者努力使自己的產品與服務朝向名牌的方向發展，創造名牌，

打出名氣。名牌營銷策略，一是努力提高產品質量和服務水平，通過社會和權威部門的選擇確立名牌地位。二是抓住人們敏感的顯名與炫耀之點來集中突破，「金利來」抓住「男人的世界」、「男人的身分」大肆張揚和引誘，終於創造出了代表男人身分和地位的名牌家族產品。三是利用名地、名人、名傳統等來提高產品名氣。如「吉林人參」、「化州桔梗」等是利用名產地。「孔府家酒」是希望能夠利用名人或顯赫的地位來提高名氣。名傳統，統指傳統製作、傳統風格等，利用它們也可以往產品上貼金，如秘製丹膏，窖存老酒等就是。

五　親和心理

　　人們對與自己具有相同淵源、特徵、愛好、經歷或者具有交往關係等的人會自然產生一種親近感情，容易在心理上接受他們。商業營銷活動可以利用人們的這種親和心理來拉近買賣雙方之間的關係，融通雙方之間的感情，增加共同語言，為雙方之間進一步的合作打下基礎。這種心理上的拉近包括：

　　1. **對地緣關係的利用**。具有相同或相近的居住經驗，如老鄉，近鄰，共同居住過的地方等，都可以作為拉近雙方關係的手段。如：「聽聲音，您是岳陽人吧，我在那兒呆過，你們那兒的蓮子和菱角真是好吃，……」這裏很好地利用了共同的地域經驗來溝通雙方之間的感情。在他國他鄉用家鄉的名字作為店名等也是這一手段的運用，例如廣州的「潮州菜館」、「湖南飯店」、「江西理髮店」等就帶這種吸引故鄉人的味道。

　　2. **對親緣關係的利用**。即利用血緣關係、世家關係、朋友關係、相識關係等來拉近距離，達到促成交易的目的。過去店家經常利用某些詞語將陌生的顧客往老主顧的身分拉，增加親近氣氛，就是成功地對親緣關係的利用。如：「喲，您來了，今天再吃些啥？」用「今天」、「再」將對方認定為老顧客，透著熱乎勁。

　　3. **對相同團體、組織等關係的利用**。相同的團體、組織等關係，如戰友、校友、同門兄弟等，也可以作為拉近關係的橋梁。如「您是

二支隊的？喔，我們還曾是戰友」，以戰友之情來拉近關係。

4. **對相同愛好、觀念等的利用。**每個人都喜歡別人提起自己的事，尤其是談自己最關心、最得意、最值得驕傲的事，對表現出與自己具有相同愛好、觀念等的人，易於在心理上接受他們，從而引發知己的感受。營銷人員在營銷活動中要儘量談與客戶有關或是客戶所關心、所驕傲的事情，表現出與客戶具有同樣的興趣、追求、觀點等，以獲得客戶的認同，為營銷鋪墊道路。有人曾經統計過，大多數推銷冠軍所選擇的接近客戶的話題主要集中在如下一些方面：

> 提起對方的嗜好。
>
> 提起對方的工作。
>
> 提起時事問題。
>
> 提起孩子等家庭之事。
>
> 提起影藝及運動。
>
> 提起對方的故鄉及所就讀的學校。
>
> 提起健康。
>
> 提起理財技術及街談巷議[39]。

這些話題都是與客戶有關的能喚起客戶認同的事情。話題的選擇還可因時因地而定，如在對方家中，可就家中擺設、色調來開始談話。推銷大師原一平就很強調對客戶的喜好、品位等的研究，以客戶所關心、所認同的事情去接近他們。他自己也是依賴這一法寶連續二十年保持了全球保險推銷之冠。例如有次原一平想接近當時的一位企業巨子F先生，但不知如何與他接近。原一平調查到了給F先生洗衣服的店鋪，從洗衣店瞭解到了給F先生經常訂做衣服的西服店，於是決定訂做一套與F先生完全相同的西裝，布料、顏色、式樣都相同。其故事發展如下：

> 西裝店老闆對我說：「原先生，您實在太有眼光了。您知道企業名人F先生嗎？他是我們的老主顧，您所選的西裝料子、花色與式樣，與F先生的一模一樣。」
>
> 我假裝很驚訝地說：「啊！有這麼回事嗎？真是太湊巧

了。」

「是啊！F先生可能非常喜歡那一套西裝，我經常看他穿那一套西裝出現在報章雜誌上，為了這一點，敝店也感到非常光榮。」

「那是貴店的傑作，你們受之無愧呀！我訂做這一套西裝倒也希望沾F先生的光而變成名人啊！哈哈哈！」

「原先生真愛說笑。」

……

「原先生，F先生每次訂製新西裝的時候，都會附帶訂製二條搭配的領帶，您這一套跟F先生完全一樣的西裝，他是搭配這種領帶的，我建議您也訂製二條搭配的領帶吧！」

「好！我接受您的建議，既然西裝已經相同了，乾脆連領帶也訂製一樣的好啦！」

「哈！F先生看到的話，一定會大吃一驚啦。」

……

有一天，機會終於來了，我穿上那一套西裝並打上搭配的領帶，從容地站在F先生前面。

「F先生，您好！」

如我所料，他大吃一驚，一臉驚詫，接著恍然大悟，「哈哈哈」大笑起來⑩。

從故事中可以推知，F先生從西裝店知道了有一個與自己有同樣選擇的原先生，對他產生了興趣，所以見到原先生能很快以笑相迎，並最終成為了原一平的客戶。原一平推銷的成功也就在於利用了人們的親和心理。

章普先生直接與顧客當面交鋒的例子也能很好地說明問題：有次章普先生去推銷用電，看到一間顯得比較富有和整潔的農舍，便上去敲門。門開了一條小縫，屋主布拉德老太太從門縫裏探出頭來。當章普先生剛報出身分後，老太太二話沒說就把門關上了。章普先生又敲了很久，只是從門縫裏傳來了老太太的破口大罵。章普先生並不氣

餒，想了一下，改變了策略，温和地說：「布拉德老太太，很對不起，打擾您了，我今天並非為電氣公司的事來，只是想向您買一點雞蛋。」老太太聽後態度稍微和藹了些，門也開大了一點，但仍不說話，只是在審視這位不速之客。韋普先生接著說：「您家的雞長得真好，看它們的羽毛長得多漂亮。這些雞大概是多明尼克種吧？您願意賣給我一些雞蛋嗎？」老太太又把門開大了一些，並問韋普：「您怎麼知道是多明尼克種的雞？」韋普知道自己的話開始起作用了，便接著說：「我家也養了一些雞，可是像您養得這麼好的雞，不要說我養不出，甚至連見都沒見過呢！而且我養的來亨雞，只會生白蛋。夫人，您知道吧，做蛋糕時，用黃褐色的蛋比白色的蛋好。我太太今天要做蛋糕，所以就跑到你這裏求助來了……」老太太一聽這話，頓時現出了高興的神色，由屋裏跑到門廊上。在這短暫的時間裏韋普發現這戶人家還擁有整套的酪農設備，便繼續說：「夫人，我敢打賭，您養雞賺的錢一定比您先生養乳牛賺的錢還多。」這句話一出口，老太太高興得心花怒放，因為長久以來，她常為此而自豪，但她的丈夫始終不願承認，韋普先生如此「知音」，她很感動，把韋普先生當成了知己，帶他參觀雞舍，介紹養雞的經驗等。末了，她向韋普先生請教用電的好處，韋普先生介紹了用電的優越性，還談了用電對養雞的好處。兩星期後，韋普先生收到了布拉德太太的用電申請書，後來更源源不斷收到這個村子的用電訂單[41]。這裏韋普先生也是巧妙運用與對方相同的興趣來獲得對方的認同的。

第六節　顧客異議處理

一　正確認識顧客的異議

顧客異議是商業營銷活動中的正常現象，營銷人員應該正確認識與接受顧客的異議，必須樹立客戶永遠正確的原則，牢記嫌貨人才是買貨人的生意經驗，尊重客戶，給顧客的異議予歡迎。

首先，營銷人員應認識到顧客對自己的產品與服務提出異議是顧客的神聖權利。顧客有維護自己的權利，有為自己選擇盡善盡美的商品的心理需要，營銷人員對此要抱有尊重與寬容的要求，並真誠、熱忱對待顧客的挑剔與批評。

　　其次，營銷人員要認識到顧客的異議是對自己營銷工作的莫大幫助。顧客能從各個方面審視自己的營銷工作，從各種角度發現自己營銷工作上的不足，能從不同的方面幫助自己認識自己所從事工作的好壞，及早發現問題，改進工作。顧客正確的異議能給自己提供寶貴的意見，不正確的異議，甚至是糾纏於蠅蠅小利的吵鬧，也可以幫助營銷人員認識到營銷工作的複雜，鍛鍊營銷人員考慮問題的全面性和應付各種問題的能力。

二　處理異議的方法

㈠熱誠接待顧客，認真傾聽顧客的意見

　　熱誠接待顧客，認真傾聽顧客的異議是處理顧客異議的有效方法。對顧客的熱誠接待首先就可以安慰顧客的心情，減少顧客的衝動情緒，讓顧客受到感動，從而為營銷人員化解異議提供良好的基礎。相反，如果營銷人員態度粗暴，對待顧客缺乏熱情與耐心，就可能激化矛盾，不利於化解工作的順利進行。

　　認真聽取顧客的異議既是尊重顧客的重要表示，又是找到問題癥結所在、對症下藥的重要途徑。有時顧客的異議可能僅僅是一種情緒發洩，營銷人員認真聽取顧客的投訴，本身就是對顧客的一種尊重與安慰，顧客傾訴完了，情緒也就平定了，矛盾自然就化解了。傾聽還可以成功找到問題之所在，觸及本質、順理成章地化解顧客的異議，免去許多不明情況的糾纏。有位保險推銷員的親身故事頗能說明問題。有次這位推銷員去一位客戶家推銷保險，閒談後，客戶提出了異議，說：「我根本不需要這些人壽保險。」推銷員就問：「為什麼呢？」客戶說：「我們的公司，為每個職工提供了一個很好的保障計

劃……」在客户説話時，營銷人員不插嘴，只是留心地聽著。客户繼續説：「如果我有太多的錢，我寧願將它放在股票的投資方面，也不會拿去買保險存款……」，推銷員還是不插嘴，靜靜聽著，「去年有位推銷員也和我談及那些儲蓄的人壽保險，我覺得他所提議的保費太貴了……」終於，推銷員聽出了客户異議的實質在於保費太貴，他於是給客户制定了一個既省錢又有保障的保險計劃，客户欣然接受了[42]。這位推銷員運用傾聽發現了問題，因而能夠簡捷完滿地解決問題。

熱忱的傾聽不愧是化解異議的法寶，成了眾多成功的營銷人員運用嫻熟的技巧。

㈡答覆時機的把握

對顧客的疑慮和異議，營銷人員應恰當把握解答的時機，以提高化解矛盾的效率。一般來説，營銷人員對異議的解釋有三種時間選擇：

1. **提前解釋**。這主要是針對一些營銷人員已經發現不足的商品和特殊處理的商品。在顧客挑選商品的時候，營銷人員預先説明商品的不足，以解除顧客可能提出的異議，如説「這些雞蛋運輸時有些破損，我們便宜處理」，「這些是特價處理的，質地、做工都不錯，只是式樣舊了一點，還是滿實惠的」等。有時還可以在營銷場地寫上「清倉處理」、「換季銷售」等標誌性的字樣。

2. **即時解答**。在顧客提出異議之後，營銷人員根據實際情況和顧客異議的內容當場予以解釋和解決。即時解答對營銷工作的進行意義重大。這一是可以很快地化解矛盾，溝通與顧客的感情，贏得顧客的讚譽。因為置之不理是對顧客的冷淡，更引起顧客對營銷者印象的惡化，拖延不答則更是等於默認了顧客提出的疑點是事實，對營銷者的形象不利，而即時解決得好，則反而可以增強顧客對企業的好感，變壞事為好事。二是可以防止顧客吵鬧，以影響到其他顧客對營銷產品和營銷人員產生懷疑。

3. **延遲答覆**。對於某些異議，營銷人員可以延期答覆。世界著名推銷專家戈德曼就提出如下七種情況需要延期一段時間後再給顧客以答覆：⑴如果你不能當即給顧客一個滿意的回答，就應延遲答覆的時間，待你請教了有關專家，把問題完全弄清楚之後，再給顧客一個圓滿的答案。⑵如果對顧客的反對意見馬上答覆會對你闡述的推銷觀點產生不利的影響，那麼，最好不要馬上答覆。⑶如果你不想由於反駁顧客的意見而惹顧客生氣，或是出於策略和心理上的考慮，認為等到比較合適的機會再答覆會比較有利時，可以不必馬上答覆。⑷如果顧客的意見，在業務洽談的過程中會逐漸得到解決，可以不必馬上答覆。⑸如果你想避開一些顧客所提的沒有答覆價值和不必要的意見，也可不必馬上作答，因為這些意見對雙方其實都無足輕重，答案是心照不宣的。⑹如果你回答不了顧客提出的其他一些問題時，可以不必馬上回答。切忌不懂裝懂，既出洋相，又給企業抹黑。⑺如果顧客的問題離題太遠，或者同你準備進行解釋的某一點有關，或者是對這問題的回答會牽涉到一些對這個顧客來說意義不大的問題，你可以不馬上回答而留到下一步必要時才順勢解釋或者甚至不再回答㊸。但是要注意，延遲答覆要跟顧客交代清楚，獲得顧客的認同，並留下聯繫的地址。對於答應顧客要解答的問題，一定要信守諾言，按時給予答覆。

㈢答覆的技巧

根據顧客異議的不同情況和實際的條件，可以對顧客的異議採用不同的答覆方式。大致來說，可以運用下面一些方法：

1. **正面接受**。對於顧客合理的異議，營銷人員應該予以肯定和接受，並儘量替顧客解決好實際問題。這在當前國內的營銷活動中特別值得注意。現在不少店家對自己經營商品的缺點百般庇護和抵賴，不願承認自己的不足，甚至惡語相向，違背了答覆顧客異議的正當作法。相反，懂得經營之道的營銷者，則能正面接受顧客的異議，對於自己商品對顧客造成的麻煩真誠地致以抱歉，並迅速地給顧客解決問

題。在這方面，北方大廈作出了榜樣。他們設立了四十八項便民項目，五年中進行了二十七次「開門評店」。有次有位顧客在大廈買了一台洗衣機，用後發現脫水槽裂了三條縫，因保修期已過，他抱著試試看的想法來到大廈。結果大廈營業人員熱情地接待了他，並多方聯繫給他更換了脫水槽。五年內大廈收到了二萬七千零八十九封表揚信，年銷售額超過二億元，營銷取得了巨大的成功㊹。

2. **先褒揚後解釋**。對於顧客不盡合理的異議，營銷者不宜直接進行反駁，更不宜同顧客進行爭吵。而應先肯定顧客提出意見的良好用意，然後恰當地進行解釋。這樣既維護了顧客的尊嚴，又解答了顧客的問題。如有位顧客選中了某種高壓鍋，準備付款時突然提出說這種高壓鍋看起來容易爆炸。年輕的推銷員因此與他吵了起來。營業部經理見狀趕過來開導說：「我們店的規定是歡迎選擇，也歡迎退換。即使看不上，『買賣不成仁義在嘛』。剛才我們這位小青年態度不好，我代表營業部向你道歉，請你原諒。你挑選高壓鍋時懂得首先考慮安全質量，看來是個有經驗的行家。下面我把這種目前十分暢銷的高壓鍋雙保險安全裝置的構造和原理向你彙報一下，憑你這樣的經驗是一聽便會明白的。」顧客聽了營業部經理的解說後，高興地說：「看來你們店不但商品質量高，主管的推銷水平也高，我買了。」㊺這裏就是從褒揚顧客的角度來順勢解答顧客的異議的，獲得了很好的銷售效果。

3. **合併解釋**。在顧客較多的場合或在某些促銷宣揚需要的情況下，可以先聽顧客的異議，然後歸納顧客異議的本質和要點，集中起來一併予以解釋。這樣既解答了顧客的異議，又從瑣碎的一條一條具體甚至是重複的問題裏擺脫了出來，同時又可以借集中解釋的機會逐項地宣傳產品。

4. **公開解答**。對於某些帶根本性或帶有公眾宣傳意義的異議，營銷者需要採取在傳媒或公眾場合公開進行解答的方式來化解。「玉環」熱水器就是很好的例子。「玉環」熱水器是中國大陸研製成功的第一種熱水器，先後獲得了輕工業部優秀新產品獎、國家經委頒發的

金龍獎，1985 年在全國熱水器質量檢測評比中獲第一。但之後接連有人在使用「玉環」熱水器時中毒死亡，批評、指責與整頓來到了南京熱水器總廠。工廠經過幾個月的調查得出了科學的結論：事故不是因為產品質量不合格，而是由於消費者使用不當造成的。工廠一方面改進質量，在產品外殼上印製「為您安全，請安裝在浴室外空氣流通的地方，防止一氧化碳中毒」的告示，另一方面在報刊上公開刊登〈致顧客〉、〈啟事〉等文章，解釋事故原因，宣傳有關安全使用的知識，又印製了十幾萬份〈告用戶書〉，寄往各經銷單位和用戶單位。通過這種公開的解釋和一系列的整改措施，「玉環」熱水器又一次贏得了聲譽，新老用戶又紛紛上門㊻。從這裏可以看到公開化解異議的重要作用。

註　釋

①②③④⑤⑥⑦　參見《市場營銷》第 2、3、4、4、17、198、198 頁，MBA 核心課程編譯組編譯，中國國際廣播出版社 1997 年第 1 版。

⑧　參見熊源偉主編《公共關係案例》第 34 頁，安徽人民出版社 1993 年第 1 版。

⑨⑩⑪⑫　參見原一平著，胡棟梁、胡豔紅譯《推銷之神原一平》第 102、95、95、96 頁，中國經濟出版社 1992 年第 1 版。

⑬⑮　同註⑧，第 167、127 頁。

⑭　參見肖沛雄編著《交際、推銷、談判語言藝術 200 題》第 237 頁，中山大學出版社 1996 年第 2 版。

⑯　參見邰啟揚等著《促銷術——商戰啟示錄》第 311 頁，中國大百科全書出版社 1993 年第 1 版。

⑰⑱⑲　參見馬謀超、高雲鵬主編《消費者心理學》第 75、67、68 頁，中國商業出版社 1997 年第 1 版。

⑳㉑㉒㉓㉔　同註⑭，第 239、240、240、339、305 頁。

㉕　同註⑰，第 83 頁。

㉖　同註⑨，第 143 頁。

㉗㉙　參見杜祖德、劉開雲編著《消費心理與經營決策》第 98、101 頁，經濟日報出

版社 1991 年第 1 版。

㉘　參見張彥、韓欲和編著《涉外禮儀》第 348 頁，譯林出版社 1993 年第 1 版。

㉚　同註⑭，第 299 頁。

㉛　參見孫連芬、李熙宗編著《公關語言藝術》第 148、145 頁，東方出版中心 1989
　　年第 1 版。

㉜　同註⑰，第 63 頁。

㉝　同註⑨，第 97 頁。

㉞　參見戴爾‧卡耐基著，謝彥、鄭榮編譯《人性的優點、人性的弱點》第 220 頁，
　　中國文聯出版公司 1987 年第 1 版。

㉟㊲　同註⑭，第 309、341 頁。

㊱　同註㉛，第 145 頁。

㊳　同註⑨，第 127 頁。

㊴㊷　參見曾信編著《人壽保險──推銷實戰謀略》第 192、184 頁，《生活‧讀書‧
　　新知》上海三聯書店 1997 年第 1 版。

㊵　同註⑨，第 139 頁。

㊶㊹　同註⑭，第 298、271 頁。

㊸㊻　同註⑧，第 288、182 頁。

㊺　同註⑭，第 311 頁。

第八章／商業命名與商業楹聯

第一節　商業命名

一　商名的含義

　　命名就是賦物以名，物是客觀存在的現象，名是客觀現象的代碼，代碼與客觀現象之間沒有本質上的必然聯繫，但通過命名這種藝術性的言語創造可能反映客觀事物的特徵。客觀事物多姿多彩，令人目不暇接，事物的命名，豐富多樣，這裏談的是商業組織和商品商標命名。

　　商業組織的名稱是一個商業實體的代碼，如廣州市好又多百貨商業廣場、白雲山製藥廠、天河購物中心等；商品的名稱是一個企業生產出來的物品的代碼，如靈芝茶、延生護寶液、冬蟲夏草精、洗衣機、熱水器、連衣裙、彈力絲襪、奶黃包、雞粒燴燕窩等；商標的名稱是商品的牌號，如愛妻號（洗衣機）、鷹牌（花旗參茶）、春蘭（空調）、新力（電視）等。這三者都是商名，其名稱有別，命名目的相同，其功用和起名的語言策略也大同小異。

二　商名的功用

　　命名早已為人們所講究，據《左傳》記載，春秋時就有了「命名之道」，即「名有五：有信、有義、有象、有假、有類。」「以名生為信，以德命為義，以類名為象，取於物為假，取於父為類。」尹文子曾說過：「形以定向，名以定事，事以驗名。」意為觀察辨別事物、人物，必先定名而後才可以事成，而事物的成敗得失，又可以驗

證其名。這都說明我們的先人早就已懂得事物、人物命名的重要，非常重視和講究命名。

商業命名也早已有之。《韓非子・外儲說右上》記載：「宋人有沽酒者，升概甚平，遇客甚謹，為酒甚美，懸幟甚高。」懸幟就是懸掛酒店的商標。北宋著名畫家張擇端在〈清明上河圖〉上畫了當時汴京（今河南開封）大街上近萬家商店各有特色的招牌，證明商標、招牌，作為商店、商品的標誌、象徵和重要的競爭手段，古來有之，現代的商業實體、商品、商標都有名字，而且取名十分講究。

商名是商業實體、商品商標的標誌和象徵。它們來源於商業實務領域的語言藝術創造，而商業語言藝術創造無不服從於和服務於商業目的的實現，因此，商名又不僅僅是商業實體、商品的標誌和象徵，同時更是企業形象的一個重要組成部分，一個優秀的商名往往是糅和著商業目的、文化、心理和藝術等多種因素的結晶，它們在商業實務中有著重大的功用：一個高度概括商業實體物質的名字，如「廣東健力寶集團有限公司」，能加深公眾對它的認識與瞭解，富於藝術魅力的企業組織代碼，如「白天鵝賓館」能吸引千千萬萬公眾的嚮往，「雲中酌」（酒店）一「雲」字，很能喚起食客親自體會醺醺欲睡時的妙趣；一個充滿詩情畫意的菜式雅名，如「江南百花雞」，既可誘發公眾的食慾，又能讓人在大飽口福後回味無窮；富含高品位文化的名字「小糊塗仙酒」不僅能引起酒客暢飲的雅興，而且能令人受到「小事糊塗，大事聰明」哲理的啟迪；一個饒有魅力的洗滌品商標名，如「活力 28」，具有巨大的宣傳效力，成為生產廠家的無形資產，馳名商標「青島啤酒」竟值一億一千多萬元。

俗語說：「招牌好，招財又進寶。」「名字起得好，生意自然好」。日本學者山上定說：在當代經濟環境中，決定產品是否暢銷的第一個因素就是名稱。世界馳名的可口可樂公司的總經理曾斷言，即使他所有的工廠一夜之間化為灰燼，他完全可以憑著「可口可樂」的牌子東山再起。可見，好商名的功用之大，它是企業的美好形象，是無形資產，能帶來巨大財富。吉林人民製藥廠（後改為吉林聯合製藥

廠）生產一種藥，命名為「鞭寶」，藥效良好，售價也低廉，但知名度不高，銷售量一般。後來，換了名字，叫「中國猛男」（China Menynan），價格做了較大幅度的提升，卻供不應求，甚至不斷遭到假冒。該廠負責人說，藥品的配方、性能、設備沒有任何變化，僅僅改換了名字而已。但這一名字的改換，使「中國猛男」的利潤迅猛上升，占到該廠利潤的 60%①。原「杭州第二製藥廠」一直生產大量的高品質的治療藥品，並有大量的出口外銷，在國際市場有很好的聲譽，給國家作出了貢獻，創造了良好的社會效益，但長期默默無聞，不被公眾所瞭解，主要原因是過去杭州有兩個第二製藥廠，廠名只有一字之差，這給企業樹立的自身形象，提高知名度和生產經營帶來了不少麻煩和困擾，後經半年時間，公開徵名，並改為「杭州華東製藥廠」，迅即跨上了一個新臺階②，可見商業命名直接關係著企業的形象、聲譽與經濟效益，甚至是企業的生存和發展。

正因為商名的功用重大，所以馳名的商品商標名稱價值連城。據報載，1994 年世界第一飲料「可口可樂」商標，價值為 359.50 億美元；香煙商標「萬寶路」，價值為 330.45 億美元；「柯克」商標，價值 100.20 億美元。中國大陸鄭州「亞細亞」的牌子，1992 年被估價為 1200 萬元；深圳的「怡寶」被認為價值 800 萬元；外商願出 1500 萬元購買「健力寶」飲料商標，願出 100 萬元購買「太陽神口服液」商標。馳名商名被世界管理大師杜拉克稱之為「不盡的財富之源」。

正因為名稱十分重要，所以國內外許多懂得公關的企業往往不惜重資開展徵名活動。美孚石油公司為了把其汽油商標的名稱「埃索」改為「埃克索」，曾利用包括語言學家在內的有關專家，調查了五十五個國家的語言情況，編寫出一萬多個名稱，歷時六年，耗資一百四十多萬美元。近些年來不少大型企業如中國抽紗汕頭進出口公司和杭州娃哈哈營養食品廠等，為進一步擴大國內外貿易，提高企業和商品的知名度和美譽度，也不惜重金向社會公開徵集商用名稱。

三　商業命名的語言策略

商業命名必須服務和服從於商業目的的實現，因而它必須講究語言策略。商業命名的語言策略，最集中的體現就是使名字充滿魅力。為此，它必須：

(一)意美

意義是企業、商品名稱的靈魂，靈魂美醜直接影響著名字美醜，名字的美醜關係著企業、商品形象的美醜，關係著企業的興衰，所以美好的含義是美好的商品的靈魂，美好的商名是直接關係著商業企業組織興盛的一個不可或缺的因素。這是因為：⑴意是辭的內容，辭是意的體現，名字的美意與美辭互為表裏，但「意在筆先」，美的意是名字的藝術魅力的泉源；⑵意美的名字是實現商業目的所必需。嚮往和追求美好是人的天性，商品只有含義美好，文明健康，格調高雅，才能以光輝形象博得公眾的喜愛，語意粗鄙卑俗、語辭欠雅的名字，就會為人所不恥，難以接受。

商名意美的語言策略手段多種多樣，其中最主要的有如下四種：

1. 選用意含高品位文化的詞語命名

當今的時代是文化制勝的時代，「文化是明天的經濟」，商業競爭既是商品品質的競爭，又是文化品位的競爭，因為現代消費者購買物品，除了對其物值效用認同外，更注重於商品的文化內涵和文化品位，注重於商品所展示的民族文化傳統和現代的文化風尚、文化個性。放眼市場，任何一種有價值的商品，都凝聚著一定的、豐富的文化內涵，而文化含量品位高的商品商標名字，情濃意也濃，能夠對消費者產生一種無可言喻的吸引力，引起其心靈的震撼。例如，松下電器公司將企業所生產出來的一種全自動洗衣機取名為「愛妻號」。這個命名頓時使原本冷冰冰的洗衣機，充滿了對妻子的脈脈溫情。這種飽含人類美好情感的商品名激發了丈夫的購買欲望，也吸引著妻子們先用為快。這個商品名字充滿了文化韻味和浪漫情調，使消費者產生

了愉快的聯想，表達了夫妻之間互敬互愛的感情，體現了東方文化的特點和商品的文化個性，所以產品一上市就出現了購買的熱潮③。可見，商品命名的文化含量對產品的銷售意義之重大。事實表明，商品的名字起得好，富含高品位文化，本身就是一種宣傳廣告，它能引起消費者的興趣，促進產品的銷售，前面講述的「紅豆襯衫」和「孔府家酒」都是如此。據《廣州日報》一篇題為〈小糊塗仙酒品味非凡，酒名獨具文化內涵〉的「購物指南」稱，產自貴州茅臺鎮的小糊塗仙酒之所以能突破地域觀念，熱銷北京、廣州、武漢、蘭州、長沙等地市場，就因為其獨具文化內涵的品牌形象，引起了廣大的消費者的濃厚興趣，許多消費者認為飲小糊塗仙酒，不僅僅是其品味上乘的酒質和獨特的口味，更令人感到一種文化的薰陶和哲理的啟迪。的確，鄭板橋的名言「難得糊塗」，講的就是「小糊塗、大智慧」、「小事糊塗，大事不糊塗」，這樣才能健康長壽，家庭幸福，事業有成。正因其命名的文化品位是如此之高，所以如此暢銷。

2. 選用具有褒美意義的詞語命名

各種語言的語彙系統中都有不少具有褒美意義的名詞、動詞和形容詞，以這類詞語命名就能為人民所喜愛。對此，中國商人和學者都早已有所認識，清人朱彭壽曾以一首〈字號詩〉作了藝術地概括：

順裕興隆瑞永昌，元亨萬利復豐祥。

泰和茂盛同乾德，謙吉公仁協鼎光。

聚義中通全信義，久恒大美慶安康。

新春正和生成廣，潤發洪源厚福長。

（見《南方日報》，1993 年 9 月 11 日）

一九四九年以前我家鄉的一個小鎮就有命名為永利、茂盛、廣益、三益隆、同德堂、永昌、永盛、順天祥、廣興隆、廣源、同仁堂、恒發等十幾家店鋪。現代以本身具有美好意義的詞語起名的企業、公司和商品就更是舉目可見了。例如，廣東健力寶飲料集團公司、萬家樂炊具工業集團公司、永利牌自行車、好又多自選商場、陽光酒店、華樂電視、金利來領帶、益樂飲料、寧心寶、永芳（化妝

品）、步雲牌膠鞋、賜壽康奶製品等都是含義美好的商用名字，都能獲得人們的喜愛。

相反，選用意義庸俗粗野的詞語作商名，就會顯得品位低下、令人厭惡。例如，「酒鬼菜館」、「塔瑪地」（俱樂部）、「色鬼酒家」、「夜貓餐廳」、「魔鬼酒家」、「鬼屋」（商場）等都是不好的商名。

3. 選用口彩語命名

口彩語是民俗活動、民間信仰的產物，趨吉求利，討好口彩、好兆頭，是一種常見的語用現象。口彩語的含義有的帶有迷信色彩，有的則表達一種美好健康的祝願。選用表美好健康祝願的口彩語作企業、商品名稱，也是意美的商名。例如，廣東步步高電子工業有限公司、廣東省興發鋁型材（集團）公司、如意商貿城、利是糖、咳必清、幸福牌摩托車、裕發家私等都是帶有好兆頭口彩的商名。

4. 選用神獸仙禽花卉名稱詞命名

在現代漢語的語彙庫中，借神獸仙禽花卉取義的象徵詞語很多，這類象徵詞語大都含有美好意義。例如，龍、鳳、麒麟、龜四種動物自古被稱為「四靈」或神物，指代它們的詞語都有吉祥幸福的象徵義；牡丹自古被譽為「花后」、「國色天香」，是中國的國花，它象徵富貴、榮華、幸福；松柏四季常青，歷來以之象徵長壽；梅、蘭、菊、竹被譽為花木中的「四君子」，象徵高尚品格的詞語；羊、貓、兔象徵溫順和平；鴛鴦、紅豆象徵愛情忠貞等。企業、商品常選用這類詞語命名。例如，北京的麒麟飯店，上海的鳳凰牌自行車廠、香港的金鳳時裝製衣廠、廣州的波斯貓塑料顏料公司、龍蝦、鳳爪、金銀鳳絲綢、牡丹電視、梅鵲枕巾、玉蘭化妝品、小白兔牙膏、鴛鴦枕、紅豆襯衣等都是含有意美詞語的名字，都為公眾喜聞樂見。

(二)新穎

商名，特別是新產品的名字，必須新穎、獨特，這是公眾的心態所要求的。人們大都有一種好奇心，見到一種新鮮奇異玩意，往往感

到興奮，樂於知曉，甚至產生追求行為。因此，企業招牌命名和商品、商標命名新穎獨特，更能引起公眾的興趣與思考，產生對它瞭解、接近的欲望，以至採取接近它的行動。商名新穎、獨特也是在商業競爭中獲勝所必需。隨著社會的發展，經濟的繁榮，商業企業組織和商品不斷新生，這很不利於公眾的認知識辨。據報載，中國大陸光口服液就有三百多種，其中深圳就有五六十種，在茫茫商海中，商名只有不落俗套，具有獨創性和強烈的識別性才能在公眾競爭對手中脫穎而出，給公眾留下深刻印象，如果商名平平淡淡，沒有新鮮感，或者雷同、近似，就不利於公眾對企業、商品的正確認知，也難以引起顧客對其產生興趣和購買欲望。

命名新穎，首先來自構思巧妙，別出心裁，具有獨創性。例如，廣州有家調味食品店，取名「致美齋」，已聞名遐邇，久享盛譽，「致美齋」即意在表示使用該店出售的調味品，能使您的菜肴更加增添美味。三個字簡潔凝練，意義美好，含蓄高雅，耐人尋味，引人遐想，具有很強的招徠公眾的吸引力。法國著名的克利斯汀·迪奧香水化妝品公司於 1985 年推出的香水商標是「毒藥」（poison）。據報載，該香水在法國剛上市時，在巴黎一家大百貨公司每五十秒鐘便售出一瓶，反響極其強烈。「毒藥」，這個名稱難免令人望而生畏，為何反能為女性消費者所喜愛呢？這與其命名的構思巧妙不無密切關係。現代心理學的研究表明，現代很多女性已由陰柔的閨秀型向富有進取和冒險精神的事業型發展，她們的心理定勢是勇於向傳統挑戰，而喜歡標新立異。香水定名為「毒藥」，驚世駭俗，新奇神秘，且能給她們以危險的感覺，又能勾起她們冒險欲望，迎合了她們向社會舊傳統挑戰的心理，所以能深深吸引她們④。

商業命名迎合公眾的好奇心，也能給顧客以新異的感覺，為其青睞。不同年齡的消費公眾有不同的求新好奇心理。例如兒童天真爛漫、好奇好動，對五彩繽紛的世界充滿著神秘感，對其有著強烈的好奇心，而且喜歡模仿。兒童用品命名採用迎合兒童這種心理特點的語言策略，就會使其感到新奇，為其喜愛。例如，小白兔（牙膏）、唐

老鴨（泡泡糖）、大力熊（童裝）、小靈通（鉛筆）、超人（玩具）等充滿童稚童趣的商品名稱，都很能對孩子的好奇心產生感染力。青年興趣廣泛，求知求新欲強，愛美趨潮流、崇時尚是其強烈的心理態勢。精明的商業人員面向青年的商品命名都很注意採用迎合青年消費公眾這種心理態勢的語言策略。例如迪萊（皮鞋）、喬依娜（服裝）、雅戈爾（襯衫）、韋特斯娜（胸罩）、艾麗碧絲（化妝品）、老 K（西服）等都有異國情調、洋腔味，故能迎合青年求新好奇心理的需要，為其所鍾愛。有些面向青年的商品名字用了一些怪異的字眼，以迎合青年消費者的好奇心，滿足他們尋求刺激的需要。例如洋妞（服裝）、七匹狼（服裝）、豬哥（服裝）、糜老大（服裝）、嬉皮大王（皮鞋）、強力神（公事包）等都能給青年人以新異感。

商業命名要新穎獨特，必須講究命名的藝術手法，而增強和體現新穎獨特的藝術手法，最常見的有如下幾種：

1. 以動、植物類的象徵詞語命名

漢語中借動植物取義的象徵詞語大都具有形象而含蓄的特點，運用起來可使語言生動活潑，令人有奧妙無窮之感，企業、商品用之命名，很能顯示特色，為公眾喜愛。例如廣州**白天鵝**賓館、深圳**京鵬賓館**、廣州**紅棉**購物廣場、上海**杏花**酒樓、**荷花**蚊帳、**金絲猴**牌香煙、**雙燕**枕巾、**櫻花**牌膠捲、**飛鷹**刀片、**華虎**皮鞋等，這些黑體字的名稱，既形象，也獨特。

2. 以數詞命名

以數詞命名即以表示數目的詞與其他詞組合為商業組織和商品命名。數詞在眾多非數詞名稱中稱顯得比較醒目，無論是聲音還是形體都容易突出，給人留下深刻的印象，因而以數詞命名，用得獨特，也能給公眾以新奇的感覺，例如廣州壹加壹洋服有限公司、廣州 28 時裝店、北京天下第一涮飯店，999 感冒靈、555 電池、昂立 1 號口服液、838 電腦、聯想 1+1 電腦等商名都能令人耳目一新，過目難忘。

3. 以描繪類詞格命名

描繪類詞格是指具有描繪、形象色彩和能引人聯想的比喻、比

擬、誇張、象徵、摹擬等修辭方式。以這類修辭方式為商業命名是較為常見的藝術手法。例如，碧螺春、香海（踏花被）是比喻，萬家樂（熱水器）、宇宙（香煙）是誇張，亞細亞（商場）、太陽神（生物健）是象徵，娃哈哈（果奶）、喔喔（奶糖）、小咪咪（牙膏）是摹擬。這些修辭方式都是打破了語言常規的變異藝術，所以顯得新奇。

4. 以翻譯外來詞或仿造自造洋名的方式命名

以翻譯外來詞方式命名既有音譯法，也有音意兼譯法和夾用外來詞縮寫法。例如企業或公司名稱：芭迪、佐丹奴、麥當勞、寶獅龍、肯德基，以及商品、商標名稱：柯達、屈臣氏、沙拉、依蓮娜、路易·卡迪等都是純音譯名，雅戈爾製衣有限公司、麗莎精品屋、里茲賓館、奧妮牌化妝品、比薩餅、鱷魚（Crocodile）恤等則是音意兼譯名；而BP機、卡拉OK、小霸王VCD等是中外合璧名字。仿造洋名即模仿國外的品名或商標，例如松立VCD，仿日本松下電器（Panasonic）而起名，佳寧娜（飯店）、斯莫法內（時裝店）、西格瑪（自行車）、尼古拉迪（食品）等是自選洋名。這些命名有的是為適應引進新事物的需要，有的是為迎合公眾趨新求異心理的需要，因而運用得當，也能增加商名語言的新鮮感。

㈢簡明

商業命名出於實現商業目的的需要，其語言還要簡明，簡明符合人們的記憶規律和特點。

簡明就是簡潔明瞭。就是用簡約凝練、意義明晰的語言，把命名對象的性質、特點、形象及其含義表述清楚，以便公眾在聽到、看到名字後，能大體知道它所替代的事物的基本情況，優秀的商業命名無不如此。例如，「廣東省輕工業進出口集團公司」與「廣州市輕工業股份有限公司」，從名字可以看出：前者是全省性的、主要面向國際市場的，既經營一體化的輕工業產品，又從事綜合性經營，既有實力強大的投資中心功能的集團核心，又擁有若干子企業和外圍企業組成的經濟組織；後者則屬廣州市的、主要面向國內市場、輕工業商品經

營系列化的股份制的經濟實體。又如「壯腰健腎口服液」、「心通口服液」與「腦血康口服液」，這三種口服液前面的附加語都簡明地區別了它們所代事物的性能、功用：治腰、腎，治心臟，治腦。再如「廈門 ABB 低壓電器設備有限公司」、「天河購物中心」、「超濾淨水器」、「大寶生髮靈」、「苗條浴精」、「太陽能熱水器」、「山葉電子琴」、「芳草兒童牙膏」等都能提示所代企業、商品的物質、性能、功用，能使公眾顧名思義，便於識別與選購。

商業命名的簡明，最重要的是名副其實，即用簡明的語言如實地表述所標誌的企業或商品，做到名字與實際相符。為此，很多企業商品都用寫實法命名。所謂寫實法，就是用意義明晰的詞語，直截了當地賦商號或商品以名，辭表辭裏意義一致。例如前面列舉的「廣東省輕工業進出口集團公司」、「天河購物中心」、「心通口服液」、「芳草兒童牙膏」等都是用寫實法取名，這類命名，辭明意顯，用不著揣摩意會，是為數較多的一種命名法。有些商號或商品用寫意法或意實兼表法命名，寫意法就是用含蓄的語言賦物以名。這種含蓄或半含蓄的命名也要名實大致相符，而且容易理解。例如「碧螺春」意蘊豐美，「碧」表茶葉色澤，「螺」喻茶葉沖泡時舒展翻卷之姿，「春」又顯露春機一片，富有詩情畫意，取喻貼切顯淺且符合所指代的茶的優點和特性，很能誘人神往。又如「深圳東方明珠大酒店」，其中「深圳」、「大酒店」是寫實，而「東方明珠」既寫實，又寫意。寫實即表明該酒店所經營的項目滙集了東方各大城市之特色，寫意則在自我頌揚，表明該酒店是最好的酒店之一，是東方酒店中的一顆明珠。語言簡明，含義豐富，真實可信。但有些商業命名則故弄玄虛，語意含混，名不符實，戲弄公眾。1999 年 7 月 21 日《廣州日報》有一篇短文〈菜名煽情招來顧客非議〉中說，在上海有些菜館酒家蓄意以煽情菜名招徠顧客，什麼「情人眼淚」、「如膠似漆」，什麼「男歡女愛」、「一刻千金」，甚至「偉哥可愛」等等成了菜名被推上餐桌。所謂「情人眼淚」不過是肚絲拌薑末，「如膠似漆」則是蘋果拔絲，「男歡女愛」為一雌一雄的河蟹扎成一堆，至於「偉哥可

愛」據說就是綠葉菜圍邊的兩根大香腸……，結果弄巧成拙，招來非議：食客們認為這是靠做「黃色文章」賺昧心錢，傳媒界批評這種做法有背於當前提倡的「兩個文明」。廣州有些公司、大廈、店鋪命名也不倫不類，表裏不一，辭不明，意不顯。例如「廣州巴黎春天名店城」，這是一間綜合性商場，說是廣州名店似無可非議，但又是店又是城如何理解，與巴黎春天有什麼瓜葛，真叫人莫名其妙。中山路有一間很小的店鋪卻命名為環球商行，也難免譁眾取寵之嫌。至於小小的店鋪叫廣場、總匯、中心的就更是欺人又自欺了。

商名簡明的物質標誌是語言形體簡短。例如，德國戴姆勒——奔馳汽車公司的「奔馳」商標僅二字就充分傳達出其代稱的汽車的優點和特性，它能夠告訴潛在的顧客「奔馳」汽車能給他帶來什麼利益；同時還能使消費者產生該車在公路上飛奔快跑的聯想。「健肝樂」三個字高度概括和揭示了所指代的藥品的性能和功效。又如「花園酒店」也十分簡短明晰，不僅交代了該酒店的經營範圍，而且突出了其花園式的優美環境。好的商名大都形體簡短，多在二至七個字之間，其中尤以二、三、四個音節為多，超過十個音節以上的很少。因為形體過長，例如「惠州勝家日鋼縫紉機華南服務有限公司」這樣，是不便於記憶和稱呼的。為了使語言形體簡短可運用簡稱或縮減字詞。例如「深圳國貿大廈」使人一看，便知其意。但形體簡短要以意明為前提，苟簡就會意義不明確，含混費解。例如「巴黎三城上海商店」這一店名，語言形體不算長，但表意不明確，是巴黎三城在上海開的分店嗎？這個商店是經營什麼的？人們都無從知道，又如「廣州化建公司」是用簡稱法命名的，而「化建」指什麼？令人費解。廣州興泰路和龍口西路分別出現了「天龍廣場」，這個名字只四個字，形體可謂簡短，但語意不明晰，如果乘坐出租汽車，司機不知道應向哪個方向行駛，至於它們是指代廣場花園，還是集市場所，也難以顧名思義，因為在廣州既有稱商店為廣場的，也有稱花園為廣場的。

商業命名的簡明，突出表現為使公眾易認、易讀、易記。易認，就是要通俗易懂，不費解；易讀，就是要語感好，易念好聽；易記，

就是要形象感強，有一定感情色彩，能給人留下深刻印象和記憶，當代商業領域好的名稱無不如此。例如「陶陶居」、「娃哈哈」、「粒粒橙」，以音節相疊方式定名，具有音節美，更帶歡樂、愉快、喜愛的感情色彩，容易引起消費者的興趣、聯想和消費要求。「萬寶」，名簡意豐義美，好念好聽，易解易記，而且可顧名思義，讓人聯想到「萬戶千家必備，現代生活之寶」，收到了自我頌揚、誘人購買的效果。豐田、奔馳、柯達、健力寶、廣客隆、太陽神等都十分簡潔、明晰，順口悅耳，令人過耳不忘，過目印象深刻。為了易讀、易懂、易記，命名要避免使用難寫、難認、古怪、不常用的字、難發音或音韻不好聽的字。商名難念難懂會給企業、商品傳播設置障礙。例如「金岳玉液」像繞口令，「益腎蠲痹丸」的「蠲」也艱深難懂。Coca-Cola 在譯為中文名稱時曾選過四個諧音漢字是「蝌蚪嚼蠟」，但因其不但不能代表那種清爽芳香的飲料，而且難寫難認，因此商務人員不厭其煩地查閱研究了四萬個漢字，最終確定了「可口可樂」四個字⑤。顯然，「可口可樂」比起「蝌蚪嚼蠟」來，不僅表意明確，易認易解，而且兩個雙音字並用，節奏明快，順口悅耳，便於記憶。生僻的方言字詞也不宜用作商名，例如「妮妮」（山東廣饒兒童服裝廠）、「鷹嘜」（廣東中山油脂食品廠），都是以其方言命名，令外地人費解。借用海外人名、地名作商名，也要慎重，如「蒙特利爾商場」、「維多利亞中心」等都很難為普通公眾所理解。

第二節　商業楹聯

楹聯又叫「楹帖」、「對聯」、「對子」，是中國古代詩詞形式的一種演變，它是懸掛或張貼於門壁、門框、楹柱或大廳、房中的顯著位置上的一種文學語言體式。商業楹聯是商業領域裏使用的對聯，亦稱商聯。

一　商業楹聯的功用

　　楹聯相傳始於五代。當時，後蜀國君孟昶每年除夕都命令學士撰聯，置於寢門左右，有一年，他認為學士所撰的楹聯不佳，便親自題寫，並成為史書記載的第一副春聯：

　　　　新年納餘慶

　　　　嘉節號長春

　　楹聯出現之後，廣泛應用於商業經營上，據傳，宋朝仁宗期間就出現了商聯，自宋以來，不斷推廣，不少儒商或有識之士，利用楹聯為商業活動服務，收到了很好的效應。

㈠裝點門面

　　楹聯是融合漢語、漢字和書法、文學藝術的結晶，它言簡意賅，富有表現力，似並蒂蓮花，像鴛鴦出水，有著很高的實用價值和審美價值，是中華民族燦爛文化的瑰寶，是藝苑中一朵雅俗共賞的奇葩，素為漢族人民喜見樂用。明智的商人常常不惜費心機花重金徵集和請墨客撰寫楹聯以裝點店鋪門面，以供自己、顧客及其他公眾觀賞。香港「宋城」落成之日，曾公開徵集楹聯，供城內一家「王員外府」的門聯選用，應徵者甚眾，而入選的一聯是：

　　　　大宋漢山河，氣勢長存威海外

　　　　富豪王府第，聲名遠播震城中

「宋城」是一條熱鬧街市，街市建築是古色古香的宋代建築風格，店鋪的商業人員也穿著宋代衣飾，接待顧客打躬作揖，彬彬有禮，雍容大方，加上這副表現了強烈的民族自豪感和凜然氣勢且富有對稱美和音律美的聯語的裝點，錦上添花，更突出了古樸美。

　　中醫中藥是中國的民族瑰寶，其歷史源遠流長，形成中國特有的中草藥文化，古今的中藥房門口都有貼對聯的。例如：

　　(1)大將軍騎海馬身披穿山甲

　　　　小紅娘坐連翹頭帶金銀花

(2)劉寄奴不配使君子嫌棄阿魏

　白頭翁要娶小紅娘愛慕乳香

(3)神州到處有親人不論生地熟地

　春光隨時盡著花但聞藿香木香

例(1)(2)是舊時中藥房門口聯語，寫了十二味中藥，例(3)是現在中藥房門口對聯，表達了人間有温情，精神文明之花遍地開放。這些藥聯構思精妙，富有奇趣，對仗工穩，具有整齊美，令人爽心悦目，既裝潢美化了門面，又很有藥品特色。

　　杭州胡慶堂製藥廠創建於 1874 年，其廠房是商業性古建築，古色古香，其「藥局」正門兩壁鑴刻著一副楷書聯語：

(4)野山高麗東西洋參

　暹羅官燕毛角鹿茸

其營業大廳裝飾得十分富麗堂皇，楹柱與中堂懸掛著三副對聯：

(5)慶雲在霄甘露被野

　餘糧防禹東草師農

(6)飲和食德

　裨壽而康

(7)益壽引年長生集慶

　兼收並蓄待用有餘

這些楹聯含意美、形式美、書法藝術美、風格高雅，使胡慶堂的古樸建築更富奇趣。

　　現代很多企業、店鋪每逢傳統節日，如春節和其他主要節日如周年慶典等都新寫對聯裝點門面，使之顯現濃郁的節日氣氛。每逢春節的澳門街頭，洋溢著一派喜慶吉祥的熱烈氣氛，裝飾在大廈商店門框的春聯，分外令人陶醉。例如：

(8)柏茂松榮生意好

　蕙滋蘭秀歲時新　　　　　　　　　　（柏蕙花園大堂春聯）⑥

(9)華廈春梅添富貴

　隆聲爆竹報平安　　　　　　　　　（華隆工業大廈春聯）

例(8)是企業主體在馬年新春，用楷書墨瀚淋漓書寫在兩條長達二十呎的紅綢上，懸掛在大堂渾圓的頂梁柱上的楹聯，製作巨大，氣度恢宏，書法藝術優美，字體圓潤豐滿，端莊穩重而又透射出勃然欲動的生氣。加上辭彩絢麗寓意清新美好，使整個大堂洋溢著濃郁的春天的氣象。例(9)寓意吉祥，切合新春意境，使大廈生色不少。

(二)塑造形象

楹聯可用於寫實言志，也可用來托物言志、抒寫情懷、表達心態。很多企業、店鋪常常利用楹聯這種功能宣傳自我、頌揚自我，塑造美好形象，提高知名度。例如：

(10) 神效龍鬚藥

　　祖傳狗皮膏

(11) 翠閣我迎賓，數不盡，甘脆肥濃，色香清雅

　　園庭花勝錦，祝一杯，富強康樂，山海騰歡

(12) 明堂華宴稱嘉饌

　　珠履高車樂富門　　　　　　　　　　　　（澳門明珠閣酒樓對聯）

例(10)是清乾隆年間大學士紀曉嵐為北京一間專賣名牌成藥的商店作的對聯，這副對聯宣傳了藥店所經營的成藥的特色，對提高藥店的知名度具有重要作用。例(11)是位於廣州市曉港公園對面的翠園酒家的楹聯，翠園是一家港澳同胞家屬和新滘鄉農民合資經營的別具園庭風味的酒家，1981年開業之始，邀請一位八十五高齡的朱國基先生出了上聯，公開徵集下聯，結果從國內外寄來的三萬多條應徵聯首選出下聯。上下聯運用對偶、鑲嵌、比喻、比擬、誇張等修辭手段，描寫出優美的園庭環境、高趣的烹飪技藝和席間歡樂的氣氛，突出了酒家的鮮明形象，提高了知名度和美譽度。例(12)聯首鑲嵌「明珠」二字，點出酒樓的名稱。上聯直言自我，「明堂」表述酒樓之豪華；「華宴」、「嘉饌」概述酒樓的特點：以「華宴」、「嘉饌」待客。下聯「珠履」、「高車」是明讚來此光臨的客人珠光寶氣，乘坐名車，非富即貴，暗譽酒樓之高貴。這是一副巧妙頌揚自我，以塑造美好形象

的商聯。

　　有的商聯不是對自身組織及其商品的讚美，而是宣傳商德，以實現自我形象。例如：

　　(13) 經營求譽，須知害人如同害己

　　　　生財有道，常記虧世就是虧心　　　　　　　　（文明商店對聯）

　　(14) 廣闊交朋忠實好

　　　　茂隆貿易財源進

　　　　槓批：貴客常臨　　　　　　　　　　（澳門廣茂隆對聯）

例(13)用寫實法，賦予對聯文明、誠實的內涵，突現店主的經營聲譽。例(14)聯首鑲嵌著「廣茂隆」店號。上聯表明店號以「誠」取信，「忠實」交朋，童叟無欺，體現了中國傳統的美好商德；下聯表述薄利多銷，財源廣進之宗旨與願望。這樣的商聯對於樹立良好形象，擴大知名度具有重要作用。

　　有些商店企業常常是以對顧客的祝福與美好願望來塑造自身的形象。例如：

　　(15) 織成兒女千般願

　　　　獻給人們一片心　　　　　　（澳門新文華織造有限公司對聯）

　　(16) 開新業奇星興旺名揚四海

　　　　展鴻圖女足騰飛走向世界

例(15)「織」字緊扣「織造有限公司」的行業特色，聯語洋溢著一片溫情，包含著為人間獻出他們的「一片心」，塑造了企業主體的美好形象。例(16)奇星中國女足實業公司是廣州奇星藥廠、德慶滋補品廠和中國女子足球隊合作組建的企業，該對聯表達了對實業公司及組建公司各方的美好祝願，體現了企業主體的遠大理想，展示出企業的高大形象。

(三)招徠顧客

　　商聯被稱為「紙上推銷術」，常用於宣傳商品，招徠顧客，贏得生意興隆。據《成都風物》記載，成都郊外某集鎮有一間茶酒兼營的

小店，生意一直不景氣，後來店主請一位秀才撰寫了一副對聯張掛店前。聯語是：

　　⒄為名忙，為利忙，忙裏偷閒，且喝一杯茶去

　　　勞心苦，勞力苦，苦中作樂，再倒二兩酒來

這副對聯淺顯易懂，妙趣橫生，符合舊時代許多人為吃穿、為名利而疲於奔命的情景，很能引起公眾共鳴，也很能招徠顧客。勞心者勞力者紛紛忙裏偷閒前來光顧，生意火火紅紅，一天勝似一天。

　　有些商聯常用誇張手法，宣傳商品的性能和特點，吸引顧客，擴大生意的影響。例如：

　　⒅美味遍招雲外客

　　　清香能引洞中仙　　　　　　　　　　　（澳門一奇食小店對聯）

　　⒆一口能吞二泉三江四海五湖水

　　　孤膽敢進十方百姓千家萬戶門　　（專賣熱水瓶商店的對聯）

例⒅誇讚食品的「美味」、「清香」，神仙都能被吸引來，何況是人？極富引誘招徠作用，例⒆既寫實，又誇張，加上自然有序地嵌入數字，形象而風趣，很能激發公眾的好奇心與購買欲。

　　有些商聯愛用典故，來宣傳企業，吸引顧客。例如：

　　⒇陶潛善飲，易牙善烹，飲烹有度

　　　陶侃惜寸，夏禹惜分，寸分無遺

這是廣州一家古老而聞名的「陶陶居」茶樓鑲掛在三樓營業廳的對聯，下聯是用二十元大洋徵選的。這副楹聯既用鶴頂格巧妙嵌入了「陶陶」的茶樓牌名，又渾然天成地藏入了陶潛喜歡飲酒、易牙擅長調味、陶侃常勉人珍惜寸陰、夏禹治水為了不浪費點滴時間三過家門而不入等四大典故，構思精巧，寓意深沈；「陶陶」二字，令茶客頗有「樂也陶陶」之感。它使茶樓大為生色，過去和現在都吸引了不少顧客。

　　切合行業特點或針對經營對象，巧妙地撰寫商聯，也能產生招客誘購的魅力。例如：

　　(21)男添莊重女增俏

夏透風涼冬禦寒　　　　　　　　　　　　　（某時裝商品對聯）

⑵奇香異味紅燒狗

美點佳肴白斬雞　　　　　　　　　　　　（奇香熟食店聯語）

例⑵概括了該店經營服務的品種、質量、款色等基本情況，聯語莊重優雅，既能引導顧客瞭解，又能激發其購買欲，例⑵「異味紅燒狗」、「佳肴白切雞」切題巧妙，俗中思雅，引人垂涎。

㈣教育公眾

商業楹聯還常常用於勸戒醒世、教育鼓舞內外公眾。例如：

⑵刻刻催人資警醒

聲聲勸君惜光陰　　　　　　　　　　　　（鐘錶店楹聯）

⑵為民喉舌談何易

現實講求公正難

（澳門志威實業有限公司致《澳門脈搏》的賀聯）

⑵一二三職員倡議，吃多少飯，要多少飯，粒粒珍惜盤中飯

四五六眾人響應，用多少糧，算多少糧，顆顆節省倉內糧

横批：七八九　　　　　　　（中美合資莊臣公司食堂對聯）

⑵揮鐵拳力大可開天闢地

動腦筋智高能降鬼伏神　　　　（某工廠技術革新表先大會對聯）

例⑵借用鐘錶的走動，報時效應，勸誠人們愛惜光陰，有很好的警世作用。例⑵聯語顯淺，蘊含哲理，寄予《澳門脈搏》願望，正視現實，不畏風浪，真正作澳門人的喉舌。例⑵構思巧妙，聯語幽默，富有情趣，寓教於樂，廣而告之，頗有教育作用。例⑵言辭遒勁、氣勢浩瀚，表現了深入改革、實幹巧幹、開拓拼搏的會議宗旨與宏願，很能激人奮進。

二　商業楹聯的語言要求

商業楹聯的語言要求跟普通楹聯一樣，主要表現在如下三個方面：

㈠對仗工整

　　漢民族文化心態的一個十分突出的特點，就是重和諧，這反映在語言運用的美學要求上便是講求和諧美、對稱美、均衡美和整齊美。對聯的對仗工整便是和諧心理特徵和審美情趣的一種物質體現。對聯在文字形式上對仗工整才美觀，令人爽心悅目，便於理解和記憶，才能應合漢民族喜愛和諧的心理要求，為漢族人民喜聞樂見，商聯尤其要對仗工整才能取得裝飾美化門面和宣傳、教育的功效。

　　對仗工整是指上下聯語字數相等，音節相稱，詞性相同，結構一致，這即為對偶詞格的語言要求。例如：

　　㉗德業維新，萬國衣冠行大道

　　　信孚卓著，中華文物貫全球

　　㉘財如曉日騰雲起

　　　利似春潮帶雨來

例㉗是澳大利亞雪梨市一華人商店的對聯，對得很工整，上下聯字數相等；斷句一致，音節相稱，都是雙音節對雙音節，單音節對單音節；句法結構一致，都是主語＋謂語，主語＋謂語＋賓語；詞性也相同，都是名詞對名詞，形容詞對形容詞，動詞對動詞。例㉘對得也頗工整，上下聯都是主謂結構，主語「財」和「利」都是單音節名詞，謂語都是形象的比喻，其中「如」對「似」，「曉日」對「春潮」，「騰雲起」對「帶雨來」，都很勻稱。

　　對仗有寬嚴之分，在實際運用中，可以有微小的變通，但不能過度。下面看兩例：

　　㉙勝景年年添百福

　　　家和日日進千金　　　　　　　　　　　　（澳門勝家電器商店春聯）

　　㉚豐滿華廈萬象新

　　　永恒基業圖發展　　　　　　　　　　　　（澳門工業大廈春聯）

例㉙兩聯都是主謂結構，謂語中的「年年」對「日日」、「添百福」對「進千金」，詞性、音節、結構都相同，但主語「勝景」和「家

和」不相稱，因為「勝景」是形名結構，「家和」是名動結構，這正如鄧景濱博士所說，是嵌名聯經常會遇到的局限，似無可非議。例(30)「豐滿」與「永恒」、「華廈」與「基業」詞性都對得不夠工整；謂語「萬象新」是二一結構，「圖發展」是一二結構，很不相稱。這就與楹聯對仗工整的語言要求過於相悖了。

(二)音節和諧

商業楹聯還要求寫得具有聲律美，使公眾讀來琅琅上口，娓娓動聽。這樣就能給他們以美的享受，留下強烈的印象，從而有利於商業目的實現。造成楹聯語言富有聲律美的主要手段是音節和諧與聲調抑揚。

楹聯的音節和諧是指同聯之中單雙音節調配得當，上下聯間音節形式對稱穩密。單雙音節協調配合，可以收到音節平衡和諧、節奏鏗鏘，富有音樂美使人喜歡讀，喜歡聽，容易記的修辭效果。例如，前面的例(11)和例(26)。

> 翠閣／我／迎賓，數／不盡／甘脆肥濃／，色香清雅
> 園庭／花／勝錦，祝／一杯／富強康樂／，山海騰歡
> 揮／鐵拳／力大／可／開天／闢地
> 動／腦筋／智高／能／降鬼／伏神

而例(30)：

> 豐滿／華廈／萬象／新
> 永恒／基業／圖／發展

上下聯相應位置的音節調配不協調，所以讀來很拗口。

楹聯語言聲調抑揚是指每聯之內平仄相間，上下聯間相應位置的詞語平仄相對。平仄的音響，輕重長短差異很大，撰寫楹聯恰當利用平仄的對立，使長短輕重的音節相間相重，就會使語言有抑有揚，有頓有挫，錯落有致，具有婉轉悅耳的音樂美，既便於朗讀，也便於記憶；既能更好地表達思想感情，也能對讀者起到強烈的感染作用。例如：

(31) 翠柏千年勁

仄仄平平仄

園花四季春

平平仄仄平

(32) 海漾金濤承旭日

仄平仄仄仄平平

富臨寶閣沐春風

仄仄平平平仄仄

（富海大廈對聯）

這兩副對聯同聯之中平仄相間，例(31)上下聯間，平仄全相對；例(32)上下聯間，平仄基本相對，讀來琅琅上口，抑揚頓挫，悅耳動聽，富有音樂美。

(三)語意完美

商聯要達到商業目的，裝飾美化門面，頌揚自我，塑造形象，宣傳商品，招待顧客，勸戒醒世，催人感奮，發人深思，不僅要形體美、語音美，而且要語意完美。語意完美，包括兩個方面的意思，一是含意美好，二是表意完整。

含意美好是商楹的靈魂，也是商聯取得良好效應的基本因素，優秀的商聯都是含意美好、文明健康、格調高雅的。如例(27)既宣揚了國威和祖國的禮儀，又讚頌了僑居國的文明，所以使澳國人看了高興，讓中國人看了自豪。例(13)(14)表現了文明誠實的美好商德，所以有助於提高知名度。例(15)(16)洋溢著美好的祝願。例(9)寓意吉祥。例(23)(26)富有警世和鼓舞作用。例(21)(22)切合行業特點，如實地宣傳商品的品牌和質量等等，都是含意美好的商聯，都有助於商業目的的實現。

表意完整是指上下聯以精美的語言表達一個密合完整的意思。為此，上下聯的語意必須密切相關。所謂密切相關，如有的語意是相近或相配的關係，這叫「正對」；有的語意是相反或相對的關係，這叫「反對」；有的語意是緊連串接的，這叫串對。例如：

(33) 豪門新春開泰運

苑園華歲展鴻圖　　　　　　　　　　　　　（豪苑大廈春聯）

(34)易尋求華堂珠寶

難得見辣手文章

　　　　　　（澳門翡翠珠寶金行有限公司致《澳門脈搏》賀聯）

(35)懸將小日月

照徹大乾坤　　　　　　　　　　　　　　　（眼鏡店對聯）

例(33)是正對，上下聯語意相近，相輔相成，展示吉祥之意；例(34)是反對，上下聯語意相對相成，從兩個不同的側面共同說明金錢並不能買到一切的道理；例(35)是串對，上下聯語意是轉折關係，形象地描繪了眼鏡的奇效。

三　商業楹聯的表現手法

商業楹聯的表現手法，主要的有如下幾種：

㈠寫實法

寫實法就是上下聯都以意義明晰的詞語，直接表達主題，這是構成楹聯語言通俗樸實風格的重要手段。如例(17)和(21)，又如：

(36)古今中外盡收眼底

喜怒哀樂皆注心頭　　　　　　　　　　　（某家電用具店對聯）

(37)君子愛財，還須有道

達人知命，切勿為過　　　　　　　　　　（文明商店對聯）

這兩聯語言雅俗共賞，別具新意。

㈡描繪法

描繪法就是用描繪類修辭格如比喻、誇張、比擬來表達題旨。描繪法構思巧妙，語言形象，感染力強，是構成商聯語言絢麗風格的常用手段。例如：

(38)一片丹心平似水

十分生意穩如山　　　　　　　　　　　（香洲大商場門市部對聯）

(39) 鐵鑊烹四海

　　銅壺煮三江　　　　　　　　　　　　（拱北唐人食街對聯）

(40) 翡樓金鳳迎旭日

　　翠閣銀龍舞春風

例(38)是比喻法，例(39)是誇張法，例(40)是比擬法。

(三)用典法

　　用典法就是借用歷史典故、傳說、詩文語句等手段來表情達意，這是構成商聯語言含蓄典雅風格的重要手段，如例(20)用了四個典故，深蘊含意，耐人尋味，頗具雅趣，又如：

(41) 韓愈送窮，劉伶醉酒

　　江淹作賦，王粲登樓　　　　　　　（潮州市韓江酒樓楹聯）

此聯自然貼切地套用了韓愈、劉伶、江淹、王粲四個文學家的典故，匠心獨遠，語言蘊藉而高雅。

(四)鑲嵌法

　　鑲嵌法就是把詞拆開有規則地嵌進上下聯的語句中，用鑲嵌法撰寫楹聯，能增強語言的含蓄性，別致有味。商聯常常將商業主體的名稱嵌入聯語中，妙不可言。如例(11)聯首嵌入酒樓名字「翠園」，例(14)將店號「廣茂隆」的「廣」字嵌入上聯，「茂隆」嵌入下聯，例(41)首嵌「韓江」，尾嵌「酒樓」都十分妥貼自然，不露痕跡，各富特色。

　　此外，雙關、反覆等修辭手法也常為商聯所喜用，頗具表現力。例如前引的「柏茂松榮生意好，蕙滋蘭秀歲時新」上聯的「生意」一語雙關，既指松柏華茂、生機勃勃的「生意」，也指柏蕙場中各種「生意」如松柏一樣興旺。又如「是相宜，實相宜，事實相宜；老滿意，細滿意，老細滿意。」（福滿臨魚翅海鮮酒家對聯）上聯「相宜」反覆三次，強調了食品價錢合理；下聯「滿意」反覆三次突出了食客的心滿意足，特別是下聯，由「老滿意，細滿意」引出「老細滿意」，這個「老細」既可指「老幼」，又可指「老闆」，使聯意一語雙關：

來光臨的老人小孩滿意，本酒家的老闆也滿意⑦。真可謂奇趣無窮。

註　釋

① 　見宗世海《公關寫作與編輯》，中山大學出版社 1998 年 8 月版，第 76 頁。

② 　見黎運漢編《公關語言學》，暨南大學出版社 1990 年版，第 253 頁。

③ 　參見熊經浴主編《現代商務禮儀》，金盾出版社 1997 年版 125 頁。

④⑤　同③第 84 頁。

⑥ 　本節引用的澳門商聯多見於鄧景濱《澳門聯話》，澳門楹聯學會出版，1993 年 12 月版。

⑦ 　參見鄧景濱《澳門聯話》，澳門楹聯學會出版，1993 年 12 月，第 21 頁。

第九章／商業廣告的語言運用

　　廣告，按美國市場營銷協會下的定義，就是「廣告的發起者以公開支付費用的做法，以非人員的任何形式，對產品、勞務或某項行動的意見和想法等的介紹」①，這裏「任何形式」指廣告可以以任何形式進行介紹，如報刊、廣播、電視、海報招貼等等，「非人員」即不同於面對面的直接推銷，這一定義揭示了廣告的本質，我們從其說。廣告按照不同的用途、不同的宣傳目標與不同的傳播手段等可以採用不同的語言表現策略。

第一節　商業廣告語言的表現要求

　　商業廣告的目的在於宣傳商品，樹立企業、商品、商標的形象，促使受眾採取行動。科利提出測量商業傳播宣傳效果的四個階段，即知名（awareness），使潛在的顧客對某品牌或公司的存在「知名」；瞭解(comprehension)，使潛在顧客「瞭解」這個產品是什麼，以及這個產品能為他做什麼；信服(conviction)，使潛在顧客達到某心理傾向或「信服」想去買這種產品；行動(action)，使潛在顧客採取行動②，同樣適用於測量商業廣告的製作效果。要達到廣告宣傳的成功，有的專家更具體提出要在五個方面著力，即明確的主題（idea），深刻的即時印象（immediate impact），生動的趣味（interest），完滿的資訊（information），強烈的推動力（impulsion）③。這五個要素總結了廣告製作的重要追求。這裏，我們從語言表現方面來對商業廣告的特點作進一步的闡述。

一 鮮明突出

商業廣告的語言表現必須使宣傳的內容鮮明突出，這樣才能有效地宣傳商品，吸引受眾的注意，取得刺激性強，震撼力大的宣傳效果。為此廣告製作必須確定鮮明的宣傳主題，渲染商品的突出特色，採用醒目的表現方式等。

㈠商業廣告要樹立鮮明的宣傳主題

主題是一則廣告的靈魂和統帥，制約著廣告表現的內容和手法，廣告主題的集中與突出與否直接影響著廣告語言宣傳的鮮明程度和對受眾的衝擊強度。主題的確定需要依據不同的宣傳目與標準來進行，宣傳著眼的方面不同，主題的選擇就會有不同。例如產品宣傳廣告與形象宣傳廣告主題的提煉就相當不同。

產品宣傳廣告與形象宣傳廣告具有不盡相同的宣傳目的。產品廣告的目的是直接推銷產品，希望廣告勸說能夠帶來銷售額的迅速上升。因此，儘管產品廣告宣傳的內容多種多樣，但是其主題卻是一樣的，即展示、介紹、宣傳產品的種種特點和優點，催促人們儘快來購買。形象廣告的目的卻不是直接推銷產品，而是塑造產品、商標或企業整體的形象，並通過廣告長久地鞏固和發展這一形象，贏得消費者的喜愛和支持。故而，形象廣告的內容不是直接展示、介紹產品，而是通過顯示擁有此產品的人將會具有的風格和風度、此產品的情調、此產品能夠帶給人們的聯想等等，塑造產品的形象，並由此進一步塑造商標形象和企業形象④，同時通過廣告同消費者交流感情，贏得消費者的喜愛。因而它在語言表現上採用的是同消費者培養感情的方法，情感動人、耐人尋味。很明顯，它的主題定位在樹立形象、培養感情上。例如：

中泰合作

鱷魚精滋補液

　　本產品採用泰國人工養殖優生鱷魚為主要原料，經生物工程技術提取其營養成分並配以靈芝提取物精製而成。

　　經功能實驗檢測表明，對體液免疫、細胞免疫及單核巨噬細胞吞噬功能具有明顯的免疫調節作用。具有提高肌體免疫力，增強抗病能力的功效。

鱷魚精內含：

　　鱷魚蛋白肽、鱷魚多糖、靈芝孢子多糖免疫核糖核酸、多種氨基酸鏈和微量元素。

　　鱷魚精改善肌體免疫系統，恢復正常的肺功能，維持正常的活動能力，擁有健康的呼吸。

適用人群：

　　適用於體弱多病，各類免疫力低下的人。

經銷單位：醫藥公司健民藥店連鎖店、市藥材公司采之林藥店連
　　　　　鎖店，市內各大藥店（房）及各地、市醫藥公司、藥
　　　　　材採購批發站。

衛食健（97）第 150 號

粵衛食宣字（99）年 157 號

廣州百貨公司、新大新百貨公司、天河購物城、王府井百貨、友誼商場各大商場及超級市場均有銷售。

諮詢電話：020 84242316

這是一則產品宣傳廣告，其廣告主題在於介紹鱷魚精滋補液，故圍繞於此說明了產品的用料、功能、所含成分、適應病症、適用人群及經銷地點等。整個宣傳以理性訴求為主，內容平實。

　　形象廣告則不同，例如《新快報》1999 年 12 月 25 日同一版的鱷魚精滋補液系列廣告：

廣州「鱷魚精」火了

廣州人特別注重保健，從廣州人的各種湯煲、藥膳食品，便可領略；廣州人好吃，除了人肉什麼都敢吃；廣州人特別有錢，認準好的東西，從不吝嗇鈔票；在廣州人人都知道「鱷魚精」是好東西！中老年人作為滋補品，小兒免疫力低下，易感冒，吃鱷魚精最好，老闆們工作辛苦，精力不濟也認準鱷魚精，咳喘病人更不用說了。廣州人識貨，屬理智消費，他們認為要論滋補，鱷魚遠勝於龜鱉、參茸，廣州離泰國很近，鱷魚治哮喘的說法在廣州很流行，所以「鱷魚精」在廣州炒得很火！

1997 年 12 月 20 日，《廣州日報》、《羊城晚報》同時刊登了一則內容相同的消息：「鱷魚精滋補液效果評價，泰國仿真大行動隆重登場」，一石擊起千層浪，引來眾多咳喘病友的矚目和關注，幾天來近千人打電話來諮詢，12 月 21 日在廣州文化公園組織了一次十幾名呼吸道系統疾病專家參加的大型免費諮詢活動。早晨八時許，前來諮詢的人就自發排起了好幾百人的長隊，活動開展後共有三千多名諮詢者在會場諮詢、義診，隨後趕來的諮詢者在不斷增加，原計劃六個小時的活動被迫延長二個多小時，《廣州日報》、《羊城晚報》都作了大篇幅報導。

此次活動共接受諮詢者達七千多人，收到有效表格三千多份，其中兒童占 32%，老人占 60%，其他層次 8%，另據統計：在歷時一個月的「效果評價泰國仿真」活動中，先後幾萬人參加，眾多患者達到滿意的效果，到 1 月 20 日止，鱷魚精在廣州一個月時間裏，銷售達一百七十萬元，真正火了！在廣州，人人都知道鱷魚精是好東西！

我們這裏不去考究消息的真實性，僅就這則廣告本身來說，它從宣傳廣州人對鱷魚精的喜好，從宣傳鱷魚精的「火」與「好」，突出了鱷魚精效果奇特的良好治病形象，廣告宣傳是滿具感染性的，與上例鱷魚精滋補液的廣告手法明顯不同，主題的渲染也不相同。

可口可樂公司「有了可口可樂便有了微笑」的廣告片更是形象宣傳的傑作。其情節如下：

> 在足球場上經過激烈比賽後，高大的匹茲堡隊的前鋒球星米恩・喬・格林腳步蹣跚地走向更衣室，全身汗水淋淋、傷痕累累，手上拿著在比賽中被撕破的球衣。這時一個女孩突然走出，怯生生地向這個垂頭喪氣的球星獻上一瓶可口可樂，起初他拒絕了孩子的好意，繼而又轉變念頭，接過瓶子仰頭長飲而盡，他原來不振的臉色頓時一掃而光，臉上有了一抹微笑。小孩轉身走開，隱沒在夜色中。米恩・喬喊她：「喂，小孩！」「什麼事？」「來這邊！」這位球星將撕破的球衣丟給小孩，孩子高興地笑起來，這時廣告伴音唱出：「有了可口可樂便有了微笑。」⑤

從此「有了可口可樂便有了微笑」成了可口可樂的象徵，可口可樂代表著幸福與快樂，從而樹立起了可口可樂的美好形象。

相反，缺乏鮮明的宣傳主題，廣告表現就會凌亂，難以取得強烈的宣傳效果。這樣的廣告製作是失敗的。例如下面一段廣告，作者片面地寫景與抒情，湮沒了廣告宣傳的主題。

> 在莽莽蒼蒼的完達山下，煙波浩渺的興凱湖畔，有一座青山環抱的縣城——密山。密山，甜蜜的山！每當金秋季節，漫山遍野熟透了的山葡萄、紫梅、金梅，萬紫千紅美不勝收。以野生山葡萄和各種山果為原料釀成的葡萄酒，更是盛名傳南北，香飄萬人家。近年來，密山縣葡萄酒廠的味可思、雙瑰酒在全省評比中質壓群芳，名列榜首。

> 飲一杯密山葡萄酒吧，您會感覺到密山人熾熱的情懷；喝一口密山葡萄酒吧，您會感謝達山人的貢獻！啊，朋友，當您在喜慶的筵席上祝酒的時候；當您在節日歡聚的氣氛中乾杯的時候，請別忘了，完達山下、興凱湖畔，誠摯好客的密山人，回味綿長的密山酒……

寫景的目的是為了什麼，抒情又為了什麼，廣告想突出的是什麼東西？是品質？是味道？還是享受等等？缺乏集中渲染的主題，當然也

難以如作者所望的要人們記住。

㈡要突出商品的主要特色和個性

　　廣告宣傳必須抓住商品的主要特色和個性，以準確的詞句進行介紹和渲染，才能突出被宣傳的商品，產生鮮明突出的宣傳效果。而對於那些不能突出商品的個性與特點的次要內容，則可以略去。選擇來作為廣告重點突出的內容的應該是那些能夠突出商品的特色，能夠產生區別效果，能夠打動受眾心靈與需要受眾記住的東西。如商品的品質、成分、價格、功能，以及名稱、標識、地址等都可以成為廣告突出宣傳的內容。例如：

　　　　蓮清，年輕，連價格也輕。

　　　　年輕人點滴儲蓄，存款得來不易！長谷建設體恤年輕雙薪小兩口，為你爭取更大室內用坪，最經濟的價格，讓你實現最大夢想。　　　　　　　　　　　　　　　　　　　　（蓮清房產廣告）

這則廣告突出的是商品房的價格，力爭在價格優勢上打動受眾。

　　　　旭日初生，萬道霞光，它──露西婭，點綴您朝氣蓬勃，雄姿英發。

　　　　華燈初映，薄霧輕紗，它──露西婭，陪伴您去·找心中的他。

　　　　露西婭洗髮水護髮素，性質溫和，泡沫豐富，清香持久傳佳話。

　　　　露西婭洗髮水護髮素洗頭後，令您頭髮光潔柔潤，富有彈性，清新舒適人人誇。

　　　　露西婭洗髮水護髮素，由深圳東方白藥有限公司出品，各大百貨商場您都可以找到它。

　　　　露西婭，為您創造溫柔、體貼、青春、瀟灑。

　　　　露西婭──心中的一抹彩霞。　　　　　　　（洗髮水廣告）

這裏廣告突出的是露西婭帶給消費者的美好，從瀟灑、舒適到甜蜜的愛情，強化了產品的突出功能。

給你山，給你景，還要給你 900 坪樹影翠庭。

（醉翁山莊廣告）

這則廣告重點展現了山莊獨一無二的山景與翠綠，特點鮮明。

每一份新生命的誕生，固然充滿了驚喜，

但，短暫的悸動之後……

你可曾想過——他們的未來？

「住有開發」向來關心孩子的成長環境，更配合政府的市政
計劃及交通建設，選擇最好的區域，不斷開發出最適合孩子成長
的生活空間；而從孩子的眼睛裏，您將再看到

——希望、愛和歡愉！

——.住有開發房產
（住宅廣告）

在這裏廣告突出了「住有開發房產」對孩子成長的關心，切中了家長
們的心理，廣告表現也是非常鮮明的。

這幾則廣告，在鮮明突出方面都是處理得比較好的。

廣告宣傳的鮮明突出還包括了一些需要特別突出的內容，即名
稱、標識、地址等表明商品和企業身分的東西。很多廣告宣傳都輕視
了這些內容，要麼是漏掉，要麼是極粗略地一帶而過，不能給受眾留
下清晰的印象。如當前絕大部分的電視廣告，濃筆重彩地作了大量的
宣傳，熱鬧了半天，等到受眾想知道商品是什麼名稱，如何聯繫的時
候，卻是什麼也記不下來。這樣的廣告等於沒作，何談什麼鮮明突
出？

㈢充分利用突出商品的宣傳方法

在廣告宣傳中，需要使用有效的方法來突出宣傳的內容。這些方
法包括醒目且具有概括力的標題，特殊的字體與編排，反覆的渲染，
獨特的命名等。

標題是突出商品宣傳內容的重要一環。標題被人注意的頻率非常
高，美國廣告專家曾經做過調查，讀者閱讀標題的概率是文案的五
倍，可見標題對突出宣傳內容的重要作用。同時標題能概括商品的特

點，以簡短的形式突出商品的靈魂和精髓，這對於廣告宣傳的鮮明突出是有很大貢獻的。因此，廣告創作者要以精練的語句，豐富的資訊來突出標題，從而帶動整個廣告表現的鮮明突出。根據製作者的安排，標題可以用來突出如下一些內容：揭示廣告宣傳的主題，如「止咳有妙藥，快服川貝精」突出了整個廣告宣傳的宗旨。強調產品的性能與效果，如「服用鱷魚精，冬季不再咳喘」，「時代廣場──生活品位，無限天地」。突出產品獨特的價格優勢，如「光之旅 398 元，酒店訂房起革命」。突出問題，如「丈夫為什麼離開家」（速食麵廣告），「關愛我們的肺，誰最到位？」（鱷魚精滋補液廣告）等。這些標題都具有突出廣告宣傳內容的作用。

　　特殊的字體與編排也可以用來突出廣告的內容。字體的大小，類別，排列的不同形式等都可以起到突出宣傳內容的作用。例如：

國龍大廈

觀山、觀潮、觀天下

越秀公園 360 度全景豪宅

這裏，大小字體的鮮明對比，分行的排列佈置，鮮明突出了國龍大廈的獨特優點。

　　反覆的強調渲染也能突出廣告宣傳的內容，如：

　　　(1)瀉痢停，瀉痢停，痢疾拉肚，一吃就停。　　　　（藥品廣告）

　　　(2)美的時代，美的商店，美的皮鞋，美的服務。

　　　　　　　　　　　　　　　　　　　　　　（美的皮鞋商店廣告）

　　　(3)精緻脫俗新品味，典雅獨特新風貌，塑造空間新表現，脫俗
　　　　不凡新意境。　　　　　　　　　　　　　　（家具廣告）

這些廣告反覆突出渲染，表現效果也是非常鮮明的。

二　簡明通俗

　　廣告語言要做到簡潔凝練、通俗易懂、容易記憶和傳誦。

　　簡明，即以最精練的語言表達廣告要宣傳的內容，傳達有效的訊息，打動受眾的心靈。簡明是廣告取得良好宣傳效果的成功之道。美

國廣告專家馬克斯‧薩克姆就告誡說：「廣告文稿要簡潔，要盡可能使你的句子縮短，千萬不要用長句或複雜的句子。」⑥這儘管是就英語的語法來說的，對漢語的運用也同樣具有指導意義。不僅是萬金一秒的電視等廣告，就是報刊雜誌等印刷廣告也同樣需要簡潔凝練，以最經濟的語言取得最好的宣傳效果。這就要求廣告製作者善於抓住具有宣傳價值的內容，以極概括的語言加以準確的表現，力避囉嗦和累贅。下面這些廣告就具有簡潔凝練的效果。

  (1) 家有三洋，冬暖夏涼。   （三洋空調廣告）

  (2) 空氣常新，室溫不變。   （保溫換氣機廣告）

  (3) 男子風采，盡顯其中。   （西服廣告）

這些廣告以極精練的語言呈現了宣傳產品的優點和功能，很具誘惑力。下面一些廣告語言表現卻不夠精練。

  (1) 情隨欲動，從容不迫，氣派尊貴，馬爹利 XO （名酒廣告）

  (2) 揚子江畔美如畫，「揚子」冰箱名天下。

    千家萬戶愛「揚子」，一台冰箱一朵花。

    「揚子」廠，企業大，冰箱四星稱豪華。

    定點出口創外匯，部優產品四海誇。

    外接冷飲隔味盒，兩項工藝獲專利。

    板層結構用電省，「揚子」冰箱有美名。

    元件來自西塔爾，產地安徽滁州城。

    原君四季用「揚子」，幸福家庭滿堂春。

            （揚子牌冰箱廣告）

第(1)則想渲染名酒的氣派，但除了「氣派尊貴」一句有用之外，「情隨欲動，從容不迫」則不知要說什麼。第(2)則想宣傳「揚子」冰箱的優良，但「揚子江畔美如畫」、「產地安徽滁州城」卻與宣傳的主題關係不大。「一台冰箱一朵花」比喻不當，也很難簡要地概括出冰箱的特色。

  通俗是廣告語言表現增強傳播效果的重要手段。廣告的目的就是讓廣告製作者所希望的受眾盡可能多地瞭解廣告宣傳的內容，因此採

用受眾所熟悉、所喜聞樂見的語言表現形式來迎合受眾的接受習慣，就容易得到受眾的歡迎。通俗，表現為採用口語化的詞語與表現形式，增加廣告語言的生活趣味等方面。這些方面為中外廣告宣傳所普遍重視。如：

(1)不用不知道，一用才知道神州熱水器不可少。朋友，用神
　　州，沒錯兒！　　　　　　　　　　　　　　（神州牌熱水器廣告）
(2)送她旁氏，讓她美麗　　　　　　　　　　　　（旁氏化妝品廣告）
(3)養豬的都想豬仔肥得快，養雞的都想雞子下蛋多。這不是夢
　　裏吃仙桃想得美，現在是饅頭吃到豆沙邊——嘗到甜頭啦！

　　　　　　　　　　　　　　　　　　　　　（某配方飼料廣告）

第(1)(2)則廣告運用口語化的詞語、句式和語氣，生活趣味濃。第(3)則是對廣大農民兄弟的廣告宣傳，採用了普通老百姓所喜歡的歇後語形式，妙趣橫生。這些廣告都通俗易懂，富有宣傳效果。

　　廣告表現有時根據主題與情景的特點還可以恰當採用民族文化所喜聞樂見的傳統形式，如曲藝、故事等來增強通俗易懂的效果。

　　　　咪咪樂我樂，
　　　　小朋友愛喝，
　　　　培育新一代，
　　　　聰明又活潑。　　　　（咪咪樂兒童專用營養口服液廣告）

這則廣告採用順口溜的形式，生動活潑，而且適合於兒童的接受特點，易懂易記。

三　新穎別致

　　創意是廣告的生命，新穎別致是廣告語言的突出要求。廣告宣傳要給受眾留下鮮明的印象，強烈衝擊受眾的感覺，就應在語言表現的新穎別致上下工夫，做到發人之所未發，別出心裁。新穎別致可以巧妙利用被宣傳對象的特點，通過聯想將其自然地與別的事物聯繫起來，給受眾開闢一條認知被宣傳事物的新途徑。能夠提供這種聯想的形式有雙關、比喻、對比等。如：

(1)清涼世界何時來，待到「菊花」開。　　（菊花牌電風扇廣告）

(2)太陽給您帶來四季，春蘭為您留住春天。　　（春蘭空調廣告）

(3)「城」裏就是不一樣。　　　　　　　　　　（電子電腦城廣告）

(4)有人説：太陽和月亮一起出來的地方最美，日月潭中信大飯店就是這種地方！　　　　　　　　　　　　　　（飯店廣告）

第(1)則廣告巧用雙關，通過將「菊花」電風扇開與大自然的菊花開聯繫起來，自然地將花開時節的秋風涼爽與電風扇開的涼爽聯繫在一起，給人無限的遐想和清涼的享受。第(2)則廣告有相似的妙處。春蘭空調的清新與舒適同春蘭代表的春天的清新與舒適交融在一起，似真似幻，給受眾留下了無窮嚮往與體味的空間。同時，將春蘭留住春天與太陽帶來四季聯繫起來，太陽帶來四季有多美好，春蘭留住春天就有多美好，太陽帶來四季有多肯定，春蘭帶來春天就有多肯定。第(3)則也是揪住名稱做文章，將電腦城類比成真正的城，從而用城市的繁華、方便和商品的豐富等來揭示電腦城的繁華、方便和商品的豐富。第(4)則將日月潭中信大飯店與人們所認為的最美的地方劃等號，也給了受眾無限的聯想空間。這種提供類比聯想的方式，能拓寬受眾的思路，提供給受眾脱離常規的認知視角，因而能極大地刺激受眾的想像，獲得審美的新鮮和愉悦。

利用受眾的好奇心理，一反常規，從反面或常人認為不可能的地方引發受眾嘗試的興趣。如：

(1)香煙含有尼古丁，請君勿再吸，皇冠牌尤其不能吸。

（皇冠牌香煙廣告）

(2)有好口味，但不會有大腰圍。　　　　　　（雷布黑啤酒廣告）

第(1)例抓住了受眾的好奇心，為什麼皇冠牌香煙不能吸，偏要去試試！廣告製作是煞費苦心的。第(2)例以違背常例的事實來吸引受眾，突出了雷布黑啤酒的獨特之處。表現角度也是相當新奇的。

巧妙合理的誇張也能取得新穎別致的效果。例如：

(1)往身上灑一點，任何事情都可能發生。　　（國外香水廣告）

(2)隔壁千家醉，開罎十里香。　　　　　　　（習子酒廠廣告）

(3)為一支駱駝牌煙，我寧願走上一英里路。

（駱駝牌香煙廣告）

誇張突出了宣傳對象的奇特，能使受眾產生強烈的購買衝動。

通過打趣、逗樂等方式來宣傳產品，也能產生新穎、奇特、有趣的效果。例如：

(1)你買汽車不來考慮一下我們克萊斯勒公司的汽車，那你就吃虧了——不但你吃虧，我們也吃虧。　　（汽車廣告）

(2)如果「佩利納」還不能使你的雞下蛋，那它們一定是公雞。

（飼料公司廣告）

這些廣告既突出了產品的優秀，又新鮮有趣。

詞語的移用，能夠反差強烈地改變詞語的語體、感情等色彩，引起受眾心理定勢的失衡，從而產生出新鮮別致、輕鬆有趣的效果。如：

(1)誰能懲治腐敗？　　（新飛牌電冰箱廣告）

(2)臭名遠揚，香飄萬里。　　（某臭豆腐廣告）

「腐敗」本是政治術語，這裏用到生活小事，即食物的腐爛變質上，產生了語體色彩的落差，增添了新鮮味道。「臭名遠揚」是貶義詞，適用對象一般是人等，這裏將它用在既無生命又沒有什麼重大意義的臭豆腐身上，也產生了反差，增加了奇趣。

語句結構的仿造與創新，也是利用語言文字本身的特性來增加表現的新穎性的一種手段。仿照已有的語句，再造一個新的語句，或者利用原來的語句形式表達出新的意義，都能出乎受眾的意料之外。例如：

(1)聰明不必絕頂。　　（生髮靈廣告）

(2)實不相瞞，天仙的名氣是吹出來的。　　（天仙牌電扇廣告）

(3)有「禮」走遍天下。　　（某禮品公司廣告）

(4)衣不驚人死不休。　　（服飾廣告）

(5)常服金水寶，踏遍青山人未老。　　（金水寶藥品廣告）

「聰明不必絕頂」仿「聰明絕頂」，並故意從字面意義上進行曲解，

新鮮風趣。「天仙的名氣是吹出來的」反用「吹牛」之意，結合風扇這一特殊對象，説得倒也貼切合理。「有『禮』走遍天下」，仿「有理走遍天下」，仿造得貼切自然，儘管廣告内容有誤導之嫌，不可宏揚，但僅就廣告技巧來説確是巧妙的。「踏遍青山人未老」是毛澤東表現長征的詩句，這裏用在誇張「常服金水寶」的效果上，也是別致有意思的。

這些廣告都創意不俗，刺激性強，能夠打動受眾，給人留下深刻的印象。

四　生動形象

許多商業廣告不是借助於理性訴求，而是從情感、心理等方面來打動受眾。對於這類廣告，生動形象是增強廣告表現力與感染力的有效方法。生動逼真，充滿詩情畫意和生活情調的語言具有不可抵擋的感染力和誘惑力。

生動形象可以是用優美恰切的形象來比喻與描摹宣傳對象及其造成的效果，使對象栩栩如生，形象感人。如：

(1)明瑩如水，輕柔透氧。　　　　　　　　　（博士倫隱形眼鏡廣告）

(2)像初戀般的滋味。　　　　　　　　　（日本渴而必思飲料廣告）

(3)你恍如睡在潔白的雲朵裏。　　　（西勒床上用品公司鴨絨被廣告）

(4)俏麗面容，猶如晨風曉露。　　　　　　　　　　　（美容廣告）

這裏，無論是産品本身，還是它所造成的效果，都表現得生動感人，富有美感。

生動形象，還可以運用比擬等方法渲染産品與企業對受眾的關心與深情，將生活的情趣與溫暖帶給消費者。如：

(1)掌聲響起，回味你的深情。恒久的關懷和溫馨，悉心的愛護與保養，無論掌聲是否響起，草珊瑚含片都一往情深。清爽在喉，滋潤在心。　　　　　　　　　　　　　　（草珊瑚含片）

(2)細心的呵護，安爾樂衛生巾。　　　　　（安爾樂衛生巾廣告）

這裏通過擬人的手法，以充滿感性和深情的語句喚起受眾的情感共

鳴，感染力很強。

描繪產品營造的溫馨感人的生活場景，以撩人心弦的生活打動受眾的心靈，也是取得生動形象效果的好辦法。如：

(1)小時侯，經常邀集玩伴到河邊游泳，捉龜堆土窯，烤偷來的地瓜。偶爾想看看田園稻穗，都被林立的高樓阻隔，往事離我已遠。

藝術大地——讓您重拾孩提，牽著孩子走在田埂，共同分享那份童年喜悅。　　　　　　　　　　　　　（房屋廣告）

(2)當鹿車的鐘聲從遠處傳來，您可曾想過收到對方千里傳來的片言隻字，或祝福、或問候或……

今日夢想終成真；以三洋 **SFX-11** 傳真百變星相贈，即可在聖誕佳節表示點點心意，將來更可收到萬語千言；儘管是情話綿綿，千里也相傳！　　　　　　　　　（傳真電話廣告）

幸福美滿的生活場景，濃情似血的感人場面，都極生動具體，動人心弦。廣告創造出的美好引起了受眾的無限思念和追求。

敘述感人的生活故事，用生活的真情去感染受眾，啟迪受眾。這種形象感人的方法，不少廣告都運用得很成功。例如：

讓媽媽的臉再次鮮明起來！

小時侯，每晚依偎媽媽柔軟的身軀，

聞著她剛洗完澡散發出來的微微體香，

小手摸著她柔潤滑膩的臉頰，

就這樣，逐漸進入夢鄉。

後來，年紀隨著歲月的流逝而增長，

上學、放學、上班、下班、結婚、生子……

日子仿佛忙碌得無暇多看一眼那張依舊的臉，

直到有一天，

兒女用她稚嫩的童音，說：

「媽咪，你的臉好摸喲！」

這才憶起自己也有過同樣的愛嬌與依依，

只是記憶中的那張臉曾幾何時變得

有些模糊……

依柔化妝品公司謹以最誠摯的心叮嚀你：

暫緩你來去匆匆的腳步，多陪陪媽媽，多看她一眼。

（化妝品廣告）

飽含深情的感人故事，生動淳厚的生活語言，再現了人性的美，生活
的情。

生動形象是廣告語言真切感人的最有效手段。廣告製作要貼近生
活，充滿人情，就需要在這方面用力。

第二節　商業廣告類別與廣告語言運用

不同類別的商業廣告，具有不盡相同的訴求目標、宣傳重點與作
用對象，因而也有不盡相同的語言運用要求。瞭解不同類別廣告的要
求，對廣告製作具有指導意義。

一　生產資料廣告

生產資料是工農業、第三產業等領域的生產用品，對產品的技術
要求、規格指標要求高。其廣告宣傳要符合生產需求的特點，採用理
性訴求的方式，從產品的質量參數、技術水平、價格檔次、規格尺
寸、花色品種等自然屬性方面和買家從中得到的某種好處與實惠等方
面如實進行介紹，不能賣弄花稍。因而這類廣告專業性較強，術語、
符號運用較多，格調也比較正規刻板，很少帶感情藝術色彩。它在製
作風格上是規則式的風格。傳播手段則大多借助專業性雜誌、專門印
刷的宣傳資料等。如：

QPH － C(D)－Ⅲ型
汽車噴漆／烤漆房

列入 1991 年國家級重點新產品試產計劃。

國家鼓勵生產和使用的國產先進技術產品。

1993 年 3 月國家科委成果辦發文（93）084 號向全國推薦使用的產品。

國內最早專業廠家，實力雄厚，經驗豐富，年生產能力 1000 台，技術國內領先。進口零部件及引進技術產品率已達 80% 以上，使用性能可與各種進口烘房相媲美。

外型尺寸 mm：7120 × 5160 × 3340。

房內尺寸 mm：7000 × 3880 × 2600。

風機風量：18000mm ／ h。

柴油耗量：6～10kg ／ h。

最高溫度：80 ℃。

烘乾時間：30min。

△燃燒器係義大利 BALTUR（百得）、日本 CORONA（科諾）兩種，用戶任選。

△空氣過濾材料係義大利技術生產，空氣淨化率達國際先進水平。

△房體採用日本生產彩色銅板複合保溫牆板，插口組裝。

△通風機引用義大利技術生產，風量大，噪音低，經久耐用。

△電控系統採用中德合資生產的元器件，程序適用，穩定可靠。

△有柴油加熱式和電加熱式兩個系列，並且分別有大、中、小型，可適用團體大客車、中巴旅遊車和轎車的油漆、修補、塗裝。

△售後服務及時有效，各國配件充足，終身維修，用戶永無後顧之憂。

長春市興隆噴漆烤漆設備廠
（原長春市遠紅外設備元件廠）
中國汽車保修設備行業協會會員單位
中國輕型汽車修理行業協會會員單位
廠長：××　　工程師：××　　聯繫人：××
地址：長春市長吉公路北線 5 公里處
郵編：130102
電話：（0431）411074　411076
　　　（0431）682971　夜間值班：411077
電掛：2188 ⑦

這則廣告解說清楚，技術指標與適用對象說明詳細，語言準確。

二　生活用品廣告

　　生活用品廣告宣傳的都是與廣大百姓生活密切相關的商品，一般來說使用操作並不複雜，除少數用品之外，價格也不是特別昂貴。因而其廣告宣傳不需要作詳盡的專業說明，而是突出商品的獨特、效用與價值等，其宣傳方法多種多樣，語言也豐富活潑。

　　生活用品廣告可以採用理性訴求的方式，但多是理性感化式風格，它不需要很強的專業性，也不需要使用大篇的專業術語、公式與符號，而是理性地闡明商品的特性、功能、效用以及質量保證等，以理性的說服力量讓受眾信服。理性訴求廣告多用在宣傳醫藥保健用品、家電產品等方面。生活用品的理性訴求方法可以採用客觀揭示商品的構成成分、性能、質量檢測結果等的方式。如：

「李氏 5 號方」精品
腦力智寶膠囊

　　衛食健字[1997]第 311 號　粵衛食健生准字[1997]第 40 號
粵衛食宣字[1997]第 093 號
　　腦力智寶膠囊是我國著名腦病醫學專家李子中博士研製的

「李氏 5 號」系列產品之一。它含有各種游離氨基酸和小分子多肽，是人體用於維持機體各種生理功能和大腦記憶思維所必須的營養物質，增強神經元抗缺氧和改善大腦記憶，達到整體上提高腦細胞的功能。

　　經衛生部指定的檢驗單位進行服食腦力智寶一個月的人體驗證，試用者平均記憶商數提高 16.3 分，表明腦力智寶可提高少兒和老人的學習和記憶能力。鑒於腦力智寶對人腦神經元具有抗缺氧作用，因此適用於各種腦功能障礙的恢復及正常人的腦保健。

這裏客觀說明了腦力智寶膠囊的主要成分、功能和適用群體，同時說明了權威檢驗機構的檢驗結果，具有較強的理性說服力量。

　　生活用品廣告的理性訴求也可以採用證明的方式，即通過真實的事例、不同商品的比較、鑒別等來說服受眾。如電視推銷廣告節目很多都採用實例印證的方式，將同一個人的前後狀況作對比，推銷人邊比較邊宣傳：「只用了十天，貼必高增高貼片就使這位小伙子增高了五公分。」「快打電話來訂購，××豐胸素使你充滿女性的魅力。」

　　生活用品廣告還大量採用感性訴求的方法，從形象渲染、效果描繪、情感薰陶等方面增強感性刺激的力量，激發消費者的情感，從而達到廣告促銷的目的。如可以從關心受眾的角度來引發受眾的認同，激發受眾的感情。例：

　　(1)您想過嗎？如果沒有換氣機……

　　　　人們現實生存的室內，空氣的污源很多，人體本身、各種電器、各種煙塵、現代辦公用品、各種新型裝飾材料等都釋放出多種有毒、有害氣體，會引起您的困倦、頭暈、免疫力下降，甚至中毒致病，嚴重危害人體健康，並誘發癌變，因此，在您工作、生活的空間，您急需的是清新美妙的空氣，特佳換氣機會成為您的親密朋友！　　　　　　　　　　　　　　　　　（換氣機廣告）

　　(2)當您的太太駕著車子，在四顧無人的崎嶇山路上拋了錨，那種焦急的心情您曾想過嗎？本公司出品的輪胎，具有雙層結

構，任憑跋山涉水，永不爆裂，對不懂修理輪胎的太太是一項恩物。身為一家之主的您，請為您的太太設想，改換本公司出品的新式輪胎吧！ （輪胎廣告）

這些廣告從關心受眾切身利益的角度，提出生活中要注意的問題，然後切實替受眾解決問題，容易引起受眾的認同。

採用感同身受方式，站在消費者的立場，從消費者現實生活出發，描繪消費者的體驗，抒發消費者的喜和樂。這種感性刺激方式將廣告訴求願望與消費者生活感受融和在一起，說出了消費者的心理話，抒發了用戶的心聲，充滿了生活情趣，感染力是強烈的。例如：

(1)網球，我的最愛；香水，我的最愛。 （香水廣告）

(2)我愛揚子冰箱，因為它有外取冷飲器裝置，不開門就能取到可口的冷飲水，真棒！

我愛揚子冰箱，因為它的箱體和門的絕熱層發泡層厚，省電節能。

我愛揚子冰箱，因為它有密閉掛盒，不僅充分利用冰箱空間，而且所放的食品互不串味，味道格外新鮮。

我愛揚子冰箱，它的冷凝器不外露，是屏蔽通道式，既安全，又美觀。

我愛揚子冰箱，揚子冰箱…… （揚子冰箱廣告）

(3)不可思議的男性效率，洗髮沐浴一次完成！

不管是練習或比賽，總是時間緊湊、汗流浹背。因此，我使用全新的男性清潔保養品——TEMPO 節奏男性洗髮沐浴精。創新革命性清潔保養概念，它的全新配方，不但能夠洗髮、沐浴一次完成，省時有效率；而且具有潤髮功效，讓頭髮好梳理的同時，更能讓皮膚感覺清爽無比。不可思議的男性效率！

（男性清潔保養品廣告）

這些廣告都是站在消費者的立場來看待商品，感受與評說商品的好處，故而可以平易近人，真實感人。

感性訴求也可以採用形象渲染的方式，刻劃商品的美好形象，渲

染商品的審美價值，誇說商品帶來美好享受等。如：

 (1)晶晶亮，透心涼。   （雪碧廣告）

 (2)香氛嬝嬝，魅韻幽幽；

  讓情感奔馳，令心弦驛動。   （香水廣告）

 (3)色清如水晶，香醇似幽蘭，入口甘美醇和，回味經久不息。

             （古井貢酒廣告）

這幾則廣告形象生動，描繪的好處美好動人。

 另外，感性訴求還可以利用幽默、逗趣等生動的形式來增加感性的刺激，達到廣告宣傳的目的。

三　服務廣告

 服務廣告在於推廣各種商業性服務，如旅遊、交通、娛樂、食宿、金融、保險以及各種家居服務等等。服務廣告在內容上要揭示服務的內容，列明各種服務項目、從業公司擁有的資質、服務的質量與效果等等。在廣告手法上，可以以形象與情感感染為主，突出服務的精彩。如旅遊廣告可以突出景物的特徵、旅遊的快樂與方便及各種吸引人的好處等等。例如：

 (1)在美國這塊土地上，你可以看到迥然不同的景色：交疊起伏的綠色原野，平坦的白沙海灘；迪斯尼樂園，以黑人樂曲譜寫的明快而狂熱的爵士樂；你還可以一睹大湖區和大峽谷的風光。

 現在你比以往有更多的理由來美國參觀遊覽，沒有比現在的時候更好的了。

 總統發出邀請，你還等待什麼呢？

      （總統布希邀請英國民眾來美旅遊廣告）

 (2)這麼瀟灑的紐澳之旅，你不可不知！

 無垠綠野上的成群牛羊，

 暖和的風吹得人神清氣爽，

 只是好像一天到晚都在搭車……？

現在起您有更好的選擇。　　　　　　　　　　　　（旅遊廣告）

這兩則旅遊廣告寫得美麗動人，富有號召力。再如：

(1)和藹的空中服務員，

　　身著一襲紗籠，

　　當她和您相逢，

　　一綻迷人的笑容，

　　一縷溫馨的柔情。

　　晴空萬里，朵朵白雲，

　　您們相遇在舒適的

　　747B、707 或 737

　　波音機群上，

　　她將以最殷勤的方式招待您。

　　我們的女郎

　　是新加坡航空公司的靈魂。　　　　　　（新加坡航空公司）

(2)浪漫時光，溫馨享受　　　　　　　　（北戴河度假村廣告）

這兩則服務廣告同樣寫得溫馨感人。

　　服務廣告也可以採用條目的方式逐條列出服務的內容，做到清晰醒目。如：

廣州形體整形美容中心

一、重點項目

　　1. 形體塑形：肥胖，某些部位脂肪增多，都是長期困擾您身材美觀的重要因素，本中心採用國際先進技術及特殊設備，注射溶脂藥液，不開刀，安全無痛苦、無疤痕，一次性全身各部位溶脂減肥，使您（腰腹、大小腿、上臂、背部、臀部、乳房及面部）多餘的脂肪排出體外。並可將脂肪移植到其他部位，用於矯正 O 型腿、X 型腿，讓您擁有自己滿意的身材和體型。

　　2. 自體脂肪（顆粒）細胞移植隆胸：抽取身體其他部位多餘脂肪經雙重過濾篩選，加入細胞活性素培養後移植到胸部，逼真

自然，無副作用，無疤痕，成功率高，併發症少，遠期效果理想，安全可靠。

3.注射隆胸術：採用進口人體組織代用品，醫用軟組織充填材料（英捷爾法勒凝膠）一次注射豐滿乳房，手感好，外形逼真，手術無痛苦，三十分鐘完成，達到您理想效果。

二、特殊項目：因乳房整形手術操作不當或術後護理不妥造成的感染、變硬，散在結節，乳房形態不滿意，本中心特請烏克蘭專家和經驗豐富的件偉教授為您及時有效地解決以上問題，方法簡單，無痛苦，使您的乳房恢復柔軟逼真。

……

廣告項目條理清楚，介紹細緻。

四　招聘廣告

商業招聘廣告的目的在於招聘人才，廣告寫作需要宣傳自己的優勢，同時要寫明招聘的項目和應聘人員的條件，以及聯繫的期限和方式等。廣告寫作方法多採用條目方式，逐條說明，語言準確，平實。如：

TCL 國際電工

開啟精彩時刻
歡迎技術、管理、市場精英加盟

TCL 國際電工（惠州）有限公司是 TCL 集團屬下的支柱企業，專業從事豪華開關、插座等建築電氣系列產品的開發、生產和經營，在國內同行業中首家通過國際權威機構（SGS）的 ISO9001 品質體系認證，處於中國電氣行業主導地位。TCL 國際電工優質產品在迎國慶五十周年的天安門城樓修繕工程中被採用，現因公司發展需要，向全國誠聘以下人才：

高級技術開發人才（多名）

本科以上畢業（電子、自動化類），碩士以上學位者優先；

五年以上電子類產品設計開發經驗，能熟練使用單片機設計產品，熟練操作使用 Protel12.5 及 PCB 板設計，對電磁相容（EMC）的設計要領和相關標準有一定認識，男女不限，年齡28-45 歲。

產品開發部副經理（1 名）

男女不限，年齡在 30-45 歲，大學本科或以上學歷（工科類專業），至少三年以上電氣類產品開發、設計工作經驗和二年以上管理經驗，曾任大公司技術部門負責人或研究所畢業以上者將優先考慮。　　　　　　　　　**以上職位月收入6000 元以上**

高級營銷經理

本科畢業（電子、機械專業優先），28-35 歲，男女不限，成熟穩健，良好的心理素質，有較強的責任心，勇於開拓，富於創新，至少二年以上營銷工作經驗和兩年以上主管工作閱歷，並能勝任長期在外工作（**月收入 4500 元以上**）。

歡迎符合條件者將個人履歷、身分證、學歷複印件等資料郵寄或傳真本公司。

聯繫方式：

地址：廣東省惠州市花邊嶺路 11-13 號　　郵編：516008

FAX：0752-2284865　　E-MAIL: ZYC@TCL-ELC.COM

聯繫人：白小姐

廣告表述清楚，介紹完備，符合招聘廣告的要求。

五　形象宣傳廣告

形象宣傳廣告在於宣傳與強化公司的雄厚實力，良好信譽，優良服務等，從而樹立起公司的良好形象，以贏得公眾的喜愛和信賴。因而，它既需要以如實的敘述介紹公司的實力，又要以形象感人的語言渲染與謳歌公司的美好形象，打動受眾的心靈。這兩種手段在宣傳公司的形象方面具有同樣重要的作用。如：

精益求精是我們的企業宗旨，

超凡的智慧使您的企業獨樹一幟，

完美的體現是我們追求的目標，

誠實服務是廣告人的立足之本。 （北京敬言廣告公司）

這則廣告以感人的語言描寫了公司的整體形象。而下面這則廣告則是採用介紹公司情況的方法：

大哥大西裝 DKD 西裝大哥大

廣東大哥大集團公司，是廣東省的明星企業。其核心企業汕尾市保美西裝廠創建於 1983 年。經過十多年的艱苦創業，堅持「以信譽為根本，以質量求發展」的企業宗旨，不斷開拓進取，發展成為以服裝為龍頭產業，集房地產、進出口、珠寶、商貿等一體的多元化企業集團。幾年來，「大哥大」不僅拓展國內市場，先後在全國三十多個大中城市的一百多家大型商場設立專櫃，還先後在美國、澳大利亞、日本、新加坡、香港等國家和地區設立了銷售網路。

目前，公司擁有六條從日本、德國引進的「重機」、「百福」西裝生產線和三條世界先進的襯衣、西褲和領帶生產線，具備年生產西裝三十萬套、襯衣十五萬件、西褲十五萬條、領帶十萬條的生產能力。公司現有各類專業技術人員一百多名，熟練工一千五百多名，集團屬下有十餘家分（子）公司，年生產值二億餘元，銷售網路遍佈全國，延及海外。

公司主導品牌「大哥大（DKD）」西裝系列產品，曾榮獲「中國十大名牌西裝獎」、中國名牌「創造獎」、美國紐約國際商品博覽會「金獎」、1996-1999 年中國國際服裝服飾博覽會「金獎」等六十多個獎項，並榮為二十六屆亞特蘭大奧運會中國記者團「唯一指定西禮服」。公司三年被評為中國服裝企業「雙百強」（銷售收入、利稅），1999 年榮獲廣東省唯一一家服裝著名商標。

「大哥大」還竭力服務於航空、郵電、鐵路、銀行、工商、

稅務、輪船公司、學校、報社、電臺、賓館等不同行業的企事業單位，為其量體訂做團體制服，以其新穎獨特的設計、精美絕倫的工藝、優質高效的服務和低於 3% 的返修率倍受廣大客戶的嘉許。大哥大西裝精選海內外高檔面料和進口高級輔料，由專業設計師精心設計，工藝先進、製作精良，並備有三十多種規格的樣板，適用於不同年齡、不同身材、不同個性、不同職業的客戶試板。公司向客戶提供協助選擇面料、上門量體、送貨上門、協助發放等全方位服務，有豐富的制服生產經驗。

公司的全部產品均由中國服裝研究設計中心監製，並多次被授予「量體訂做信得過產品」稱號。

東方文化孕育出的「大哥大」人，傾情致力為每一個中國人量身訂做最蘊涵中國人特色的現代服裝。

總 經 理：徐家遜

聯 繫 電 話：020-86637388

傳　　真：020-86637288

（左右兩邊豎標「廣東大哥大集團」、「中國十大名牌」大型宣傳語）

廣告從企業的歷史、經營範圍、生產能力、榮譽頭銜、服務態度、品質保證等方面詳細介紹了公司的情況，從介紹中宣傳了公司的實力，確立了公司品質優良、值得信賴的良好形象。

第三節　傳播手段與廣告語言運用

傳播手段是廣告的物質載體，其本身的性質與優缺點對廣告的形式與語言表現產生了很大的制約，廣告語言運用要適合於不同傳播媒體的特點，充分發揮各種廣告傳播媒體的長處，以取得最好的廣告宣傳效果。

一　報刊廣告

　　報刊雜誌廣告屬印刷體廣告，其特點是能夠供受眾反覆地、仔細地閱讀，能使受眾詳細地瞭解細節，可以使受眾訴諸理性思考，廣告文稿也可以較詳細地介紹產品，描述產品的功能等，資訊量大。但報刊廣告屬於平面廣告，缺乏動感和音效等，不像電視廣告以情感、形象等為主要宣傳手段。報刊廣告的寫作要求條理清楚，表述完整，重點突出，語句流暢。例如：

　　　　廣東省食品進出口集團是中國進出口五百強、出口二百強、廣東省八十三家大型企業之一，作為「珠江橋」牌醬油的製造商和商標所有人，衷心感謝各位經銷商、廣大消費者長期以來對「珠江橋」牌醬油的厚愛。

　　　　「珠江橋」牌醬油是按嚴格統一的質量標準生產的，暢銷世界一百多個國家、地區四十多年，曾獲巴黎國際食品博覽會金獎，深受消費者喜愛，獲中國海關知識產權保護，為廣東省著名商標。

　　　　廣東省食品進出口集團公司一直致力於維護廣大「珠江橋」牌醬油消費者的權益，保證「珠江橋」牌醬油「健康、天然、美味」的一流品質：

　　　　正宗「珠江橋」牌醬油用黃豆釀造，純天然曬製，不加味精，不加人工色素。

　　　　正宗「珠江橋」牌醬油由唯一定點生產廠——福金香調味食品廠有限公司生產。

　　　　正宗「珠江橋」牌醬油已推出拉環蓋及 UV 全防偽招紙全新包裝。

　　　　正宗「珠江橋」牌醬油在國內通過衛生防疫站、產品質量監督檢驗所、中國檢驗檢疫局檢驗合格後出口和內銷。

　　　　正宗「珠江橋」牌醬油定期送歐美權威檢驗機構檢測，結果均合格。

廣東省食品進出口集團公司對消費者承諾，正宗「珠江橋」
牌醬油對消費者健康負責。
　　　對近期社會上關於「珠江橋」牌醬油質量出現問題的謠傳，
本公司保留依法追訴的權利。
　　　廣東省食品進出口集團公司。
這是以公告形式製作的廣告，借助於報刊的印刷優勢，介紹詳盡，容
量巨大，取得了別種廣告形式難以替代的效果。
　　　一般來說，需要訴諸受眾的理性訴求，需要詳盡闡明被宣傳對象
的内容，或者專業性質較強等等的廣告，需要採用報刊廣告的形式。

二　廣播廣告

　　　廣播廣告以聲音作為廣告傳播的手段，廣告覆蓋範圍廣，靈活性
強，並且人人能懂。但是廣播廣告只能借助於聲音，沒有文字，也没
有影像，轉瞬即逝。因此廣播廣告的製作要以感性訴求為主，力求活
潑有趣，感染力強。在語言表現上要儘量口語化，增強生活氣息，使
廣告内容通俗易懂，容易記憶。由於廣播廣告轉瞬即逝，因此對重點
的内容要多加反覆。在宣傳形式上可以採用問答、對話以及相聲、廣
播劇等方式。例如：

　　甲：（猙獰地）我是陽光，我是灼熱無比的陽光，誰的皮膚受得
　　　　了我的曝曬？誰？誰——
　　乙：（輕蔑地）嘻嘻，哈哈……
　　甲：（惱羞成怒）你——不怕?!那就來吧！把你放在夏季的海灘
　　　　上曝曬、曝曬！把你放在毫無綠蔭的沙漠上曝曬、曝曬！
　　乙：嘻嘻，哈哈……
　　甲：你的皮膚怎麼還是這麼白皙？這樣細嫩？（怒吼）這是為什
　　　　麼？這是為什麼?!
　　乙：因為我有它——紫羅蘭防曬露。（紫羅蘭防曬露廣播廣告）
這段廣告採用擬人的對話方式，生動有趣，很好地利用了廣播廣告以
聲音來塑造形象，傳播資訊的特點，符合廣播廣告的要求，宣傳效果

是不錯的。

三　電視廣告

電視廣告集文字、聲音、動畫於一體，表現手段豐富，影像生動逼真，直觀性強，生活氣息濃郁。但電視廣告時效性強，宣傳內容稍縱即逝。電視廣告的製作必須充分注意各種表現手段之間的配合，使各種表現手段相輔相生，相得益彰。廣告語言要通俗明瞭，形象生動，情感性強。同時要與畫面生動配合，精當簡要，語句結構也可以大量運用省略的方式，使語言起到畫龍點睛的作用，切忌語言長篇累牘，喧賓奪主。例如下面一段電視廣告設計就相當成功：

一、畫面

1. 一個活潑可愛的小男孩側立在一片朦朧的菊花地中。男童手中舉一個紙風車，用嘴一吹，小風車立即嘩嘩地轉動起來。左上角疊印菊花牌商標圖形。

2. （慢轉）一個氣勢磅礴的大瀑布。

3. 鏡頭推向被風吹動的遊人的飄逸頭髮、裙子，在盡情享受大自然給人帶來的風涼。

4. 特寫鏡頭：小草被風吹動的畫面。

5. 切換為中景：一片大草原（草要較高），被風吹動的滾滾草浪，風吹草浪中露出白羊的頭。遠處出現纏著紅包頭的牧羊姑娘，表現出美麗清涼的大草原。

6. 鏡頭慢轉為漫山遍野盛開的野菊花大全景。

7. 切中景，一條小路兩邊開滿黃色的野菊花，兩個活潑可愛的孩子從遠處小山坡跑過來，女童頭戴野菊花的花環，小男孩手中拿著一個轉動著的紙風車。

8. 兩個小孩跑的慢動作，鏡頭最後推向小男孩手中的紙風車。

9. 一個字一個字地在第八個畫面上打出字幕：菊花電扇，風涼世界。

二、解說詞

自第七個鏡頭起配抒情優美動聽的女播音員配音：「清涼世界何時來，待到菊花開。」

第九個鏡頭用很有氣勢的男播音員加混響效果配音：「菊花電扇，風涼世界。」

三、音樂

第一個畫面，小男孩用嘴一吹，配小風車嘩嘩轉動的音響效果。

音樂慢轉為原上海電視臺製作的菊花電扇廣告歌曲：「清涼世界何時來，待到菊花開」的主旋律，加不同的變奏，要求優美、動聽⑧。

這段電視廣告設計將畫面鏡頭、語言與音樂巧妙地配合在一起，語言充滿詩意地點明了廣告宣傳的主題，非常具有表現力。

百事可樂公司創作的〈嫁給我，蘇〉廣告片也是成功的：

小鎮的居民正擠在街上看飛行表演，一邊喝著百事可樂，觀眾中有一牛仔和少女正含情脈脈地對視著，飛機飛過藍天後的噴煙留下「嫁給我，蘇」幾個赫然大字，少女蘇雙眸含淚頷首表示同意，牛仔激動地上前擁抱，這時一直洋溢著的主題音樂突然轉入高潮，唱出：

「來，嘗嘗看，

百事可樂掌握了，

百事可樂掌握了你的生活品位，

這就是屬於你我的百事可樂精神。」

最後訂婚場景中一對情侶高舉百事可樂的畫面驟然定格在螢幕上，旁白再次唱出：「把握百事可樂精神，將這股精神喝下去！」⑨

文字與情節相配，歌詞抒寫了百事可樂的精神，把握生活中的快樂，百事可樂帶給你快樂。

四　戶外廣告

戶外廣告統指那些設在戶外的廣告標誌，如路牌廣告，霓虹燈廣告，電子照明廣告，櫥窗廣告，車輛外表廣告，條幅廣告等。戶外廣告設置靈活，展露重複性強，而且往往面積大，字體醒目，光電手段等的使用更使廣告充滿了動感，感官衝擊性強。其缺點是不能選擇廣告宣傳的對象，廣告的傳載形式限制了廣告內容的儲量和創造力的發揮。因此，戶外廣告的製作要求文字簡潔醒目，儘量突出重點，在有圖畫的時候，注意文字與圖畫的搭配與佈置，使二者相互呼應。如：

　　　　勝風空調，一部真正美的空調。

這是一則標誌廣告，大寫的廣告詞呈波浪式的彎曲，海藍色的底色充滿畫面，隱隱看得見風吹的浪花。文字與畫面協調統一，表現了風吹海浪般的舒適、清爽與浪漫，而這就是勝風空調的格調與追求。

第四節　商業廣告語體形式

商業廣告可以根據不同的宣傳內容，不同的傳播手段及不同的訴求目的等而採用不同的語體形式，以取得最好的宣傳效果。不同語體的廣告的存在也增加了廣告表現的豐富多彩與活潑程度。日常廣告宣傳中，使用得較多的商業廣告語體形式主要有下面幾種：

一　說明體式

說明體式廣告以說明、簡介、論說等方式宣傳廣告製作者要表達的內容，如商品的結構原理、組成成分、性能狀態、獨出特徵、價格水平及帶給消費者的美好享受等，廣告語言表現以揭示內容為主，要求交代清晰，條理分明，重點突出。例如「盾」牌頭盔雜誌廣告就是代表：

　　　　「盾」牌頭盔性能優良、舒適、輕便、安全、美觀。用於摩
　　托車駕駛員及其乘員，在摩托車高速行駛時遮擋風沙雨雪，或遇

突然事故時，分散和吸收外部衝擊力，保護駕駛員和乘員的頭部不受外力直接瞬間撞擊，保證其人身安全。

「盾」牌頭盔由盔體、擋風面罩、束具三部分組成。

盔體是由四層合為一體組成的：外層由玻璃鋼材料構成，具有良好的鋼性、韌性、耐衝擊性，有隔熱、耐寒、防火的優點；第二層由十毫米厚的半硬聚苯乙烯發泡塑膠整帽襯作緩衝；第三層由六毫米厚的聚胺酯軟泡沫作減震；裏層由富於彈性、耐磨、光滑、舒適的尼龍綱作襯裏。

第二部分擋風面罩。由擋風罩、擋風板架以及支臂組成，可上下自由轉動九十度。擋風面罩開啟主要靠支承臂壓簧滾球，轉動靈活，平穩可靠。擋風板為凸面體，強度大、性能好，由於採用無色透明有機玻璃，透明度可達95%以上。

第三部分為束具。由護耳、帽帶、托腕組成，通過防銹處理的連接件鉚於盔體，具有固定頭盔正確位置和使人舒適的作用。

另外，「盾」牌頭盔主體構件全部採用彈性材料；與銀底藍字「盾」牌商標相配，造型美觀，大方。「盾」牌頭盔是廣大摩托車愛好者不可缺少的好夥伴⑩。

這裏從構造、性能、功用等方面來介紹了「盾」牌頭盔的獨出特點，清楚明白，優點突出，達到了廣告宣傳的效果。當然，有些廣告可以介紹得簡略一些，只說明商品的主要特點和效能，但要求是一樣的。

說明體式廣告還可以採用簡明的條目與圖表等表現形式。如：

廣東省**中國旅行社**
出門旅遊喜迎 2000 年

- 哈爾濱玉泉滑雪雙飛四天豪華團 3800 元逢周五
- 華東五市、周莊、靈山大佛雙飛六天 2060 元
- 昆明雙飛三天 2060 元
- 山東雙飛七天豪華團 3180 元

　　　　春節國內遊，現已接受報名

廣告以條目的形式說明了旅遊的路線、價格及交通方式等，清楚簡潔。

在說明體式廣告裏，文字解說、條目列舉與圖表等還可以同時使用，使宣傳內容更趨簡明。

二　對話體式

用對話表演形式來宣傳廣告內容也是廣告製作經常使用的方法。對話體式有說有和，有問有答，有的還有故事情節，活潑生動，為中國老百姓所喜聞樂見。對話體式廣告語言應儘量口語化、生活化、情趣化，避免使用專業術語、生僻詞語和書面長句。可採用形式包括戲劇、相聲、廣播劇、電視片等。

戲劇是廣大百姓喜聞樂見的大眾文藝形式，利用戲劇來作廣告宣傳活潑有趣，能引起老百姓的興趣。但要注意廣告內容要與戲劇本來的故事大體相合，語言也要與戲劇本身的要求相吻合。如四川成都彭縣羊羔美酒廣告就改用了著名京劇《空城計》中的片段：

（京劇探馬上場鳴鑼鼓）

探　　馬：報——啟稟丞相，司馬懿十五萬大軍離西城四十里安
　　　　　營紮寨。

諸葛亮：再探——哎呀，想我西城乃是一座空城，這便如何是
　　　　　好，噢噢噢有了，想我諸葛一生不曾弄險，惟有設下
　　　　　空城之計，方可騙過司馬懿，來呀——

老　　軍：丞相有何吩咐？

諸葛亮：命爾等速備琴棋設於城樓之上。

老　　軍：是——

諸葛亮：慢。再取羊羔美酒，擺設西城之外，準備犒賞司馬大
　　　　　軍。

老　　軍：這種羊羔美酒上哪兒弄去呀？

諸葛亮：老夫聽說成都彭縣羊羔美酒廠，已經釀製出這一傳統
　　　　　美酒。前日，老夫已命人採購回來，後營搬取。

老　軍：是。後營搬取成都彭縣美酒啊。

（一段京劇鑼鼓聲）⑪

這段廣告與劇情配合得十分巧妙，而且彭縣與劇情發生的地點也相近，容易吻合。

廣播劇、電視片等也屬於對話體式。如幸福牌汽車廣告：

（小汽車、摩托車。小汽車裏坐著日本女士和司機，賓館服務員開著摩托車。摩托車追小汽車，追上，急煞車）

服務員：對不起。

司　機：你為什麼攔我的車？

日本女士：先生，你是找我的嗎？

服務員：您是良子小姐嗎？這是您的手提包，剛才您把它遺忘在總服務台了。

日本女士：啊，真是我的，太謝謝您了。

（說日語：咦，您追我追得真快呀！）

服務員：哦，您沒看見我開的是什麼車吧？上海易初摩托車有限公司生產的幸福牌摩托車。

日本女士：啊，幸福摩托，真棒啊！

（摩托車聲漸遠，漸隱……）⑫

這段對白巧妙地誇讚了幸福摩托車的快捷優良，而且用具體的事例來作了印證。

三　詩歌體式

詩歌優美動聽，容易記憶，也是廣告製作者喜歡採用的宣傳體式。以詩歌形式作廣告往往是抓住宣傳對象的優美形象，所帶來的美好享受，所勾起的人們的美好情感等來做文章。詩歌體廣告也具有多種形式，如自由體詩、格律詩、歌詞、快板等等。《湖北日報》1992年5月10日登載的太陽神飲料廣告就是一首優美的廣告詩：

誰能沒有母親？

誰能沒有母愛？

母親是愛，是真，是溫暖，是歡樂，
　　是美麗，是柔情……
母親是一切。親情濃濃，恒久不變，
　　千言萬語，難以述說。
母親的目光每時每刻牽繫著兒女們的
　　足跡，
她用世界上最動人、最無私無悔的愛編織著你展翅
飛翔的夢；而當孩子們，闊步人生的時候，
白髮卻不知不覺綴上她的鬢間……

你有沒有發覺，
母親漸逝的青春已悄然開放在你身上？
　　你可曾懂得，
你最微小的心意於母親都是最大的喜悅？
而每一位孩子又有多少不經意的遺憾
　　呵……
表達愛心，現在正是時候。5 月 10 日
　　母親節，
洋溢愛心最美好的日子。

可能的話，5 月 10 日讓我們回家看看
　　媽媽，
讓我們輕輕地對她說：「謝謝您，媽媽！」
讓我們滿懷感恩之心，
捎去「太陽神」對天下母親的一片深情；
也捎去我們對每個家庭真誠的囑咐：
　　「當太陽升起的時候，我們的愛天長地久！」⑬

這首廣告詩寫得真切動人，從情緒感染上打動了受眾的心，喚起受眾用「太陽神」去關愛母親的衝動。這種純從情感上打動受眾的方法，

借助於詩歌形式得到了充分的應用。除此之外，詩體廣告還可以從形象、功效等方面來大肆渲染。如孔雀牌手錶廣告就是成功的例子：

孔雀——美的天使

像神音仙曲一樣美妙，

鳴奏著令人心馳神往的曲調；

像五彩雲霞一樣美麗，

抖開了彩扇般閃光的羽毛。

啊，孔雀！啊，孔雀！

你在夢幻中化作了精美的商標！

鳥屬孔雀美啊，錶屬孔雀好！

孔雀錶——

您的美色迷醉了多少愛情，

使渴求的戀人夢魂縈繞。

孔雀錶——

您的心靈贏得了多少知音

踏破鐵鞋也將您尋找。

你練就了一身「三防」本領，

精確的時間你掌握得最好。

四個第一是你的桂冠，全國名錶是你的驕傲！

孔雀是美的天使，

孔雀是吉祥之鳥。

孔雀錶是男女情侶愛的信物，

帶上它為你架起幸福的鵲橋；

孔雀錶是老年人吉祥如意的象徵，

帶上它使你賞心悅目福壽皆好。

啊，風流的小伙喲，

帶上孔雀錶顯得英俊時髦；

噢，漂亮的姑娘啊，

帶上孔雀錶美中又添幾分俊俏。

改革者帶上孔雀錶，

開拓中與時間賽跑，

將美好的生活創造；

致富人帶上孔雀錶，

認識時間就是金錢，

在廣開財路上爭分奪秒。

啊，飛吧，孔雀，飛遍江南塞北不落腳；

啊，飛吧，孔雀，

飛遍千家萬戶人人稱道⑭。

詩歌塑造了孔雀手錶的美好形象，從外表到性能、到孔雀錶帶來的美好，孔雀錶都散發著誘人的力量。

詩體廣告還可以採用中國傳統的快板等形式。如「蓋胃平」胃藥廣告：

說有個同志他姓馮，

三天兩頭犯胃疼，

有時他「哇哇」地吐酸水，

有時他緊皺雙眉臉色青。

這天，老馮又犯胃疼病，

捂著肚子直哼哼：

「哎喲，哎喲，哎喲喲！」

看樣子病得還不輕哪！

這時候，來了他的朋友「活廣告」，

這人的商品資訊特別靈。

「老馮，你這是怎麼了？

噢，不用說你又犯胃疼了！

正好我身上帶著一種藥，

你試試這藥品行不行。

來來來，給你四片含在嘴，

再倒杯熱水把藥沖。」

說著話，老馮把這藥吞進肚，

就覺得胃口發熱不再疼了；

老馮忙問：「這是什麼藥哇？」

「它就是力生製藥廠的產品蓋胃平。」⑮

這段廣告通俗易懂，妙趣橫生，生活氣息濃厚。

四　楹聯式

楹聯是中國傳統的文體形式，形式整齊，音韻協調。根植於中國文化中的商業廣告自然也非常喜歡以楹聯來作為廣告宣傳形式。幾乎所有的商家店鋪都要製作一些優秀的楹聯來宣傳自己的形象，或懸之於大門當道，或印製於宣傳畫冊，或奉之為企業宗旨。如：

(1)進進出出笑顏開，人人滿意；

　　挑挑選選花色全，件件稱心。　　　　　　　（某百貨店聯）

(2)茶亦醉人何必酒，書能香我不需花。　　　（北京萬和茶樓聯）

(3)客至必常熟，人走茶不涼。　　　　　　　　　（茶館聯）

(4)雖是毫末技藝，卻是頂上工夫。　　　　　　　（理髮店聯）

(5)良醫同良相，用藥如用兵。　　　　　　　　　（小診所聯）

(6)赤心迎來三江客，笑語送去四海賓。　　　　　（旅店聯）

(7)濃淡隨時著，深淺入時新。　　　　　　　　　（印染店聯）

(8)鵝黃鴨綠雞冠紫，鷺白鴉青鶴頂紅。　　　　　（印染店聯）

這些商業楹聯或者自讚形象，或者自誇手藝，或者關心客戶，都寫得精練而有風采，具有很好的商業宣傳效果。楹聯廣告還可以從各個方面宣傳自己所推銷的商品。如：

(1)片紙能縮天下意，一筆可畫古今情。　　　　　（字畫店聯）

(2)重量級的配備，羽量級的價格。　　　　　（三洋彩電廣告）

(3)有始有終服用，不知不覺年輕。　　　（蜂皇漿凍乾粉廣告）

(4)「冷」「靜」處世，清爽待人。　　　　　　　（空調廣告）

(5)出得名山大川，入得五星飯店。　　　　　　　（皮鞋廣告）

(6)看青山綠水明月，聽椰風鳥鳴泉湧。　　　　　（旅遊廣告）

廣告入木三分地概括了商品的種種特點，畫龍點睛地渲染了商品的長處，簡練而富有引誘力。

第五節　商業廣告語言技法

商業廣告的語言表現手法豐富多樣，它們對增強廣告的表現力與感染力產生了積極的作用。這裏，我們略舉一些常用的手法。

一　比　喻

比喻能夠生動形象地描繪宣傳對象的特徵，突出所宣傳對象的特異與美好之處，給受眾以審美享受，因此在廣告宣傳中得到了廣泛的運用。如：

(1)如雨滋潤，如虹豐美，

　　至善至美，虹雨精神 　　　　　　　　　　　（虹雨化妝品廣告）

(2)長虹紅太陽 　　　　　　　　　　　　　　　　（長虹電視廣告）

(3)音樂欣賞的樂趣主要在於臨場感，就好比品嘗剛採下的果實

　　時油然而生的那種新鮮的感覺⋯⋯

　　　　　　　　　　　　　　（松下電器：Te-Chnics 音響廣告）

這幾則廣告形象表現了商品的美質和給人的奇妙享受，比喻逼真。有時還可以運用連續性的比喻來描繪對象的特徵，如：

紅日宣言：創造輝煌。

紅日噴薄而出，以其博大壯麗的光焰普臨斯世，喚起人類理想的輝煌嚮往。

健康、安全、高效是世界性的燃具主題。多年來，我們在曙光熹微中默默探索：何以象徵著現代科技智慧的紅外線技術在家用燃具的應用上步履維艱？今天，一種全新的紅外線爐具終於破壁而出，爐頭上，用特殊紅外線材料製造的成千上萬個小孔中勃發的正似紅日的燦爛！中外專家拍手稱慶，或許，一場燃具革命將由此而起。

將光和熱奉獻，將理想與現實重組，我們導入 CI 的同時，廣州紅日燃具公司宣佈誕生，我們的企業理念從此得以整合和昇華：

紅日，願與時共進，創造輝煌。　　　　　（紅日燃具廣告）

創造輝煌、普臨、曙光、噴薄而出、燦爛等都是紅日的特徵，這裏用來描寫燃具，也貼切形象。

二　引　用

引用故事、傳説、詩文等加強廣告宣傳的説服力，也是廣告製作的常用方法。它能借引用的內容來襯托和印證廣告宣傳的對象，強化廣告的勸説力量。如蘭陵美酒廣告：

蘭陵美酒鬱金香，

玉碗盛來琥珀光。

但使主人能醉客，

不知何處是他鄉。

李白絶句千古傳誦，蘭陵美酒歷代傳芳。蘭陵美酒 1915 年獲巴拿馬博覽會金獎，曾遠漂日內瓦為國際會議帶去芳香，連年評為山東省優質產品，在國際首屆黃酒節榮獲一等獎。

蘭陵，蘭陵，天下揚名。　　　　　（蘭陵美酒廣告）

這裏用李白的詩來宣傳蘭陵美酒的美質，增強了廣告的表現效果。

三　對　偶

對偶是漢文化極具表現力的修辭方式，它結構整齊，音韻協調，正對則反覆突出，反對則對比鮮明，流水對則層進渲染，都能有效強調突出宣傳對象的特點和功效。如：

(1)還你一雙明亮的眼睛，送你一個清晰的視界。

（眼藥水廣告）

(2)寄走思念幾分，收到歡樂無限。　　　　（賀卡廣告）

(3)懸將小日月，照徹大乾坤。　　　　（眼鏡店廣告）

(4)不追求瞬間的光彩,只在乎真誠的奉獻。　　(空調機廣告)
這些廣告音韻優美,語意突出。

四　排　比

排比可以以相似的結構從多個角度、多個方面反覆述說宣傳對象的優點,反覆渲染宣傳對象的功能,取得述說清楚、淋漓盡致的宣傳效果。如:

(1)金星牌電視機,精心設計,精心生產,精心篩選,精心測試,金星精心,電視機的一顆明星。　　(金星牌電視機廣告)

(2)先鋒,「視聽唱」多重娛樂場,伴您全家歡暢陶醉過新年!
可以傾聽,可以聆賞,可以神遊,可以抒情,可以高歌,可以對吟……
先鋒鐳射影機,讓您仿佛在劇場,隨意悠遊。

(先鋒音響廣告)

(3)多麼清澄的海底,多麼絢麗的色彩,多麼自如的生命。啊,自然的色調,請看彩色電視機新力!　　(新力彩電廣告)

(4)影像更清晰鮮明,顏色飽和度更高,影像層次更豐富,為您提供更大的保障及信心。　　(膠捲廣告)

(5)茶的傳統,奶的營養,咖啡的口味。　　(速溶奶茶廣告)

(6)菜肴極佳:夠味;環境高雅:夠派;活動豐富:夠勁。

(北京飯店廣告)

這些廣告都從不同的方面述說了商品或服務的品質與美好,增強了廣告說服的力量。

五　反　覆

反覆通過重現的手法反覆強調宣傳的內容,增強廣告刺激的強度,而且一唱三歎,形成了內容與語音的迴環激盪。如:

(1)如意如意,盡如人意。　　(如意牌氣壓鍋式保溫瓶廣告)

(2)五華五華,傘中之花,五華五華,馳名中華。

(3)雙福，雙福，通向幸福，要想致福，請用雙福。

（雙福牌麵粉加工機械廣告）

(4)杏花酒，香又醇，飲酒請進杏花村，村中酒如泉，村邊花如蔭，酒香引得蜂蝶繞，四季總逢春。杏花酒，杯中斟，飲酒請進杏花村，家家釀玉液，戶戶擺金樽，酒香不忘清泉美，更因手兒勤。杏花酒，天下聞，飲酒請進杏花村，美酒敬英雄，舉杯迎送賓，酒香化作豐收曲，醉人不醉心。

（杏花酒廣告）

「如意」、「五華」、「雙福」反覆出現，既強調突出了產品的品牌，又強調了產品的「如意」稱心和帶給消費者的幸福。廣告四「飲酒請進杏花村」多次出現，強化了廣告的主題和杏花村人的熱情，產生了重章疊唱的效果。

六　設　問

運用設問，可以故意提出問題，突出重點，引起受眾的注意和興趣，對增強廣告宣傳效果同樣具有積極的作用。如：

(1)姑娘的新妝為何如此豔麗？
　因為染料中添加了螢光增白劑。
　書寫用的紙張為何如此潔白？
　因為紙漿中添加了螢光增白劑。
　洗滌過的衣服為何鮮豔如新？
　因為洗衣粉裏添加了螢光增白劑。
　魯西牌螢光增白劑，
　不會留下丁點斑痕。
　魯西牌螢光增白劑，
　美化著生活的各個領域。
　濟寧化工實驗廠生產，
　魯西牌螢光增白劑。　　　　　　　　　　　（增白劑廣告）

(2)「您要外形美嗎？那就請喝沱茶，它可以溶解血液中的油脂。」 (法國巴黎商店推銷中國沱茶廣告)

廣告通過自問自答的形式突出了所宣傳產品的功能，加深了受眾對產品的印象。

七　誇　張

廣告追求真實，但在不有意欺騙與誤導消費者的情況下，對廣告宣傳對象的某些特徵與效能進行恰到好處的藝術誇張，能夠有效突出廣告宣傳的對象，創造戲劇性的效果，給受眾留下深刻的印象。如：

(1)眼睛一眨，東海岸已變成西海岸。 (泛美航空公司廣告)

(2)你只需說「里茨」，連聾子也能聽見。 (國外里茨餅乾廣告)

(3)穿「米羅」的女孩，小心陷入愛河。 (米羅服裝廣告)

這裏對宣傳對象的效能極盡誇張之能事，給人的印象非常深刻。

八　頂　真

頂真語句連接緊密，語意順勢而進，具有環環相扣、前後呼應的效果，在商業廣告宣傳中，頂真還能步步突出宣傳對象不可比擬的卓越。如：

(1)人人愛好書，好書在海燕。 (海燕出版社廣告)

(2)補鈣關鍵在吸收，吸收最佳是龍牡。

不要讓孩子輸在起跑線上。 (龍牡壯骨沖劑廣告)

(3)世界愈來愈依賴電腦，電腦愈來愈依賴「斯切拉特斯」。

(軟體公司廣告)

(4)車到山前必有路，有路必有豐田車。 (豐田汽車廣告)

這些廣告突出了所推銷產品的優越，且聯繫緊湊，一氣貫通。

註　釋

①② 參見 MBA 必修核心課程《市場營銷》第 421、428 頁，中國國際廣播出版社

1997 年版。

③　參見曹志耘著《廣告語言藝術》第 23 頁，湖南師範大學出版社 1992 年版。

④　見註①，第 433 頁。

⑤　參見熊源偉主編《公共關係案例》第 157 頁，安徽人民出版社 1993 年版。

⑥⑦⑧　參見劉可編著《適用廣告寫作》第 198、27、27 頁，中國和平出版社 1997 年版。

⑨　同註⑤。

⑩⑫　參見楊柏、高振世編著《現代廣告語言藝術》第 170、221 頁，東北大學出版社 1994 年版。

⑪⑬　參見張道俊編著《廣告語言技法》第 138、115 頁，社會科學文獻出版社 1996 年版。

⑭⑮　同註⑩第 177、181 頁。

第十章／商業文書的語言運用

　　商業文書是指商業企業、商業服務業和商業社團等組織在進行商業活動中所使用的應用文體。商業文書的語言運用具有一般應用文的共性特點，在目的、內容和一些言語表達手段上跟一般應用文又有所區別，具有自身的個性特點。

　　商業文書廣泛運用於商業的書面言語交際之中，它對於實現企業、商業服務業、商業社團等組織相互之間，以及這些組織與公眾之間的訊息溝通，增進瞭解、改善關係，乃至實現商業目的都有重要作用。

　　商業文書的體式多種多樣，這裏主要談商業調查報告、商業工作總結、商業經濟合同、商業說明書、商業信函、商業簡帖等各種體式的語言運用。

第一節　商業調查報告

一　商業調查報告的含義、功用和種類

(一)商業調查報告的含義

　　商業調查報告，是商業人員針對現實商業經濟生活中的重要事件、典型問題或某一商業實務開展的情況、成績、問題，以及內部員工和外部公眾的心理意向等，進行深入周密的調查研究後寫成的有事實、有分析的總結報告。它是商業工作中經常應用的一種文體。

(二)商業調查報告的功用

商業調查報告的主要功用是：使企業領導部門瞭解市場動態、把握市場趨勢，以制定決策，並根據調查報告提供的資訊，預測和檢查商業決策的正確性；使企業組織通過與內外公眾進行雙向交流，爭取公眾的理解、贊同和支持；使企業組織把握公眾的輿論導向，瞭解民意，澄清是非，或總結推廣經驗，以利於創造良好的社會環境和發展氛圍，促進商業的全面開展，樹立企業組織在公眾中的良好形象。

(三)商業調查報告的種類

調查報告的種類很多，可以從不同的角度劃分出不同的類型。在商業部門的實際工作中，運用得較普遍的主要有四種：(1)總結典型經驗的調查報告，旨在總結某企業某方面的成功經驗、典型做法，予以推廣，例如〈運用公共關係促營銷──白雲山製藥廠調查〉。(2)揭露問題的調查報告，主要是揭露商品營銷活動中的弊端，開展批評，促進改革的商業調查報告，例如〈虧損企業的現狀不容忽視──關於南京市虧損企業的調查報告〉。(3)基本情況的調查報告，主要是對某一商業部門或企業的基本情況進行比較全面的調查，或者就某一問題對許多企業的情況進行廣泛的調查，並進行研究分析，為商業組織領導全方位掌握情況提供第一手材料，以便制訂計劃和採取措施時參考，例如〈力量，在這裏凝聚──重慶××可樂企業聯合集團的調查報告〉。(4)研究性調查報告，旨在瞭解某一特定商品市場或某類商品經營銷售的狀況，例如〈青島礦泉汽水在國內外市場的調查〉、〈蔬菜價格為什麼居高不下──關於首都蔬菜市場情況的調查報告〉等。

二　商業調查報告的語言運用

商業調查報告運用語言的主要要求是：

㈠簡潔明快

　　商業調查要敘述事實真相，使有關人員如實瞭解企業組織的社會環境和商業運行情況，看到商業活動中存在的問題，吸取經驗教訓，其內容必須真實，語言必須簡潔、明快。要做到簡潔明快必須多用常用詞、基本詞，不用艱澀難懂的詞語；多用短句、口語句，少用長句和書面語色彩濃的句子；慎用描繪之語，切忌堆砌華麗的詞句和運用渲染、誇張、言在此而意在彼之類的修辭手段，例如〈運用公共關係促營銷——白雲山製藥廠調查〉，除了專業性詞語，主要就是常用詞語、基本詞語；句子也簡明，沒多少描繪性的修飾語；也沒有什麼描繪性修辭格，顯得樸實自然、明快、清晰流暢。

㈡準確、鮮明

　　商業調查報告的價值在於客觀真實地揭示調查對象的具體情況，使企業組織和公眾瞭解真實事象，以便制定策略措施和爭取公眾理解、贊同和支援。同時，報告調查後的結論，觀點必須鮮明，決不能曖昧、含糊。因此調查報告的語言必須準確、鮮明。為了準確鮮明，詞語要用本義，忌用轉義；句意要明晰，避免歧義；運用數字要準確，不能有誤；可適當運用對比、引用等修辭手法，忌用雙關、反語之類的修辭格。例如：

　　　　過去在「左」的農村政策下面，農民「共同貧窮」。黨的十
　　一屆三中全會以後，農民生活得到了改善。河南農民的兩首民謠
　　說：「過去是泥巴房，泥巴床、泥巴囤裏沒有糧，光棍漢子排成
　　行」，現在是「住瓦房，穿滌良，一天三頓吃細糧，鳳凰落進光
　　棍堂。」靈寶縣過去最窮的山區鄉——張村鄉，那裏兩年前還是
　　「吃糧難」，現在都是奇蹟般地變成了「賣糧難」……

　　　　（〈衝破精神枷鎖，開拓農村商品經濟新局面——關於河南農村「兩戶
　　一體」的調查〉）

這裏用了對比手法和引用手法把觀點說得鮮明透徹，使表達有理有

據，令人信服，印象深刻。

調查報告具有新聞報導性質，語言在簡潔、準確、鮮明的前提下，也應生動活潑一些，因而可適當運用一些通俗的比喻，如上例「鳳凰落進光棍堂」，也可用一些群眾語言和民謠之類，如上例的兩首民謠，使調查報告具有一定的可讀性。

(三)結構有一定的程式

調查報告的結構，一般由標題、前言、正文和結語四個部門組成。

標題是調查報告的眼睛，它應確切、凝煉、新穎、醒目。標題一般用雙行式，即由正題和副題組成。正題揭示主題、觀點，副題指明調查的地點或內容，正題與副題之間用破折號隔開，例如〈運用公共關係促營銷──白雲山製藥廠調查〉；標題也可用單行式，即只有一個標題，單行標題有的表明主題、觀點，有的揭示調查對象、範圍、內容。例如，〈讓廣東的酒香起來〉、〈武漢市江漢區文渡橋百貨商店實行經營責任制的調查〉。

前言也稱開頭或導言。前言有的介紹調查的時間、地點、對象、範圍、目的，有的簡要闡述全文要點或主要成績和問題，它統攝全文，先給讀者一個總印象。前言用語要乾淨利落，簡明扼要。

正文是調查報告的主體，是詳細敘述調查結果和結論，包括調查到的主要情況、現狀、成績和效果，經驗教訓和問題，以及對調查結果的分析，對問題根源的探求和相應的對策與建議。為確保層次清楚，必須按一定的順序來寫。常用順序有邏輯順序和時間順序兩種。最好將提煉好的小觀點，用簡潔鮮明的小標題概括出來。例如〈力量，在這裏凝聚──重慶××可樂企業聯合集團的調查報告〉一文的正文部分分別用三個小標題揭示各層的主旨：

　　一、利益分配──首先考慮對方

　　二、產品質量──堅持統一標準

　　三、聯合原則──相互平等協商

這是按邏輯順序構織正文，全文顯得思路清晰，綱目分明，便於理解和接受。

結語是調查報告的結尾，是深化主題、強化訊息的不可缺少的部分。其內容多種多樣，一般來說是總結全文，提出規律性的東西，或者對發展遠景作出展望，鼓勵人們探索前進，或者點出尚存的問題，以引起將來注意等等。結語既要緊扣主題，又要與開頭呼應，使全文貫通，而且語言要簡潔利落，避免拖泥帶水。如下是例文：

運用公共關係促營銷
—白雲山製藥廠調查

梁　頌

廣州白雲山製藥廠十餘年間，從一個生產單一產品穿心蓮，年產值只有二十四萬元的小廠，躍升為能生產二百多個品種，年產值超過二億元的全國製藥行業數一數二的大企業，其騰飛有許多成功之道，這裏僅是對他們如何利用公共關係促營銷所作的一個調查。

白雲山製藥廠原來是「農」字頭的國營小廠，產品無人問津。但是，白雲山人以大膽開拓的精神，自行推銷產品，發展橫向聯繫。經幾年的努力探索，藥廠發展成獨立的生產經營型企業。在新的形勢下，白雲山人愈來愈認識到公共關係在營銷中的作用。在重視市場和技術資訊的同時，注重發展社會主義的公共關係事業。1984 年在全國工業企業中首先設立公共關係部，開展各式各樣的公共關係活動。其主要做法是：

一、動員全體員工開展公關工作，編織與社會公眾緊密聯繫的紐帶。該廠除建立情報資料室和市場科，創辦《白雲醫藥信息》，做好搜集資料、訊息交流工作外，還通過了郵購藥品的來往書信，同顧客進行直接的富有人情味的思想交流，並借分佈在全國各省、市的八百多個銷售網點，迅速地收集、反饋社會公眾的需求和意見，使工廠及時、準確地掌握了市場的訊息，為經營

決策提供客觀依據。在天津召開的全國醫藥供貨會上,一下實現了成交額九百萬元。

二、充分利用大眾傳播媒介樹立企業的形象。企業的形象固然取決於產品的質量,但質量的提高也有賴於形象的提高。白雲山製藥廠有專職人員與新聞單位聯繫,經常撰稿給報界、刊物,對採訪的記者一律熱情接待,主動如實地向記者反映情況,取得他們的理解和友誼。隨著企業各方面的出色工作,白雲山製藥廠的許多新聞見諸報刊、電視。藥品「感冒清」,是他們前幾年推出的良藥,一出廠就遇到某些傳統藥品的劇烈競爭,1978 年才賣出一千多片。隨著白雲山製藥廠大量的新聞和廣告宣傳,1984 年銷售八億多片,1985 年又躍到銷售十一億片,並且進入美國市場。

三、同文藝體育團體結良緣,擴大企業的影響。1985 年,獨具慧眼的白雲山人承包廣州足球隊,接著辦白雲輕歌劇團,在全國開「社會辦文體」風氣之先。白雲山製藥廠多次獨辦或贊助文藝演出、體育比賽,深化企業的影響。

四、爭取社會名人對藥廠的關注,提高知名度。名人權威不僅可以為企業的經營決策作出珍貴的提示,而且是社會公眾崇敬的對象,因此是最有效的宣傳部長。鑒於此,白雲山製藥廠與社會名人進行廣泛的聯繫與接觸。

有聲望的文體明星,具有獨特魅力,白雲山製藥廠大力爭取他們的支持。當藥廠聽說享有盛譽的東方歌舞團途經廣州,或者瞭解到中國女排將赴國外參賽,就前往住地送消除疲勞的新藥給他們試用,當明星們獲得療效時,白雲山製藥廠也受到了人們的稱讚。香港著名演員石慧到該廠參觀時,對感冒清藥瓶蓋的改進提出了很好的意見。這些名人絡繹不絕地踏上白雲山,又將感情帶出工廠,傳播到更遠的地方。

招攬社會上頗具名氣的離退休老藥師、研究人員、經濟師、管理人員組織顧問團,並給予優惠待遇。通過他們,工廠獲得珍

貴無比的醫藥資訊，溝通與研究部門和競爭對手的聯繫，這在很大程度上提高了工廠的知名度。由於多了這些行尊，也增強了公眾對藥品的信賴感。

（轉引自鄧乃行、曾昭樂：《秘書與寫作》，暨南大學出版社 1991 年 8 月版）

警惕商潮中的「權威招牌」
關於推薦商品活動的調查與思考

趙振宇　張振華

當計劃經濟向市場經濟轉軌變型時，我們正在學會或即將學會在市場經濟條件下按照國際慣例進行生產、經營和消費，這是一篇大文章。這裏，我們僅從消費者的角度出發，掃描一下當今市場上正在發熱的由「權威」組織掛牌的推薦產品活動。舉一反三，或許會給我們更多更深的思考。

7 月 2 日經濟日報：首屆中國保健品博覽會向全社會公眾鄭重推薦下列產品……

6 月 2 日工人日報：1992 年一季度國家監督抽查合格產品（請注意，刊登廣告的日期是 1993 年 6 月 22 日）；

6 月 17 日羊城晚報：中國家電協會向全國用戶推薦產品——三洋牌空調；

6 月 11 日人民日報：國家科委推薦採用宇球牌空氣離子切割設備（[91]國科農辦第 069 號文）；

6 月 3 日湖北日報：武漢市衛生防疫站公告、杭州娃哈哈……請消費者稱心選購、食用；

……

廣告的繁榮是市場經濟的一個標誌。廣告具有的傳播訊息、溝通產銷；指導消費、加速流通；鼓勵競爭、活躍經濟的作用，越來越被人們包括生產者、經營者、消費者所接受。但是，在上

述的廣告詞中，我們不難發現，廠家都借用了一個權威的組織的推薦作招牌（據我們所知，這樣的推薦單位目前已有十多家），可謂具有中國特色，在國務院下令禁止評優活動後，這樣的推薦活動又具有當今時代色彩。

眾說紛紜話推薦

楊文昌，現為某市消費者協會秘書長，他對「推薦」活動是這樣看的：

——我們搞推薦是根據中國消費者協會的有關精神而做的。消費者協會除了打劣，還要引導消費，這是我們的責任。「推薦」是要有一些費用，其價格不等，由廠家出。像消協這樣的群團組織沒有經費來源，一般渠道有三，財政撥一點，工商局給一點，再就是企業贊助一點。

消協這幾年為消費者做了一些工作，有了知名度，所以，企業就找上門來了。企業除了付擔必要的檢查、宣傳費用外，還需交五千元保險金，一旦產品出了問題，我們可以先行給消費者以賠償，如無賠償，到期就將這保險金歸還給企業，消協通過新聞媒介推薦名優產品，這一主觀願望是好的，但實際效果還要看一段時間再說。但從總的情況來看，這一活動還是對企業有好處，對消費者有利。

黃忠韻，現為某市質檢所所長。他對「推薦」活動是這樣講的：

——推薦公告裏都說有個質量類的報告，但這種報告嚴格來說，只是一種即時即刻的報告。質量是一個動態的變數指標，不是一勞永逸的。要經常實行監控，這樣的質量檢測才有一定的可信度。我們質檢所一般出具這種我們既不能實行監控，又不能進行好管理的產品報告書。只有這樣，才能更好地體現了我們所的宗旨：公正、科學、權威、監督、服務。

——我們不贊成那種千篇一律的無個性特色的推薦。如果要

搞，我想推薦的辦法有兩種：群衆評選、質檢部門的檢測。最好是將這兩種辦法結合起來。而且，這裏面的所花費用應由有關政府部門承擔，根本不必與企業發生聯繫，這樣就可以保證評選的可信性。

當事者的說法

邢玫玫，一位剛從天津輕工學院食品專業畢業兩年的年輕潑辣的女經理。現為深圳奧得集團武漢奧得食品有限公司經理，她對「推薦」的看法是這樣的。

——我覺得搞這種推薦活動很好，像我們這次在武漢所搞的活動吧，一是讓消費者知道我們的「必是」產品；二是我們自己也願意在市場上樹靶子，讓消費者監督我們的產品。在廣告上捨不得花錢的經營者不是一個合格的經營者，不會動腦筋做好廣告並不是一個成功的經營者。「必是」去年五月進武漢，當年就銷售一千多萬元，今年估計將達到三千五百萬元。為了擴大銷路，就是借錢我們也要做廣告，今年上半年的廣告經費就達到一百六十萬元。

——「必是」產品在設計階段就開始做廣告，讓廣大的消費者心中有個懸念，想早日見到這個產品，所以，一當產品上市時，由於消費者早就接受了你，就能夠一炮打響。在很多城市，「必是」產品都出現了供不應求的現象，在南京，更出現了一些商店貼出公告：今日本店無「必是」。

杜明德，一位作風穩健而不乏主見的供銷部門主管，現為武漢貧民製藥廠供銷公司副經理，他就承認那些搞推薦活動廠家的主見高明，他說：

——應該承認利用權威組織搞推薦活動的廠家是非常聰明的，問題是有關機構出面不好，由此會帶來一些副作用。俗話說，酒好也要靠吆喝。推薦一種產品一定要以可靠的質量為前提條件，不然就是對消費者的不負責任。

霍供升，天津帕瑞特食品有限公司銷售部駐某辦事處經理，是一位能幹的北方女性，她對「推薦」活動是極為支持的，她對我們說：

　　──我們「華旗果茶」這次搞了這個推薦活動，總部覺得很好，實際效果也不錯，市場反映、銷售回款也都很好。

　　「華旗果茶」去年十月才進入江城市場，剛開始，江城人民對「華旗果茶」的山楂口味不太適應。我們做廣告的方式是通過有關的銷售網點，大力介紹這種產品特性，讓消費者品嘗，江城人民漸漸接受了「華旗果茶」的口味。作為被推薦產品的生產單位的經營代表，我以為，讓自己的產品在市場接受消費者的監督，是一種很正常的需求。我們對推薦活動是積極支持和踴躍參加的。

推薦活動何處去

　　企業靠什麼走向市場贏得生存和發展？靠金牌、銀牌，靠領導人的捧場、讚譽，這顯然是不行的，靠一些評比、推薦也許可以行銷一時，但如果不從根本上去「提高質量，優化結構、增進效益」，即使得到的效益也是一種水中月，鏡中花，難以長久的。應該說，有了推薦的名牌，有了評比的榮譽，這僅僅是有了一張進入的門票來抬高身價，而消費者不予理睬，到頭來還是自砸招牌。武漢商場服裝城對入場經營的廠家，要求經營的產品具有質檢部門的質檢報告，每季度還要對其經營效益進行考核，銷售額排名後十位的廠家被請出商場，這樣對消費者的權益進行了有效的保護；同時也說明，消費者的購物取向也是對廠家產品的考評。

　　聰明的企業家在國家停止評優活動後迅速抓住了「推薦」這塊牌，來勢之猛，所料不及。但是，「推薦之風還會颳多久？」「推薦」之後還會展現什麼新招──我們考慮好了麼？

　　中國青年報6月29日以「不給八千元，反丟了八千萬──

這水忒深，這道忒黑，這招忒霸」為題報導到，華旗果茶集團因為沒有理《消費指南》的一個活動，（這活動要求廠家交八千元），結果大禍臨頭，硬是給人家整慘了丟了八千萬，那雜誌某副總編居然聲言：當初通知你們，你不來找我，不就八千元嗎？想砸你們牌子還不容易？這給我們一個什麼啟示呢？

市場經濟體制的建立要求政府職能加快轉換，政府各職能部門如何按照市場的客觀規律要求，運用好經濟政策，經濟法規，計劃指導和必要的行政管理，引導市場健康發展？社會群團是黨和政府聯繫群眾的紐帶和橋梁。在市場經濟的條件下，如何按照國際慣例在法制與道德的軌道上開展各項有益的活動，取信於民，服務於民，有益於民？

第二節　商業工作總結

一　商業工作總結的含義、功用和種類

商業工作總結是對商業企業過去在某一階段的工作或某一次任務完成的情況，進行回顧、檢查和分析，評價其成敗得失，獲得規律性的認識，以指導今後工作的一種應用文體。商業工作總結在商業工作中用得相當廣泛和頻繁，作商業工作總結是商業工作者經常性的工作之一。

在工作實踐中，不斷總結工作具有重要意義，對此，毛澤東先生曾有深刻論述，他說：「人類總得不斷地總結經驗，有所發現，有所發明，有所創造，有所前進。」商業工作總結的功用主要是：企業領導部門通過總結可以全面系統地瞭解工作情況，統一思想，提高認識，以促進工作的開展；上級領導機關可以通過總結瞭解下屬企業單位執行黨和國家的方針政策情況，完成各項任務情況，以及工作中的經驗、問題和失誤，以利於指導工作；通過工作總結將企業的成功經驗公之於眾，對於提高本企業的知名度和美譽度具有良好的作用。

工作總結可以分成不同的種類，商業工作總結最常用的是綜合工作總結和專項工作總結，前者用於全面總結企業某一段時間內的或常規工作，包括基本情況、成績經驗、缺點教訓和今後改進意見等方面，例如××百貨公司 1996 年工作總結；後者用於對企業一項工作或某一方面的問題所進行的專門總結，例如廣東健力寶有限集團公司1987 年所寫的〈瞄準信譽投資，開拓中外市場〉。

二　商業工作總結的語言運用

　　商業工作總結運用語言的基本要求是：準確、簡明、樸實。

　　準確，主要是用詞要掌握分寸，不誇大，不縮小，語義精確，不用含糊不清、虛而不實的詞義；主要使用詞的本義也可正確使用詞的轉義；恰當使用模糊語義。

　　簡明，就是簡潔明瞭，不含糊，不囉嗦，不拖泥帶水，不講空話、套話，詞語要精煉，句式要簡潔，避免產生歧義與誤解。

　　樸實，就是樸素、平實、莊重，不堆砌絢麗的辭藻，不對所寫的事物的過程和情況進行渲染、描寫，也不宜使用誇張、擬人、雙關、反語等修辭格。

　　商業工作總結的結構，一般由標題、正文、落款三部分組成。

　　標題。總結的標題有兩種：一是公文式標題，一般由單位名稱、期限或內容和總結種類所組成，例如〈××大廈××××年商品銷售工作總結〉，綜合總結一般使用這種標題；二是自由標題，題目不拘一格，靈活多樣，或概括經驗內容或表明觀點，例如〈我們商場是怎樣開展微笑服務的〉，專題總結大都用這種標題。

　　正文。正文是總結的中心部分，一般由開頭、主體、結尾三部分組成。開頭是概括基本情況。主要交代總結涉及的時間、地點、單位、簡單經過，簡述計劃目標的完成情況，說明工作背景等。這部分文字要簡明扼要，切忌空論、囉嗦、不知所云，主體是總結的核心，評述成績、經驗、問題和教訓。這部分內容比較多，一般要分若干段落，採用「列點式」按層次加數字序號和小標題，以顯得層次分明，

條理清晰。結尾主要是提出今後的工作設想和建議，指明努力方向。這部分文字宜概括簡潔。

落款。落款包括具名與日期兩個內容。

如下是例文：

瞄準信譽投資　開拓中外市場

　　首先感謝各級領導和在座各位同志對我們的信任。在這裏向大家彙報一下，我們廣東運動飲料（健力寶）有限公司，在抓企業信譽投資工作，利用宣傳媒介傳播訊息，為企業創造良好的外部環境，為產品開闢了廣闊市場方面的一些情況。

一、明確思想

　　企業信譽投資工作，形式多種多樣。主要有刊登廣告，贊助各種具有影響力的社會活動，散發宣傳紀念品等。而這些都是企業通過付款形式，把產品或勞務的資訊，有計劃地傳送到各種可能的顧客中去，以增加信任和擴大銷售的途徑和手段。這與本來意義上的宣傳的差別，就在於「付款」。

　　企業的各種宣傳形式，目的都是提高產品形象，促進營銷的活動，但其效果是一時難以確切測算的。因而，不少的幹部職工，對這種花大筆錢去做效果一時說不清楚的宣傳抱懷疑的態度，甚至引起好些非議。例如，去年我們以二百五十萬元重金獲得第六屆全運會專用飲料的專利權，就惹起不少流言蜚語，輕的說我們缺乏經濟頭腦；重的說我們肆意揮霍國家資金。又如，有時我們作為贊助單位的代表，出席某些重大的社會活動，在報刊顯名，在螢光屏上露面，就會惹起某些人的議論，說我們拿公家的錢去買個人榮譽，為個人出風頭等等。

　　這種錢到底該不該花？我們從兩個方面統一幹部職工的思想：

　　一是從認識上使幹部職工明確企業信譽投資的重要性和必要性：

……

二是通過自身以往的營銷工作的教訓，轉變幹部職工的保守觀念。

……

二、千方百計求取最優的宣傳效果

既然企業的宣傳是付款形式促進營銷活動，我們付出了錢去搞宣傳，如何才能求得最好的宣傳效果呢？在實踐中，我們主要抓了以下幾條措施：

1. 明確宣傳的規模。

……

2. 根據產品的特點和心理開展宣傳。

……

3. 宣傳要把握機遇。

一個人要成名，除了本身具有足以成名的潛質外，還得把握適當的機遇。一個產品要成名亦然。1984 年 4 月，我們從廣東省體委魏主任那裏獲悉，亞洲足聯將於五月初在廣州白天鵝賓館開會。我們想，這是一個大好機遇，假如能把我們的健力寶拿到白天鵝的亞洲足聯會議桌上，讓各國體育專家品嘗，健力寶的聲譽便有可能一炮打到國際上去，更為健力寶進軍八月份的洛杉磯奧運會創造條件。而當時我們的健力寶才剛剛研製出來，連包裝罐也沒有。為了把握這個大好時機，在廣東省體委的支持下，我們決定搶時間、爭速度，把配料運到深圳去，租借某廠的灌注設備進行罐裝。結果，亞洲足聯的專家們品嘗後作出較高的評價，為我們的健力寶獲取進軍洛杉磯提供了信譽保障。

4. 宣傳的方式要靈活多樣。

我們的宣傳，雖然重點以體育界為媒介，但我們是十分注意宣傳方式的靈活多樣的。我們認識到，我們的產品的消費對象並不局限於某一種類型、某一個層次。我們的基本方針是，圍繞宣傳的目的，對不同的消費對象採取不同宣傳方式，也就是說宣傳

力求具有針對性。譬如，針對青年人愛旅遊的特點，我們除在《黃金時代》、《中國青年報》等青年人的報刊上登載產品訊息外，還通過實物贊助日本青年訪華旅遊團，組建健力寶輕音樂團，以及發放健力寶手提旅行袋等形式進行宣傳；針對曾一度興起的武術熱，我們的健力寶便又出現在嵩山少林寺；針對老年人的喜好，我們採取了贊助老年人運動會，成立健力寶粵劇團等形式開展宣傳；針對少年兒童的特點，我們通過在遊樂場建造模型廣告標誌，贈送紀念章、紀念衫、健力寶電動玩具，傳唱健力寶兒童歌曲等方式去達到我們的宣傳目的。此外，還有錄影、櫥窗、畫冊、戲劇、影視等等。

5. 宣傳要內外結合。

說的是既要把國內的宣傳搞得有聲有色，也要爭取儘快把產品資訊傳播到國外市場去。這是企業從內向型轉向外向型的必由之路。

洛杉磯奧運會為健力寶的國外宣傳開了個好頭，但這僅僅是一齣戲的序幕，我們該怎樣把下面的場次演活，使之精彩百出，直到掀起高潮呢？根據我們企業的目的和所具備的條件，我們採取了以下幾條途徑，以進一步擴大產品資訊的在國外的影響範圍。主要是通過中國女排等國家體育代表團把產品帶出國外去，在重大比賽中飲用；通過與外商建立國外經銷點，他們也作多種形式的宣傳；通過來訪的外賓和華僑港澳同胞；通過國外的商品展覽會等等。

三、可測算的宣傳效果

據統計，僅去年，我們便進行近百次宣傳廣告活動，並成立了七個以健力寶命名的文化體育隊伍和群眾團體，支出的宣傳費用為銷售總額的 4.5% 左右。宣傳的範圍，上至地球之巔——中國登山隊把健力寶帶上了納木那瓦峰；遠至地球之邊緣南極；深達幾千米的海底。

宣傳的效果怎樣呢？

健力寶問世以來，先後獲得了一系列崇高的信譽，諸如：全國輕工業優秀新產品獎，全國最佳運動飲料評比第一名，全國體育科技進步獎一等獎，廣東省優質產品獎。健力寶在全國十五家大百貨商場推薦的 1986 年最受消費者歡迎的飲料的評比中名列前茅，也是入選飲料中唯一的液體飲料。健力寶被定為國宴飲料，被國際朋友稱為「革命的中國魔水」，被中國登山協會譽為「登山飲料之冠」。國際舉聯主席建議全世界所有的舉重運動員只飲健力寶等等。

　　健力寶問世以來，各種報刊登載讚譽健力寶的通訊報導和文藝作品達三百多篇，其中國外的《世界時報》、《美洲華僑報》、《南洋星洲聯合晚報》等報刊上有三十多篇。慕名到廠參觀的客人，僅去年便超過一萬人次，其中國外的有來自美國、英國、加納、日本、義大利、西德、波蘭、加拿大、葡萄牙、朝鮮、新加坡、泰國、菲律賓等二十多個國家，要求設立經銷代理的商人和要求合作或設分廠的廠家，國內有北京冠華食品廠等十多家，國外有日本旭日世界公司等。

　　……

　　健力寶問世短短三年間，所取得的成績和榮譽，所展示的美好發展前景，不就充分說明，我們所進行的大規模的信譽投資，已經取得了大規模的收穫嗎？

　　全國人大常委會副委員會長賽福鼎同志為我們題詞：「為振興中華體育運動飲料而努力！」

　　中央顧問委員會秘書長榮高棠同志為我們題詞：「努力為中國運動飲料事業做出新貢獻」。

　　國家體委副主任徐寅生同志為我們題詞：「健力寶要爭國際運動飲料金牌。」

　　這些都是上級領導對我們的鼓勵和要求，同時，也正是我們今後的奮鬥目標。今後我們將總結經驗，把企業的信譽投資工作進一步搞好。

最後，再次感謝各位領導和在座的各位同志，在這裏為我們安排了一次難得的免費的宣傳廣告機會。

廣東健力寶有限公司
1987 年 4 月
《健力寶文集》第一集

第三節　商業經濟合同

一　商業經濟合同的含義、功用和種類

㈠含義

合同是一個法律用語，舊稱契約，是兩個或兩個以上當事人相互明確某種權利義務關係而簽訂的書面協議。經濟合同是合同中使用最多的一種。商業經濟合同是商業法人之間為實現一定的經濟目的、明確相互權利義務的文體。

㈡功用

經濟合同是商品經濟發展的產物。它隨著商品經濟的產生而產生，也隨著商品經濟的發展而發展，是商品交換關係在法律上的表現，受到國家法律的承認和保護。1981 年 12 月 13 日頒佈的《中華人民共和國經濟合同法》是擬定、簽訂經濟合同的法律依據。

商業經濟合同的主要功用是：政府通過商業企業對經濟合同的簽訂，借助經濟手段對企業經濟活動進行了監督和間接的宏觀控制，引導企業向良性發展；經濟合同是運用經濟手段與法律手段來管理經濟活動的產物，對簽約雙方都有經濟上和法律上的極強的約束力和促進力，必然促使對方改進經濟管理，強化經濟核算，因而必然促進經濟效益的不斷提高；經濟合同要求企業之間關係平等，合同簽訂雙方都

要履行合同所規定的義務，從而有利於企業在市場經濟中公開地、平等地、競爭地發展。

㈢種類

經濟合同按不同的分類標準可劃分出很多種。如果按合同的內容分：購銷合同，建築工程承包合同，加工承攬合同，貨物運輸合同，供用電合同，倉儲保管合同，財產租賃合同，借款合同，財產保險合同，科技協作合同等十種。如果按合同的形式分，有條款式合同，表格式合同。如果按時間分，有長期合同，中期合同和短期合同。這些類型的合同在商業經濟領域中都有使用。

二　經濟合同的語言運用

經濟合同語言表達的主要要求是：

㈠精確嚴密

經濟合同是憑證的文書，具有法律嚴肅性和經濟實效性。當事人必須全面履行合同規定的義務，任何一方不能擅自變更或解除合同。這樣，合同的語言必須概念精確、科學嚴密。精確就是恰切如實地表達當事人的要求，不使用歧義、多義、含糊的詞句，標點符號都不能用錯；嚴密就是嚴整周全，內容無遺漏，語言無懈可擊，只有這樣，才能避免不必要的糾紛。

語言表達要做到精確嚴密，用詞造句必須規範，數量、時間、地點的表達尤其要注意準確，不能模稜兩可，例如「在正常情況下，乙方拒不交貨，應處以貨物總額20%的罰金；質量不合，則重新酬價；如逾期交貨，則每天處以貨款 5%的滯罰金。」這裏的「正常情況」、「數量不足」、「逾期交貨」都是罰款的前提條件，不能遺漏，20%、5%非常精確。既不能籠統地說「處以罰金」，也不要在「20%」、「5%」之後加「以上」、「以內」之類的詞語，否則難以執罰。商品的數量也須寫得準確，合同中不能出現籠統含糊的數字

「一堆」、「一套」等，交貨數量也不能隨便使用「約」字。計量單位也要明確，例如，是斤還是公斤，是噸還是公噸，尺還是米都易產生糾紛，不能寫錯，也不能含混。雙方履行義務的時間界限，也必須寫得具體、準確，例如財產租賃合同、借款合同的起止時間，都不能含糊，如果不是實際日期的，其界定應用「以前」、「以內」，而不能用「以後」，也不能用「盡可能在」，否則可能招致很大損失。交貨、運貨地點也必須寫明。據說，凌源某公司向大慶某企業購買總金額十二萬元的水泥，由於合同中沒有寫明交貨地點，需方認為應在凌源交貨，而供方理解為在大慶交貨。結果，合同糾紛長期得不到解決，雙方都蒙受了經濟損失。此外，付款方式是匯款方式、還是托收方式或信用證方式，也必須寫得明確、周全，以避免在執行過程中產生糾紛。

(二)簡潔清晰

為了便於簽約雙方理解、執行和檢查，經濟合同的語言還必須簡潔清晰。簡潔就是詞精，字少，含意豐厚；清晰就是條理清楚，層次分明、意思明白，不能模棱兩可，以避免合同內容含混不清。例如：

(一)系統設備的供應範圍

　　(1) FACOM M-140F 電腦系統；

　　(2)軟體；

　　(3)備件；

　　(4)維護用工具、儀器；

　　(5)電源設備；

　　(6)消耗品。

　　系統的業務處理範圍是非軍事目的的，其詳細內容和方式詳見附件 I。

　　本系統設備型號、軟體內容、數量、價格詳見附件 II，硬體設備規格詳見附件VII。

(二)系統技術支援及訓練實習的範圍

詳見附件 V 和附件 VI。

(三)合同金額

FOB 日本東京國際機場價格：US$200,879.00。

上述金額包括下列項目費用：

(1) FACOM M-140F 電腦系統；

(2)軟體；

(3)備件；

(4)維護用工具、儀器；

(5)電源設備；

(6)消耗品；

(7)一般技術資料、維護技術資料：

(8)培訓及支援。

(四)交貨日期及交貨地

貨物名稱	交貨日期	交貨地	目的機場
FACOM M-140 電腦系統軟硬體 軟體 維護用備件 維護用工具、儀器 電源設備 消耗品 技術資料	1983 年 4 月以前	FOB 東京國際機場	上　海

(五)生產國及製造廠

日本國富士通株式會社等

(六)嘜頭（mark）

賣方應在每個箱子上清楚地標明「毛重」、「淨重」、「箱號」與「體積等」，還要注明「勿使受潮」、「小心輕放」、「此端向上」、「潮濕注意」、「取報注意」等中文、日文字樣和有關標誌及下列嘜頭：

　　……

（轉引自路桂湘編著《經濟管理應用文·訂貨合同》）

這是這份訂貨合同中的一部分，句子短小，簡明扼要，沒什麼附加修飾語，更無多餘的話。條款按序排列，一一列清，條理清楚，且用表格分類分項編排，有條不紊、一目了然。這是經濟合同中十分普遍的表達手法。

㈢結構完整

經濟合同如上所說，從形式上劃分，主要是條款式合同和表格合同。其結構格式是：開頭、正文和結尾。

1. **開頭**。開頭包括：

(1)標題。標題主要提示合同的性質，例如：〈 訂貨合同 〉、〈 委託加工合同 〉等。標題寫在經濟合同第一行居中的位置。

(2)合同編號。合同編號是根據合同管理的需要而填寫的。每個企業單位都有統一的編號，以便進行電腦合同管理。

(3)當事人，即在合同標題下面標明「訂立合同單位」或「訂立合同人」，分別寫上訂立合同雙方單位的全稱或個人名字。為了行文簡便，並用括弧標明簡稱一方為甲方（ 或買方，需方 ），另一方為乙方（ 或賣方，供方 ）。樣式如：

> 訂立合同單位　×××（ 甲方 ）
> ×××（ 乙方 ）

簡稱確立後，注意在後面行文中不要混淆。

2. **正文**。正文是合同的主體部分，其內容包括：

(1)簽訂合同的緣由，主要交代簽訂合同的依據或目的，一般可以這樣寫：「 茲因需方向供方訂購下列商品，經雙方協議，訂立本合同如下 」，「 為了……，根據……的規定，……雙方經過充分協商，特訂立本合同，以便共同遵守。 」

(2)雙方協議內容。這是合同的最重要的部分，要將協商一致的內容逐條列出。

(3)雙方應負的法律責任和經濟責任。

(4)合同的附件，如表格、圖紙、樣品等的名稱和份數、頁數。

3. **結尾。**

(1)落款。寫明合同雙方單位全稱和法人姓名，並簽字蓋章。如需上級機關審批，就要寫上雙方上級機關的名稱和意見，並加蓋印章。

(2)日期。簽約合同日期。

(3)附項。寫明當事人的地址、郵遞區號、電掛、電話、電傳、圖文傳真、銀行帳號等。

如下是例文：

購銷合同

立合同人：百花果品公司（簡稱甲方）

新興果場（簡稱乙方）

為了繁榮市場，保證果品供應，甲乙雙方代表經過平等協商，訂立如下合同，以資共同信守。

一、乙方向甲方提供八成紅糯米荔枝共 2 萬斤，其中一級二級各半，即每種一萬斤。一級每斤 2.6 元，二級每斤 2 元，總貨款為 4.6 萬元（人民幣）。

二、乙方於 1992 年 7 月 25 日用汽車直接運往甲方所在地，運費由乙方負擔。荔枝用二皮蔑竹籮包，每只籮計價 2 元，由甲方負擔，乙方以 4 折回收舊竹籮。

三、甲方過秤驗收後，於 3 天內通過銀行託付全部貨款及包裝籮費。

四、在正常情況下，乙方拒不交貨，應處以貨物總款 20% 的罰金，數量不足則按不足部分的貨款 20% 處以罰金，質量不合，則重新酬價，如逾期交貨，則每天處以貨款 5% 的滯罰金。

在正常情況下甲方拒不收貨，則處以貨款總數 20% 的罰金；逾期付款，則每天處以貨款 4% 的滯罰金。

如因自然災害或特殊情況雙方不能履行合同時，應提前 20

天通知對方，並賠償對方 10% 的損失費。

五、合同一式三份，甲乙雙方各執一份，鑒證機關一份。本合同自簽訂之日起生效，至雙方義務履行完畢之日失效。

甲方：百花果品公司　　　乙方：新興果場

代表：王永洪□　　　　　代表：楊家昌□

開戶銀行：××市工商銀行　開戶銀行：××縣農業銀行

銀行帳號：0003805　　　銀行帳號：00514

地址：××市大德路 55 號　地址：××縣附城區新興果場

電話：3385688　　　　　電話：×縣總機轉本場

鑒證機關：×縣工商行政管理局

（轉引自曹日暉等《現代經濟寫作》）

委託加工合同

見次頁表。

委託加工合同

簽訂日期： 年 月 日

委託單位： 　　加工單位： 　　編號：

經雙方協商簽訂本合同，並共同信守下列條款：

品名	規格	計量單位	數量	單價(元)	金額(元)	交提貨日期

合計金額（大寫）：

質量標準：

加工供料規定、單耗：

驗收方法：

包裝及費用負擔：

交貨方法、地點及運輸負擔：

貨款結算方法：

經濟責任：

附則：

說明
1. 本合同規定的内容雙方必須全面履行，不得單方任意修改。如一方因故需要修改、中斷、廢止，應經雙方協商同意另立協定。
2. 本合同由於企業本身原因不能履行合同，責任方要負責賠償經濟損失，按國家有關規定執行。
3. 本合同正本二份，雙方各執一分，副本 份送雙方業務主管部門、鑑證機關。
4. 合同有效期：自 年 月 日 至 年 月 日。

委託單位：	加工單位：
代表人：	代表人：
地址：	地址：
電話：	電話：
開戶銀行：	開戶銀行：
帳號：	帳號：

委託單位主管部門 審核：　　　日期：	加工單位主管部門 審核：　　　日期：	簽證機關：　　　簽證日期：

第四節　商業説明書

一　商業説明書的含義和功用

㈠商業説明書的含義

商業説明書是商業組織向公眾介紹本組織或説明産品、情況的應用文體。它主要運用説明的表達方式對事物進行詮釋、介紹，而不是運用記敘、描寫、議論和抒情等手法。

㈡商業説明書的功用

商業説明書具有很高的使用頻率和良好的公關宣傳功能，為商業企業組織廣泛使用。其主要功用是：可使公眾瞭解認識本組織的歷史情況或現狀、能力，從而對其理解、信任、支持和合作；可使公眾認知、熟悉產品的性能、構造、用途、優缺點或者使用、保養、保險和退換等事宜，從而對其產生購買欲望或購買行動；可為科技人員提供科技情報，以利於設計新產品時參考借鑒。

二　商業説明書的種類

商業説明書主要有如下三種：

㈠商業企業説明書

商業企業説明書是向公眾介紹本組織情況的説明性文字，其任務是介紹本組織的歷史和現狀、組織機構、實力、經營特色、經營業績和組織理念等，使公眾對其有基本而概括的瞭解，贏得公眾的理解、信任和支持。其基本格式為：標題、正文和附項。標題，通常用企業名稱為題，也有在企業後加上「簡介」的字樣的。正文，一般包括基本情況，企業發展簡史、企業精神和優良傳統等內容。附項，主要包

括企業地址、郵編、電話和傳真，電報掛號、負責人、聯繫人等，以方便公眾的聯繫。例如：

浙江永通染織集團有限公司
董事長兼總經理　萬愛法

　　浙江永通染織集團有限公司係國家大型企業，「浙江省外貿五十強企業之一、紹興縣小人巨型企業」，是集紡織、印染、印花、服裝、機繡、建築、裝潢、經銷、外貿於一體的綜合性、外向型、多元化的集團企業，集團擁有自營進出口權。總部坐落在風景秀麗的紹興縣錢清鎮104國道旁，交通便利，通訊發達，地理位置得天獨厚。目前集團擁有浙江永通染織廠、紹興縣紡織服裝廠、永通集團印花廠、永通集團外貿分廠、永盛實業發展公司、強興縣染料化工廠和永通集團對外貿易中心等十大核心層企業實體。

　　集團組建於1995年8月（前身是錢清鎮染織廠，創建於1989年8月），擁有固定資產3.8億元，職工三千多人，占地面積達三十多萬平方米，公司主要生產設備有紡織、染色、漂白、印花、服裝、機繡、化工等三十幾條生產流水線，其中大部分是從日本、德國、新加坡、臺灣等國家和地區引進的國際先進設備，公司主要產品有各類T/C布、化纖布、植絨布、各類印花布、中高檔襯衫布、中長布、各檔全棉布、仿真絲、麻類、布料、各類針織梭織服裝，產品85%以上出口到歐美、南美、中東、南非、拉美以及澳大利亞、日本、加拿大、土耳其、新加坡、香港、臺灣等二十多個國家和地區，並以良好的信譽在國際市場上爭得自己的立足之地。

　　公司1998年完成產值5.36億元，銷售6.09億元，出口創匯4.28億元，其中自營出口1534萬美元，完成稅金1165多萬元，實現利潤651多萬元。

　　永通集團以其雄厚的實力、先進的技術、一流的設備、過硬

的質量和優質的服務在國內外市場上獲得較好的聲譽。公司本著質量第一、信譽至上的宗旨，竭誠歡迎國內外客户垂詢、指導、洽談業務。

　　地址：紹興縣錢清鎮車站 30 號　　郵編：312025

　　電話：86-4056122　　　　　　傳真：86-575-4052188

㈡產品説明書

　　產品説明書是廠家向廣大公眾和用户介紹產品的説明性文書。廠家生產的產品絕大多數是用於銷售的商品，所以產品説明書實際上也就是商品説明書。產品説明書旨在幫助用户瞭解產品、選擇產品，同時也有激發其購買欲望從而推銷產品的意圖。

　　產品説明書有一定的慣用格式，它一般由標題、正文、署名三個部分構成。

　　標題位於第一行居中，通常要寫清楚名稱和「説明書」、「説明」或「介紹」、「簡介」字樣，也可只寫出產品名稱，例如〈胸心舒説明書〉、〈BS-8322T 型按鍵電話機〉。

　　正文一般採用並列條款式行文，即按照歸類性的主次順序，將產品的成分構成、性能特點、用途、注意事項等內容並列寫出。當然具體到某一產品説明書，可視實際情況，任取其中幾項。

　　署名，即在正文的右下方，寫上企業的名稱、地址、電話、電掛等。有的產品説明書的企業名稱和標題寫在一起，可以不再另加具名。例如：

湘西菌油簡介

　　「樅菌」學名叫作松乳菇，是一種生長在土地肥沃、人跡鮮至的大松林中的真稀菌類，是菌類之王。這種野生樅菌，生長條件苛刻，到目前為止仍無法實現人工培植，只在氣候溫暖的五月九月有十至二十天的生長期。

　　此菌經湖南醫科大學營養分析，除了含有人體必需的鐵、

銅、鋅、鉻、鎳等常用元素外，還有大量的蛋白質、維生素B以及具有抗腫瘤作用的多糖等，比人工培植的香菇、猴頭菇具有更高的營養價值。

自古以來，湘西苗民們就有將樅菌製成菌油貢奉苗王的習俗。流傳下來，已成為湘西一種珍貴的民俗特產，為人們所喜愛。

「聞得福」牌湘西樅菌油，就是現代科學技術溶於傳統工藝製作成的樅菌油精品，營養更豐富，味道更鮮美，集調味和保健功能於一身，可直接用於涼拌、麵食、烹飪等。

標準代號：Q/WABSOO3-1997

配　　料：植物油、松乳菇（樅菌）

保 質 期：24 個月

淨 含 量：250 克

生 產 日 期：

地　　址：湖南省湘西自治州植物油廠

廠　　址：吉首市雅溪

聯繫電話：0743-8551898　　8551598

傳　　真：0743-8551898

郵　　編：416000

Shinco新科電子簡介

江蘇新科電子集團有限公司，是江蘇省高新技術企業，AAA級資信企業，省級重合同守信用企業，全國電子工業百強企業，是世界大型的VCD影碟機生產基地，擁有廠房面積逾15萬平方米，員工4800人，年產VCD 250萬台，銷售總額30億元，出口創匯1000萬美元。

新科電子的主要產品有：優等品VCD、超級VCD、DVD、家庭影院等。「八五」期內「金橋獎」四連冠，連續三年被江蘇省計經委認定為「江蘇名牌產品」，「Shinco新科」商標也被江

蘇省工商局認定為「江蘇著名商標」。據國家統計局公佈：新科
VCD影碟機從 1996 年至今，連續三年榮獲「全國銷量第一」的
美譽，市場佔有率達到 30%左右，新科電子已成為全國電子音響
行業一致公認的龍頭企業。

㈢產品使用説明書

產品使用説明書是對某種產品的使用方法、維修原理以及產品的
性能特點進行全面、細緻、清楚的介紹的説明性文書。它的主要任務
是指導消費者正確使用維護和修理產品，也兼及一些產品的性能特
點、原理和主要技術指標的説明。產品使用説明書大致包括三個部
分：

標題：根據使用説明書的具體内容，標明具體名稱如〈絞股藍總
甙片使用説明書〉、〈CXW-128-Q2 方太廚后深型吸油煙機使用説明
書〉。

正文：是使用説明書的主體部分。主體部分大都是採用以短文簡
介，以條款説明重點的表達方式，旨在眉清目爽，便於閲讀查檢。例
如〈良濟寧心寶膠囊使用説明書〉開頭是簡介，接著是「主要成
份」、「藥理作用」、「功能」、「主治」、「用法用量」、「規
格」、「貯藏」、「批准文號」等内容，這是較為簡單的商品使用説
明書。複雜的商品使用説明書，篇幅較長，有的是小册子，設有目錄
和小標題。例如 Air Conditioner 空調機操作手册中文目錄「遙控器的
功能」、「部件」、「名稱及其功能」、「安全注意事項」、「運轉
條件」、「安裝」、「如何操作」「用户須知」、「排除故障」、
「保養」、「產品種類和運轉噪音」、「售後服務」等；正文長達三
十頁，既有文字説明，也有圖文、圖解。有的是容量很大的著作，例
如《SHIARD 盒帶式錄相機 VC-K88 型使用説明書》16 開大本 45 頁，
《WPS 桌面印刷系統使用大全》16 開大本 260 頁，使用説明書内容
或簡單或複雜，文字或長或短，是由使用對象本身的特點和消費者、
用户的須知性所決定的。

結尾：包括署名、地址、電話、電掛、郵編。

三　商業說明書的語言運用

上述三種商業說明書，儘管內容任務不盡相同，但語言並無多少差異，語用要求都是：

㈠準確

商業說明書旨在通過對事物的介紹說明，來指導消費公眾的活動行為，因此其內容必須真實，語言表達必須實事求是，有一說一，有二說二，要做到最大限度的準確，切不可為了推銷、盈利或其他目的而隨意誇大或縮小，否則會失信於公眾，有損於自身企業的形象和信譽，或者貽誤於消費者，導致不良後果。商業人員撰寫說明書，必須確立對消費公眾高度負責的思想，客觀介紹被說明對象，力求語言高度準確。為了準確必須認真錘煉詞語，講究句子附加詞語的選用，做到分寸得當，輕重相宜；為了準確，必須注意數據的表達，對所用數據必須經過精密考證，嚴格核實，確保給公眾傳遞的訊息無誤。例如：

(1)藥物相互作用及其他相互作用：為避免與其他藥物發生反應，請向醫生說明**目前正在應用**的藥物種類。治療期間若有**任何**異常症狀，請**立即**通知醫生或藥劑師……妊娠期**不宜使用**本品。如果在使用時發現妊娠，請立即**停止使用**並向醫生諮詢。

產品使用方法：劑量：**每日一粒膠囊**，與餐同服。

警告：如下情況**嚴禁使用**：

（〈力平脂微粒化 200 毫克膠囊非諾貝特產品說明書〉）

(2)雨衣淋濕，須掛陰涼通風處**陰乾**，忌在烈日下**曝曬**，如有皺紋折印，不可用熨燙。

（上海塑膠一廠〈塑膠雨衣的使用和保管〉）

(3)本廠為國家二級企業；一級計量單位；部級質量管理先進單位：資信 AAA（三 A）；並獲得全國思想政治工作優秀企業光

榮稱號。

本廠是「黃河電子企業集團」主體廠。

本廠擁有：

職工 27000 多名，其中專業工程師 1946 名、高級工程師 152 名。

各種機械加工設備 1200 多台，電子儀器設備 2000 多台。

彩色、黑白電視機生產線，單班年產 50 萬台。

電冰箱、冷藏櫃生產線，單班年產 13 萬台。

電子元器生產線 5 條，單班年產 300 萬件。

（〈國營黃河機器製造廠概況〉）

例(1)是產品說明書，其中黑體字的詞語用得十分準確精當。「目前正在」和「立即」都表示時間，「任何」確定範圍，「每日一粒」說明服用次數和劑量，「不宜使用」是一般不能用，「停止使用」是不能繼續用，「嚴禁使用」是絕對禁止的意思。這些詞語用得準確而有分寸，對病人服用該藥有十分準確的指導作用。例(2)是產品使用說明書，其中的「陰乾」和「曝曬」等動詞也用得很精確，對消費者使用該產品也有很好的指導作用。例(3)是企業組織說明書，運用數據，分別對黃河機械製造廠的職工、技術力量、機械設備、生產線等作了說明，使公眾對其有清晰的印象，從而樹立良好的印象。

(二)簡明

撰寫商業說明書是企業和商品資訊傳播的第一步，旨在使公眾在具體審視、驗證和接觸介紹說明對象之前先初步瞭解一下該對象，毋須過細去寫。同時為了節省閱讀時間的需要，商業說明書的語言必須簡明。

簡明首先體現在句子簡短明快。例如：

(1)館內附設餐廳，正宗粵菜，廣州風味，音樂茶座，佳音繞梁，電子遊戲，妙趣橫生；汽槍射擊，日夜開放；乾溫洗衣，質量兼優；購物商場，新貨琳琅。火車站至賓館設有直達小巴的士

接送，快捷妥當。　　　　　　　　　　（深圳竹園賓館說明書）

(2)絞股藍總貳片使用說明書

　　絞股藍總貳片以天然植物絞股藍（Gynostemma pentaphyllum（Thunb.））為原料，在傳統中醫藥理論的指導下，採用現代科學方法，提取絞股藍總貳精製而成。屬國家二類新藥，國家中藥保護品種，已列入國家基本用藥目錄。

　　[主要成分] 絞股藍總貳。合多種單體皂貳，均屬天達瑪脂烷醇類結構。

　　[性　　狀] 本品為糖衣片，除去糖衣後呈淡黃色。

　　[藥理作用] 藥理及臨床研究證明：本品能降低過氧化脂質，顯著降低血清膽固醇（TCH），甘油三脂（TG），低密度脂蛋白膽固醇（LDL-C），同時還能升高抗動脈粥樣硬化物質——高密度蛋白膽固醇（HDL-C），表明該藥能促進和提高脂質代謝水平，改善和調節脂質代謝紊亂，是臨床上調節血脂、防治動脈粥樣硬化所致心腦血管疾病的理想用藥。

　　[功能與主治] 養心健脾，益氣和血，除痰化瘀，降血脂。適用於高血脂症，見有心悸氣短，胸悶肢麻，眩暈頭痛，健忘耳鳴，自汗泛力或脘腹脹滿等心脾氣虛，痰阻血瘀者。

　　[用法與用量] 口服，一日三次，一次二～三片，或遵醫囑。堅持服滿一個療程三個月。

　　[不良反應] 本品未見不良反應。

　　[貯　　藏] 密封保存。

　　[規　　格] 每片含絞股藍總貳 20mg。

　　[批准文號]（90）衛藥准字 Z-04 號

　　[生產廠家] 陝西省安康地區中藥廠

　　電話：（0915）-3223388・3213596・3214120

　　電掛：0022　傳真：3218588　郵編：725000

例(1)句子殊短，除一句 16 字與一句 6 字外都是 4 字句，不枝不蔓，字無虛設，句句頂用，74 個字便全面介紹了賓館的菜肴、娛樂、購

物、交通等方面的情況,可謂簡短明快之至,而且音律和諧,好讀易記,給人印象殊深。例(2)除幾句字數較多之外,大都是短句。

簡明也體現在篇章組織乾淨利落,層次與層次之間,分條列舉之間都不用語句銜接。例如:上面引用的〈絞股藍總甙片使用說明書〉,其中的[主要成分]、[性狀]、[藥理作用]、[功能與主治]、[用法與用量]等各層意思之間,每層意思內的具體內容之間均用並列式排列,不用關聯詞語或過渡語句銜接。語言簡潔,條理分明,而又使人讀來清楚無誤。

簡明必須以明瞭為前提,清楚無誤地告知消費公眾應該怎樣用,不可以怎樣用。例如:

> (1)[用法用量] 一日二次,早晚飯後各服一小杯(六克),一個月為一個療程,一般需服一～三個療程方能取得療效,連續服用三個療程效果更佳。

> (2)警告!在接觸接線裝置之前,必須切斷所有電源。

這裏如果缺少了「飯後」、「六克」、「所有」就不是簡潔,而是苟簡,因為表意不明確讀後不清楚,影響使用。

說明書切忌為了節用文字,而遺漏該介紹的內容,有些說明書不註明通訊地址和詳細聯繫辦法,使公眾無法與之聯繫、溝通,甚至無法實現合作;有些說明書遺漏了產品生產日期,消費者無從確定產品何時失效;有些說明書不註明注意事項或禁忌,釀成大禍,帶來重大損失。

(三)通俗

商業說明書面向廣大消費公眾,而消費公眾文化層次是有很大差異的,有些消費者可能文化水平不高,甚至是科盲,因此說明書的言語必須通俗易懂,不求文字的浮化美豔,忌諱表達上的艱深晦澀。即使是專業性很強的說明書,也應注意這一點,以保證說明書所傳資訊的有效度。為了使廣大公眾都能看懂說明文字,產品說明書和產品使用說明書常常選用通俗的表達手段和日常辭彙,或者對一些專業的詞

語通俗注釋；為了明白易懂，說明書經常使用文字說明和圖示結合的表述法。例如：

三、功能說明

(一)功能介紹：

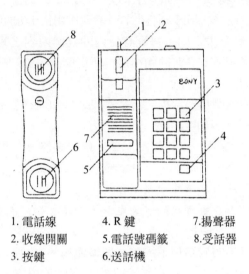

1. 電話線　　4. R 鍵　　　7.揚聲器
2. 收線開關　5.電話號碼籤　8.受話器
3. 按鍵　　　6.送話機

四、安裝方法

1.將本機附帶的接線盒一側接電話線，一側接本機外線。
2.將接線盒固定在牆上或窗框上，並將蓋子蓋好，上緊螺絲。
3.本機外線不分電源正、負，可任意接續。

第五節　商業信函和請柬

一　商業信函和請柬的含義和功用

㈠商業信函的含義和功用

信函是信與函的總稱，它是人們互相聯繫，彼此交往、交流思想、溝通訊息、商洽事務所使用的一種應用文，它在人們的日常生活中和工作中被廣泛使用。

商業信函是商業主體在處理與內外公眾關係時所使用的信和函的總稱，它是一種具有公務函件性質兼有一般書信特點的應用文，它不同於正式行文的公函，又有別於一般書信。

商業信函在商業活動中具有重要作用，它是瞭解公眾、告知公眾、取悅公眾，以及建立、維繫、強化和改善公眾關係的重要工具；是交流訊息、聯繫業務、洽談生意、磋商和解決經濟問題的有效手段；是存檔備查的資料和解決經濟糾紛時的法律憑據。

㈡商業請柬的含義和功用

請柬也叫請帖，是為邀請客人參加某項活動而發出的一種書面語文體式。請柬是書信的一種，但比一般書信莊重，它限於鄭重邀請客人，具有很強的禮儀性。

商業請柬，就是商業企業組織邀請有關組織和重要公眾光臨某項重大活動而發出的一種比較莊重的應用文體。

商業請柬主要用於舉辦典禮、慶祝活動，舉行招商洽談會，商品展覽會等專項活動，以及舉行文藝晚會、舞會、宴會、酒會、茶話會等專門性公關招待活動，以協調和增強主客體組織、主體與公眾之間的友誼關係，促進雙方的理解與合作，為發展商業企業提供更多的條件。商業請柬可以很大限度地體現組織主體對客體組織與特定公眾的尊重，因而也可以換來客體組織與公眾對主體組織的理解和喜歡，有

助於樹立主體組織的良好形象。請柬還可以作為入場券以及領取紀念品的憑證。

二 商業信函和請柬的種類

㈠商業信函的種類

商業信函的種類很多，從大的方面可分為商業應酬信函和商業業務信函。

1. 商業應酬信函

商業應酬信函是商業活動中使用頻率很高的信函，因而在整個商業流通領域，很講究情感的聯絡和交往，以增進友誼，促進貿易。這類信函主要用於祝賀、感謝、邀請、慰問等商業活動，包括祝賀信、感謝信、慰問信、邀請信等。這種信函的結構與普通信一樣，一般由如下幾個部分構成：開頭（開頭有兩種，一種是標明××信，一種是從稱呼開頭）。例如：

(1)祝賀信。祝賀信又叫賀信，它是表示慶祝的書信的總稱。商業祝賀信是指商業組織或商業組織的代表就其他企業組織的成立、周年紀念會議，或下級機關、社會群體、外部公眾取得的突出成就，或節日向特定公眾致賀的禮儀文體。例如：

① 人逢佳節倍思親

山西同風人值此新年蒞臨之際，謹向全國消費者致以節日問候！感謝親人多年來的無限關愛。

讓我們攜手共步輝煌路，走向新世紀！

山西同風肉製品集團股份有限公司

董事長、總經理：周志林　偕全體職工同賀！

地址：山西大同市南郊水泊寺 1 號

郵編：037000

電話：（0352）6090781　傳真：6090791

②致××電腦廠建廠二十周年的

賀　信

××電腦廠全體同志：

　　喜聞 9 月 5 日為貴廠建廠二十周年紀念日，謹此向你們表示熱烈祝賀！

　　二十年來，貴廠在黨的領導下，發揚了自力更生、艱苦奮鬥的精神，為開創我國的電腦事業做出了重大貢獻。特別是在經濟體制改革以來，貴廠銳意改革，積極引進國外先進技術，結合我國實際情況，研製了一批具有中國特點的居於國內先進水平的新型電腦，為現代化經濟建設事業作出了新的貢獻。貴廠在對內搞活、對外開放，提高經濟效益，實行廠長責任制和各種生產責任制等方面，都走在同行業的前面，並提供了可供借鑒的寶貴經驗。我們為你們取得的重大成就，再一次表示衷心的祝賀！

　　我們兩廠之間有著傳統友誼。我們自建廠初期，就得到了貴廠在人力、物力，尤其是在技術人才方面的大力支援。令人難忘的是，去年上半年，由於我廠領導班子更換頻繁，管理不善，資訊不靈，產品質量不過硬，一度處於十分困難的境地。在此危難關頭，貴廠派出了強有力的管理幹部和高水平的技術人員，無私地給予我們真誠的、兄弟般的援助，使我廠終於擺脫了困境，一舉跨進先進行列。我們深知，我廠的興旺發展，是與貴廠的支持、幫助分不開的。在此向你們表示由衷的感謝！

　　最後，祝貴廠在研製名優產品方面更上一層樓！在四化建設中再立新功！

　　　　此致

敬禮

　　　　　　　　　　××電腦廠

　　　　　　　　　　××××年×月×日

　(2)感謝信。感謝信是商業組織用來感謝其他商業組織、社會團

體或公眾關心、支持、幫助的禮儀文體。例如：

①

××公司陳經理惠鑒：

　　您好！這次拜託您暸解××商品市場情況，承蒙您在百忙之中作了深入的調查暸解，實在感激不盡。關於××商品價格，待我們調整修訂之後再函告您。

　　今後請加強往來，並請予以大力支持。

　　特此函達，以致謝意。

　　敬祝

財安

　　　　　　　　　　　××公司業務部主任×××敬上
　　　　　　　　　　　××××年×月×日

② **感謝信**

　　今年是我們華意產品面市的第八個年頭。八年來，我們榮幸地擁有了近百萬用戶。這屢經磨礪的八年，華意產品縱任冰箱大戰風起雲湧，市場疲軟競爭激烈，我們終於以國內冰箱行業屈指可數的骨幹企業，站住了腳，扎牢了根。令人欣慰可喜的是百萬華意用戶就是「華意之樹」得以扎根的沃土。

　　這些年來，我們常常收到用戶們的來信，尤其這次問卷活動，得到了幾十萬熱心用戶的回應。有善意的批評，有熱情的幫助，更有那殷殷的期望。這對每一位華意員工無疑是一次莫大的鼓舞和鞭策。

　　我們深知：華意產品不可能盡善盡美，確有不盡人意之處。但是，縱然是百萬分之一的差錯，對每位具體的用戶來說，就成了百分之百的煩惱。你們的煩惱成了我們的焦慮和不安。這些焦慮和不安就是促進我們提高產品質量和售後服務質量的動力。我們將憑藉這股動力把不盡人意的事降到最低的限度。

　　一個多月來，我們對幾十萬用戶來信逐一拜讀並進行了分類

登記，作為我們日後生產、經營的第一手資料。通過這一封封熱情洋溢的答卷，我們感受到了你們依賴之情，我們接受了一顆顆對華意的厚愛之心。在這一片厚愛、依賴中透出一種會心，含著一種默契，傳遞著一種理解，抱著一種期望。借此機會，我代表華意全體員工向你們——值得我們尊敬的每位華意用戶朋友致以崇高的、誠摯的敬謝之意！並請你們相信，華意不會辜負你們的期望。

華意電器總公司總經理

×××

××××年×月××日

　(3)慰問信。商業慰問信是商業組織向辛勤勞動、做出貢獻的組織、團體、聽眾或遭受某種不幸者表示鼓勵、問候，關懷、安慰的一種禮儀文體。例如：

給春節期間堅守工作崗位的全體職工及其家屬的慰問信

全體職工及其家屬同志們：

　　在改革、開放、搞活的大好形勢下，迎來了我國第七個五年計劃的第一個年頭。值此新春佳節之際，向你們致以節日的問候和崇高敬禮！

　　春節是中華民族的傳統節日，歷來受到人們的高度重視。在此期間，千家萬戶歡聚一堂，辭舊迎新；親朋好友舉杯開懷，敘情聯誼。大家都陶醉在節日的歡樂氣氛之中。可是，你們——全體職工同志們，為了搶時間、爭速度，為我國一項重點建設工程趕製成套優質設備，主動提出春節期間不休息，仍然緊張戰鬥在生產第一線；還有你們——我廠職工家屬同志們，放棄節日歡聚，不僅沒有怨言，有人還把餃子親自送到車間，並幫助工廠做些力所能及的勞動……所有這些，都充分顯示了中國工人階級的偉大胸懷和崇高的精神境界！你們這種一心一意幹四化的革命精神，值得稱讚，值得學習，值得嘉獎！

同志們，春節期間你們雖然沒能休息，沒能同家人很好地團聚，但你們的春節卻是過得最有意義的。廠領導感激你們，全國人民感謝你們，子孫後代也永遠忘不了你們！讓我們再一次向你們表示親切慰問和衷心感謝！

　　　　敬祝

　　春節好

　　　　　　　　　　　　　　中共××重型機器廠委員會

　　　　　　　　　　　　　　××重型機器廠廠部

　　　　　　　　　　　　　　××重型機器廠工會委員會

　　　　　　　　　　　　　　共青團××重型機器廠委員會

　　　　　　　　　　　　　　××重型機器廠婦女聯合會

　　　　　　　　　　　　　　　××××年2月9日

　　(4)邀請信。商業邀請信是商業企業組織用於邀約特定的個人或組織公眾參加本組織的聚會、討論會、展覽、參觀及其他活動的禮儀文體。邀請信具有告知商詢的功能，被邀請者是否參加，應當確承或請回告。例如：

①邀請客戶參加交易會函

××公司：

　　××××年中國××出口交易會，將於××××年×月×日至×月×日在××國際展覽中心舉行。在這次交易會上，將有來自我國二十多個省市的二百二十餘家外貿企業到會，設有三百二十餘個展覽攤位，琳琅滿目的商品，五光十色的櫃檯將使人耳目一新。屆時你們將會看到範圍廣泛的我國出口商品的許多最新品種，這將會為貴公司的選購提供一個極好的機會。

　　相信貴公司對這次交易會一定有很大的興趣，因此，我公司以極其愉快的心情邀請貴公司光臨。

　　望事先告知你們到達的時間，我們將安排專人接待。

　　　　　　　　　　　　　　××進出口公司

　　　　　　　　　　　　　　××××年×月×日

②邀請××公司前來洽談合資項目函

××公司：

　　我公司十分高興地通知你們，對貴公司願與我合資經營一絲綢服裝廠的建議，我們十分樂意接受。由於合資經營程序複雜，故特來函邀請貴公司派代表前來我市訪問並洽談合資業務。貴公司對絲綢服裝的生產富有經驗，對合資經營必多卓見，我們相信會談定能獲得成功。貴公司一經確定來訪日期，請即電告具體來訪人員、到達我市日期以及所乘飛機航班，以便我公司去機場迎接。

××進出口公司

×年×月×日

2.商業業務信函

　　商業業務信函是一種聯繫業務、洽談貿易和解決經濟問題的文體。商業業務信函的格式有兩種：一種是信函形式，它由稱呼語、問候語、正文發函單位等組成；一種是近乎信和公文的特殊形式，即由標題、發函字號、收函單位或收件人姓名、正文、發函單位或發函人姓名、發函時間及附件組成。例如：

①××公司：

　　×月×日來信悉，你方欲訂購淡水××計××扎，要求八月交貨。該貨我們可以供應，但現行價格稍有調整。每扎應為××元，交貨期最早為十月。如接受，請即復函或電告，以便簽訂合同。

××進出口公司

×年×月×日

②×××公司：

　　茲從我駐×國使館商務處獲悉貴公司經營漆刷素負盛譽。我公司經營漆刷品種繁多，規格齊全，價格實惠。為與你公司建立業務關係，現發盤如下：

　　1英寸——每打×美元

1 1/2 英寸——每打×美元

2 英寸——每打×美元

2 1/2 英寸——每打×美元

3 英寸——每打×美元

4 英寸——每打×美元

起 訂 量：每種×××打 C8cFC × 3%×××（目的港）

交 貨 期：××××年×月

包裝方式：紙箱包裝

付款方式：不可撤銷即期信用證，最遲在交貨前一個月開到，在中國議付。信用證有效期應為裝船後 15 天。

上述發盤，××××年×月××日前有效。

中國××××公司

××××年×月×日

③為請試製高密度尼絲紡事

（××）××字第×××號

×××紡織廠：

經雙方磋商，為保證出口羽絨製品面料尼絲紡量，你方同意試製新型高密度尼絲紡，現試樣需用少量尼龍長絲已備，請你廠前來開料後，立即試製樣品，現將具體成品規格要求開列如下：

經線　　70D17F

緯線　　70D24F

英寸密　經向 159

　　　　緯向 91

門幅　　112-114 厘米

試樣出來後，請送約 50 米左右的一匹來我公司業務科。並請同時附上：

(a)織造工藝、規格；

(b)每 100 米耗用原料定額；

(c)成本單。

其餘數量暫存你廠，由我公司安排染色塗防水層等處理後，再進行防絨試驗，特此函達，請洽。

××××公司（印章）

××××年×月×日

例①的格式與人際交際書信一樣，沒有標題，只有稱呼語、正文、結尾和署名；例②也沒有標題，但與例①有所不同，正文是用分行列條的方式來寫的，這樣可以將繁雜的內容一一表達清楚，對方容易理解；例③有類似公文的標題和補充正文內容的附記。

㈡商業請柬的種類

商業請柬大體可分為兩類，一類是商業公關請柬，另一種是商業業務請柬。它們一般由標題正文和落款組成。標題一般只寫「請柬」（或請帖）兩字，要寫在正文上面的中間，或單獨占一頁。有封面的，要在封面上印製成鎏金藝術字樣，以示醒目、莊重和美觀。正文一般由稱呼、正文、署名、日期、附項等組成。稱呼，第一行頂格書寫被邀請者，個人姓名加稱呼，單位名稱應寫全稱。正文包含邀請緣由、活動或招待內容、出席的時間、地點及其他該告知的事項以及約請語如「敬請光臨」、「恭請蒞臨指導」、「恭候光臨」之類。署名要寫上邀請單位（全稱）加蓋公章，或邀請人的姓名，日期，附項如供諮詢或聯繫人，電話號碼等。

例如：

①　　　　　　　　　　恭　請

××先生（小姐）：

本公司正式遷至北京路 95 號，茲訂於本周星期×（×月×日）正式開張營業，是日中午 12 時在惠如樓舉行宴會，以示慶祝。

敬請光臨！

××公司總經理（簽字）

××××年×月×日

②

請　束 ××市糖酒集團有限公司成立暨美佳超市開業周年 聯　歡　晚　會	晚會地點：市影劇院 晚會時間：12 月 29 日晚上 8 時正 入場時間：7 時 15 分
封面，紅底色，有圖案	封三
為感謝閣下一直以來對我們的關心和支持，誠邀閣下在百忙中抽空出席我們的慶祝晚會，與我們共度一個歡樂而難忘的晚上。您的光臨將給我們的晚會增添光彩。 ××市糖酒集團有限公司　敬約	（徽　標）
封二	封底，紅底色

③　　　　　　　　請　束

　　謹訂於一九九〇年十二月十九日(星期三)下午四時三十分假座上海市南京西南路一二三五號上海錦滄文華大酒店三樓文華宴會廳舉行[HELLO 香港 1]時裝表演及酒會

　　敬請

光臨

敬請穿著整齊雅觀　　　　　　　商港貿易發展商
祈請賜覆（請束附上回條）　　　中國國際貿易促進委員會上海分會
電話：21-3264156　　　　　　　上海市紡織工業局
請攜束出席，請在嘉賓席入座　　　　　　　　敬邀

④　　　　　　　　　　　　**請　柬**

INVITATION

’90 中國旅遊交易會組織委員會謹定於 1990 年 10 月 7 日星期日上午十時正
假上海展覽中心廣場舉行 ’90 中國旅遊交易會開幕典禮
敬請光臨

The Organizing Committee of China Travel Fair’90 requests the honour

of your presence the opening ceremony of China Travel Fair ’90

on the square of the Shanghai Exhibition Centre

at 10:00am, on Sunday, October 7, 1990

三　商業信函和請柬的語言運用

商業信函和商業請柬運用語言的基本要求大體相同，主要是：

㈠文明禮貌

文明禮貌的語言是一個商業企業組織工作人員的德行修養和組織
精神面貌的體現，而商業信函和請柬又主要是用於平行的企業組織或
不相隸屬的企業組織和特定公眾之間，以增進友誼建立和維繫良好的
關係的商用文體，因此，它們在語言運用上的一個基本要求就是遵守
文明禮貌的原則。

商業信函和請柬的語言文明禮貌體現在多個方面，如禮貌稱呼、
禮貌問候、禮貌祝頌、禮貌讚譽、禮貌署名落款等，這些集中反映在
敬語、謙詞的運用上。

1. **敬語**。商業信函和請柬敬語的使用非常普遍。有很多稱呼用語
就是用敬語。如先生、女士、小姐、閣下、貴廠、貴公司等，稱呼前
的「尊敬的」，稱呼後的提稱詞語如鈞鑒、賜鑒、惠鑒、雅鑒、大
鑒、臺鑒、芳鑒、淑鑒（對女士用）、儷鑒（對夫妻用）等也是敬
語。問候語：如您好，久疏問候，近來可好？近況如何，至以為念。
祝頌語：即請財安，敬祝財祺，恭請金安，祝大展鴻圖，順頌宏發
等。讚譽語：光臨，蒞臨，惠顧，惠書，大扎等。祈請語：敬請光

臨，敬盼，恭候光臨，請多關照，請多惠顧，請賜教，敬請光臨賜教、敬請臺駕惠臨指導等。致謝語：謝謝，謝謝大家，多謝合作，多謝光臨等。賠禮語：對不起，很遺憾，很抱歉，殊深抱歉等。諸如此類幾乎都是敬語。對這些敬語，根據受信人、受邀請人和本企業組織、發信人的關係而恰當選用，就顯得文明禮貌。

2. 謙詞。信函用敬語表示對別人尊敬的同時，常用謙詞表示對自己的謙稱。例如，「拜讀」、「承蒙」、「敝公司」、「鄙公司」、「拜見」、「拜訪」、「恭候」、「敬悉」、「奉告」、「奉信」、「奉寄」、「奉還」、「請教」等。結尾署名後也加上一些謙語，例如對尊長的「敬稟」、「叩稟」、「跪稟」、「叩上」、「謹叩」、「拜上」，對平輩的「頓首」、「叩首」、「敬覆」、「謹啟」、「鞠躬」等，這些謙詞用得得體自然，也顯得尊重有禮。

模糊詞語的恰切使用，也是文明禮貌的體現。商業信函中有時出於禮貌，也常常使用一些模糊詞語。例如，邀請對方來訪，來訪的時間不用精確詞語，而用模糊詞語，如「請您在方便時」、「請您在適當的時候」、「請您在春暖花開時」等，具體時間由對方決定，就體現出對對方的尊重。如果來訪時間用精確的詞語表述，便會使人覺得是命令式，人家會懷疑你邀請的誠意，並產生對他不夠尊重的感覺。

此外，態度誠懇、友善，語氣謙和、客氣，措辭委婉也是文明禮貌的反映。例如「懇請費神代為調查」；「恭候查明賜覆，至為感禱」；「如蒙光臨，不勝感謝」；「目前已接滿訂單，歉難提供」；「所報價格偏高，用戶不感興趣，請報最低價格，以便再與用戶洽談」；「倘蒙見教，感謝之至」；「令我們為難的是」；「我方不得不」；「深表遺憾」，「遺憾的是」；「我方萬難接受」；「所需之款，本當盡力籌措，惟我公司亦有困難，無以為助，殊深抱歉」；「所託之事，實愛莫能助，容日後再行設法，請諒」等。

㈡莊重文雅

莊重文雅就是端莊、穩重、雅致嚴謹。商業信函不是私事和私人

活動，而是有關雙方組織以及組織與公眾利益的事與活動，有明確的公關目的和經濟目的。所以，使用語言既要注意文明禮貌，又要注意莊重文雅，切忌粗俗輕浮。

莊重文雅，主要表現在多用敬語、謙詞、多用書面詞句、多用文言詞句、多用專業術語和慣用語句。例如竊、恭、奉、悉、經、違和、無恙、頃聞、欣逢等都是文言成分，匯票、核算、定貨單、發盤、成本、商品市場、財務、流動資金、招商、購銷、開業投資等是商業術語。慣用語句，例如啟始用語：頃接來函，敬悉一切；惠書敬讀，不勝欣慰；久不通函，時為繫念；值此……之際；欣聞……謹表衷心祝賀；為……竭誠邀請；關於；茲為等。請託用語：務希；希予；勿誤；倘蒙關照，銘感無已；麻煩之處，日後面謝；如蒙俯允，不勝感荷；拜託之事，乞費神代辦等。催促用語：盼速覆；請速示知；萬望從速賜覆。交涉用語：請即答覆；勿再拖延，幸勿再誤等。總結上文用語：總之；綜上所述；鑒於上述情況；據此等。結束用語：專此奉覆；敬候回諭，專此函達；希即查照洽辦；希查照見覆；敬請光臨；此致；致以敬禮；匆匆草此，祈恕不恭等。這些慣用語句在商業信函和請柬的開頭、中間、結尾都經常使用。這些慣用語多為書面語和文言詞語，具有莊重、典雅、禮貌色彩，且語意簡明。

商業信函和請柬語言的莊重文雅，也體現在結構的程式化上，這在上面談它們的種類時已有論述，不再例釋了。

(三)簡明精煉

簡明精煉是指內容精約，用語節要。商業信函和請柬是應用性文體，是用來辦實事的，目的在於告知和溝通訊息，從事商業上的聯繫、接洽、安排和發展，求得對方的準確理解和合作。所以語言必須簡明精煉，否則，就會影響效果。

商業信函和請柬的簡明精煉首先表現在較多使用文言詞句。文言詞句比現代詞句精煉，例如，「合同第六號××50噸，交貨期已過，嚴重影響我用戶業務的進行。將再函通知，務希於×月×日前交清。

並盼即將交貨期見告。」這裏的「務希於⋯⋯」、「盼」、「即」、「將」、「見告」，都帶有文言色彩。既典雅莊重，又簡明精煉。「茲定於⋯⋯聊備茶點⋯⋯，敬請蒞臨」也比説「現在⋯⋯準備了一些水果茶點⋯⋯請來參加為盼」簡潔凝練。

　　前面説過，商業信函和請柬都有一套慣用詞語，而且出現頻率很高。慣用詞語大都由文言成分構成，一般都有事務性涵義的精確性，而且富有概括力，是言簡意賅的表達手段。因此，恰當地運用，既有助於語言的典雅莊重，又顯得簡潔精煉。

　　商業信函和請柬的語言簡明精煉，還突出表現在篇幅短小，内容單一，句式乾淨利落，不亂加修飾，更無辭藻堆砌。葉聖陶曾經提出：「為了節省看公文的人的精力和時間，公文就應該盡可能寫得簡而得要。」（〈公文寫得含糊草率的現象應當改變〉）現行公文制度也規定，「一般應一文一事」。一文一事主題單一，可以簡約篇幅，突出重點，防止行文混亂和内容繁雜，有利於提高工作效率，商業信函和請柬有的只有十來個字，或幾十個字，或一二百字，超過五百字以上的甚少。信函、請柬大都開門見山，一開頭就直截了當進入本題，有的正文可以分行列條式書寫，不用什麼連接成分，有的甚至可以像填表一樣填寫，言簡而意明。

參考文獻

MBA 核心課程編譯組編譯《市場營銷》，中國國際廣播出版社 1997 年版。

何自然主編《社會語用建設論文集》，1998 年廣東外語外貿大學油印本。

李濟中〈公關語言學〉，北京工業大學出版社 1998 年出版。

李軍〈談語用行為的社會效果〉，《修辭學習》1999 年第 3 期。

李軍〈廣東社會用語傾向分析〉，《廣州師院學報》1999 年第 5 期。

李軍〈論修辭的本質——從言語交際的雙向動態視角對話語修辭行為的新審視〉，《雲夢學刊》1998 年第 2 期。

李熙宗等《公關語言學教程》，陝西教育出版社 1999 年出版。

黎運漢等《現代漢語修辭學》，廣西教育出版社 1989 年出版。

黎運漢等《公關語言學》（增訂本），暨南大學出版社 1996 年出版。

黎運漢《漢語風格學》，廣東教育出版社 2000 年出版。

馬謀超、高雲鵬主編《消費者心理學》，中國商業出版社 1997 年版。

熊經浴《現代商務禮儀》，金盾出版社 1997 年出版。

肖沛雄《交際·推銷·談判語言藝術 200 題》，中山大學出版社 1996 年第 2 版。

熊小萍《公關語言精萃》，江西人民出版社 1994 年出版。

余明陽《名牌戰略》，海天出版社 1997 年出版。

宗世海《公關寫作與編輯》，中山大學出版社 1998 年出版。

翟向東《公共關係與市場文化》，中國商業出版社 1995 年出版。

後　記

　　商業語言是一門很有應用價值，也很具研究意義的學問。作為語言應用非常重要的一個專門領域，雖然就商業語言運用的某些方面進行研究的著作不少，但專門將商業語言作為一個語言應用功能分體，系統探討其特點、功用、使用要求與運用規律的著作還不多。本書就是將商業語言作為一個專門的功能分體來進行整體研究，力圖對這一特殊的語言功能分體的方方面面有所發現。

　　本書是我們合作研究的成果，由於時間倉促，學識有限，對不少問題還研究得不夠透徹，不當之處也在所難免，望讀者批評指正。本書的寫作，參考了不少相關的著作，在此謹致誠摯的謝意。

　　感謝臺灣商務印書館，他們為此書的出版付出了大量的精力，謹致誠摯的謝意。

黎運漢　李軍

1999 年 12 月 25 日於暨南大學

商業語言 ／ 黎運漢, 李軍合著. -- 初版. -- 臺
北市：臺灣商務, 2001 [民 90]
　　面；　　公分
參考書目：面
ISBN 957-05-1697-6（平裝）

1. 商業應用文　2. 秘書

493.6　　　　　　　　　　　　　　90001535

商業語言

定價新臺幣 350 元

著　作　者	黎運漢　李　軍
責任編輯	王　林　齡
美術設計	吳　郁　婷
校　對　者	江　勝　月

出　版　者
印　刷　所　臺灣商務印書館股份有限公司
　　　　　　臺北市 10036 重慶南路 1 段 37 號
　　　　　　電話：(02)23116118　‧　23115538
　　　　　　傳眞：(02)23710274　‧　23701091
　　　　　　讀者服務專線：0800056196
　　　　　　E-mail：cptw@ms12.hinet.net
　　　　　　郵政劃撥：0000165 － 1 號
　　　　　　出版事業
　　　　　　登　記　證：局版北市業字第 993 號

‧ 2001 年 5 月初版第一次印刷

ISBN　957-05-1697-6（平裝）　　　　　　03000030

讀者回函卡

感謝您對本館的支持，為加強對您的服務，請填妥此卡，免付郵資寄回，可隨時收到本館最新出版訊息，及享受各種優惠。

姓名：_____　　　性別：□男 □女

出生日期：____年____月____日

職業：□學生 □公務（含軍警） □家管 □服務 □金融 □製造
　　　□資訊 □大眾傳播 □自由業 □農漁牧 □退休 □其他

學歷：□高中以下（含高中） □大專 □研究所（含以上）

地址：_____

_____

電話：（H）_____（O）_____

購買書名：_____

您從何處得知本書？
　　　□書店 □報紙廣告 □報紙專欄 □雜誌廣告 □DM廣告
　　　□傳單 □親友介紹 □電視廣播 □其他

您對本書的意見？（A/滿意 B/尚可 C/需改進）
　　　內容_____　編輯_____　校對_____　翻譯_____
　　　封面設計_____　價格_____　其他_____

您的建議：_____

_____

_____

☎ 臺灣商務印書館

台北市重慶南路一段三十七號　電話：（02）23116118．23115538
讀者服務專線：080056196　傳真：（02）23710274
郵撥：0000165-1號　E-mail：cptw@ms12.hinet.net

傳統現代 並翼而翔

Flying with the wings of tradition and modernity.